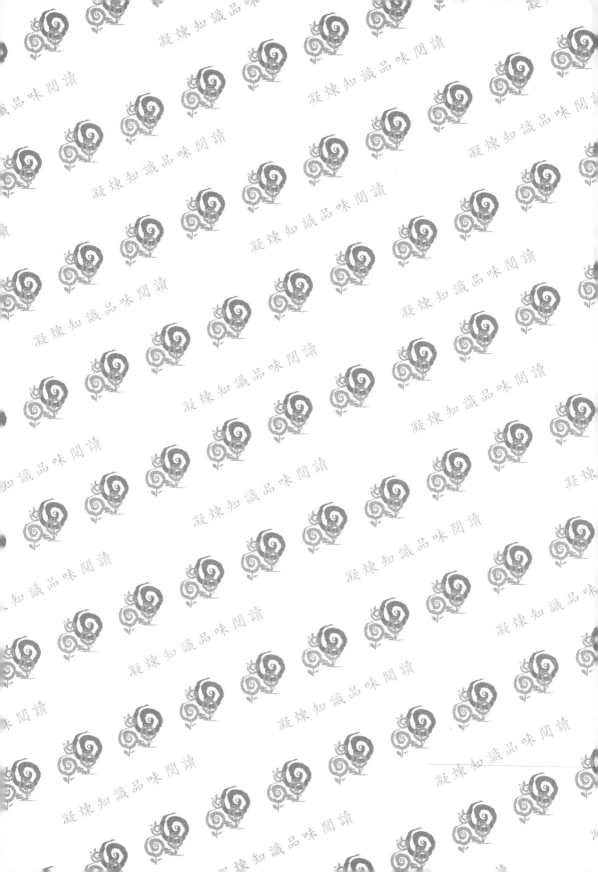

Python
論文數據統計分析

洪煌佳 著

五南圖書出版公司 印行

推薦序1

在臺灣，撰寫學位論文是取得博碩士論文學位的必備條件之一，因此個人身為大學教師且在研究所授課，也因而有機會擔任研究生的指導教授。在指導研究生進行學術論文的撰述過程中，題目的設定與研究取向的選擇，決定了研究方法與工具的使用。其中，若選擇量化研究取向後，數據的分析便成為求得問題答案的必經之路。拜著科技發達與學術研究持續累積之賜，藉由電腦中的統計軟體功能，研究生們依循教科書上步驟按圖索驥，在正確的邏輯選擇之下，便能夠從輸出的統計報表中進行分析解讀，進而呈現結果，豐富學術殿堂的知識累積。然而，統計分析軟體系統多元且各有使用上之優劣，且大部分軟體若非教育版，常是所費不貲，對於研究生或一般大眾而言，Python 軟體的應用便成為另一個選擇。

有機會拜讀到由舊識，國立臺東大學洪煌佳教授撰寫的《Python 論文數據統計分析》一書，在書中所提及關於 Python 軟體的應用、數據的資料處理及在論文常用統計方法之應用介紹，全文章節安排架構清晰、從學理出發，循序漸進帶入操作應用，撰述文筆流暢，加上詳細的操作步驟解析，是相當值得大學生、研究生與一般大眾參考的教學參考書籍。

所謂「十年磨一劍」，煌佳教授累積十多年教授統計資料分析課程的教學經驗，並將其教學成果集結成冊，與讀者們分享，實為相當難得與值得欽佩之貢獻。有機會在本書出版前夕，搶先拜讀，深感榮幸之至，並且非常樂意為之推薦寫序。

吳崇旗　博士
國立臺灣師範大學
公民教育與活動領導學系　教授兼副系主任

推薦序2

2022 年初，接到洪煌佳教授的來電，聽得出電話另一端興奮的語調：「上鈞兄，我終於完成多年的夢想，雖然實現的過程有些久，但還是完成了！想邀請上鈞兄幫我的著作寫序！」頓時我的腦海中浮現了二十多年前與洪教授同窗共讀研究所時，為了瞭解論文中該使用哪一種統計方法，從晚餐時刻一直討論到隔天黎明破曉，這種追求知識的渴望與過程，久久無法忘懷，彷彿在昨日。心想，若當時有多幾本像煌佳教授這樣的著作，就能讓我們不需熬夜討論統計，且能輕鬆享受求學做學問的過程了。

拜讀《Python 論文數據統計分析》，內容涵蓋論文寫作常用的敘述統計、推論統計、非參數檢定並延伸至結構方程模式，每個部分按部就班編排，從基本觀念、程式撰寫與結果說明、表格整理，再到手把手教學，對於撰寫論文又對統計方法不熟悉的研究生尤其受用。本書另外值得一提的優點是讓撰寫論文而需要使用統計方法者，同時學習到當今相當重要的程式語言，可說是附加價值相當好的一本書，建議研究生手邊有一本這樣的工具書，絕對受用無窮！

煌佳教授多年來在後山一點一滴努力耕耘，在繁忙的行政、教學與研究工作中，實現了他多年的自我承諾，完成了一部實用價值極高的統計著作，著實讓人佩服。能受邀為共硯好友新書寫序，感到無比榮幸！

馬上鈞
國立成功大學
體育健康與休閒研究所　教授
2022 年 2 月 18 日

作者序

「一步一步按部就班操作，輕鬆簡易完成論文數據統計分析！」這絕對是大部分研究者的盼望，也是個人當初接觸統計分析的盼望。時至今日，該盼望可說是具體實現了。

受限於軟體工具的取得，研究者有可能面臨難掌握足夠的數據資料，卻缺乏專業統計分析工具的窘境，而落入「巧婦難為無米之炊」的心情寫照。尤其在當代社會中運用科技取得數據資料變得容易，但要有效率的處理分析資料則相對困難。因此，運用良好的資料分析工具進行有效益的分析，讓數據會說話，並且言之有物常是研究者最大的期許。

在就讀大學與研究所的過程中，統計應用往往是必修課程與論文數據分析的必備知能，尤其是，大部分學生或研究生在撰寫研究論文的過程中，蒐集龐雜的數據資料之後，更需要統計分析工具的使用，此時對於資料進一步分析則是「萬事俱備，只待東風了！」

而這裡的東風，指的就是專業的統計分析工具！然而，並非各個單位都能提供足夠的專業統計工具與空間，又或者是使用者都能有充裕時間待在單位提供統計分析工具的設備環境中進行分析。因而，如果專業統計分析工具唾手可得且具有可及性，相信對於學術研究工作的發展更有推波助瀾的功效！

臺灣在 2021 年中 COVID-19 疫情大爆發期間，個人嘗試使用 Python 開源軟體執行專業的統計分析後，其簡潔的語法編碼與分析結果，讓個人深感其對於學術工作可以帶來極大地便利性與可及性。從而，也讓個人思考著如果可以透過該開源軟體讓更多人士學會使用，則可以讓他們在自己的環境中使用專業統計分析工具，而

不用前往特定環境中才能夠使用專業統計軟體，避免不必要的社交、環境接觸並兼具防疫效果，更重要地是提升研究專業能力。

這或許是一開始使用 Python 執行統計分析的初衷與考量，但是隨著接觸 Python 的時間愈長與應用在教學上，也愈發認識到 Python 的應用是可以有更寬廣的發揮，比如透過網路爬蟲抓取即時資料作大數據分析、編寫程式來加大對議題鑽研的深度與廣度的可能性，也能更加深入嘗試使用該工具來完成數據分析工作並獲得良好成果。

具體來說，本書定位在使用 Python 來進行數據處理，並以其完成論文數據資料統計分析的實用操作手冊，且基於個人在學習統計應用時，秉持「Simple is beautiful！」的核心理念，因而，在內容寫作上有關統計學部分僅作基礎概念說明，並偏重在數據分析的手把手教學步驟說明，以讓初學者或者是有論文需求者可以按照內容簡易操作，並達成高效率地論文數據統計分析目標。

本書得以順利出版，首先，由衷感謝五南圖書出版股份有限公司主編侯家嵐小姐的支持與協助之外，其次，也感謝恩師臺灣師範大學王宗吉教授在研究方法的啟迪與指導，再者，也要感謝在教學、研究與服務的實踐場域中，承蒙諸多學術先進，與臺東大學師長及同學的砥礪才得以完成。最後，感謝摯愛的母親、內人及兒子在幕後的耐心支持。然而，由於個人所學有限，本書內容雖然校對再三，謬誤或疏漏之處在所難免，還請諸位先進及學者專家能夠不吝指正以完善本書內容。

洪煌佳

謹識於臺東大學

2022 年 2 月

Contents

Chapter 01	Python 軟體介紹	001

Chapter 02	數據資料的測量與建立	049

| Chapter 03 | Python 的 Pandas 庫進行數據分析 | 069 |

| Chapter 04 | Pandas 數據資料處理 | 093 |

Contents

Chapter 10	項目分析與信度	323

Chapter 11	因素分析	343

Contents

圖目錄

Contents

Contents

Contents

Contents

XIX

Contents

Contents

表目錄

Chapter

01

Python 軟體介紹

🔔 1.1　Python 的發展

　　目前社會科學領域常見的統計分析工具有 SPSS、SAS、STATA、R、Python 等不一而足。觀察這些統計分析軟體各有所長，且皆能有效處理數據資料的各項應用，然而，除了在某些學術機構或組織在專業需求的規劃、在機構組織中的成員可以充分使用之外，對於一般大眾要透過這些專業統計分析軟體時，則可能遭遇不同的使用門檻。因為，專業統計軟體的使用成本較高，以至於非教育版本使用者或者是非研究、商業機構組織成員，在使用上無法負擔或者是買進版本跟不上軟體改版的使用成本，進而產生數據資料分析高手也陷入「巧婦難為無米之炊」的困境。

　　而隨著開放原始碼的開源軟體（open source software, OSS）興起，再加上許多先進專家的努力耕耘，則也逐漸推動使用 R 和 Python 等開源軟體的套件來執行資料處理，隨即也讓愈來愈多研究人員採用 R 或者是 Python 等軟體來從事數據資料分析發展趨勢。

　　當然，如果使用 SPSS 套裝軟體來處理數據，其簡明、圖示化的介面非常容易操作與學習，且隨著更新改版也有豐富的資源與功能。以個人的經驗來說，SPSS 實在是一個非常容易上手與好用的數據資料處理工具。相較可以圖像化作資料分析的 SPSS 來說，R 和 Python 語言在處理資料上則相對複雜許多，且對於程式語言新手來說，有許多生澀的語言需要學習與習慣（雖然，許多前輩都說容易學習與上手，可是，對於初學者來說實在還是需要許多燒腦時間！）。

　　但是，由於 R 和 Python 的最大好處與優勢即是對「個體」或非商業使用者採「免費」機制，再加上有龐大社群支持與不斷地開發新的套件來提供使用者使用，並致力於簡化程式的複雜度，因而，新手在通過初學適應期階段之後，其成效應該可以更豐富。

　　簡單來說，各種套裝軟體或是程式語言，都各有優缺點與其適用性，在進行資料分析的學習與實作時，建議可以根據自己的需求與條件，選擇適合的套裝軟

體或是程式語言來學習。茲簡單就SPSS、R和Python應用於統計分析進行說明。

1. SPSS 統計分析軟體

　　IBM 旗下的 SPSS Statistics 是一個強大的統計軟體平台（官網 https://www.ibm.com/products/spss-statistics）。目前 IBM 公司對於 SPSS 的定位是作為「統計產品與服務解決方案」（Statistical Product and Service Solutions）的簡稱，且 IBM 公司將 SPSS 作為一系列用於統計學分析運算、數據挖掘、預測分析和決策支持任務的軟體產品及相關服務，且已經有提供 Windows 和 MacOS 等版本，也是學術領域經常使用的統計資料分析軟體之一。

　　SPSS 最初版本在 1968 年由美國 Stanford University 大學三位研究生所開發，其原名稱為「社會科學統計包」（Statistical Package for the Social Sciences），後來在 2009 年由 IBM 收購後，產品定位在提供一組功能強大且可讓使用者從數據資料中提取重要見解。

　　從 IBM 官方網站的介紹，可以初步理解 SPSS 統計軟體產品訴求在透過對使用者友善的介面，分析並深入瞭解資料，以解決複雜的商業和研究問題。其次，使用有助於確保高度精確及高品質決策的進階統計程序，以快速瞭解複雜的大型資料集。且目前 SPSS 統計軟體也陸續加入具有使用 Python 及 R 語言程式碼擴充功能，來整合開放原始碼軟體。另外，SPSS 也強調可以透過靈活的部署設置選項，輕鬆執行選擇與管理軟體。具體而言，SPSS 是一套容易上手的專業套裝統計軟體，也廣受許多研究人員、研究機構、學校、企業接受與使用。

2. R 語言

　　R 語言是一種自由軟體程式語言與操作環境，主要用於統計分析、繪圖及資料探勘。從 R 的官方網站（https://www.r-project.org/）介紹中可以知道，發展之初是由紐西蘭奧克蘭大學（The University of Auckland, New Zealand）的 George

Ross Ihaka 和 Robert Clifford Gentleman 在 1993 年所開發，由於兩人名字首字字母都是 R，使得 R 語言因此命名，現在由 R 開發核心團隊負責開發。

R 語言是一套免費的程式語言，從 R 發展至今也已經凝聚廣大的社群不斷地在研發新的套件。R 的原始碼可自由下載使用，且 R 也有已編譯的執行檔版本可以下載，並可在多種平台下執行，包括 Linux、Windows 和 MacOS 等。而在資料量的處理上，R 語言可以處理較大的資料量進行資料分析，且 R 也適合進行統計分析與資料探勘，再加上 R 的繪圖功能非常強大，能呈現出良好的資料視覺化與有利印刷的高解析度特性。因而，在資料繪圖與資料視覺化的部分，也有愈來愈多學術研究人員偏好使用 R 來進行資料分析處理。

3. Python

Python 是由荷蘭程式設計師 Guido van Rossum 在 1991 年開發，是一種廣泛使用的直譯式、進階和通用的程式語言。Python 與 R 一樣都屬於免費的開源軟體，開發至今也都凝聚龐大的研發社群進行支援。而在資料量的處理上，Python 適合處理大資料與小資料。有趣的是，當時 Rossum 之所以選中 Python 作為程式的名字，是因為他是英國 BBC 電視劇《蒙提・派森的飛行馬戲團》（Monty Python's Flying Circus）的愛好者而以 Python 為命名（施威銘研究室，2021），且官方網站中也是選擇以莽蛇圖騰作為識別圖像。

Python 官方網站中（https://python.org）明白表示 Python 是一種程式語言，可以讓你快速工作並更有效率的整合系統。Python 試圖提供「優雅」、「明確」、「簡單」的程式語法來表達，且 Python 開發者的思想是「用一種方法，最好是只有一種方法來做一件事。」因而在設計 Python 語言時，如果面臨多種選擇，Python 開發者一般會選擇明確沒有或者很少有歧義的語法。此外，Python 的設計目標之一是讓程式碼具備高度的可閱讀性，它設計時盡量使用其他語言經常使用的標點符號和英文單字，讓程式碼看起來整潔美觀。

簡要來說，Python 是一種直譯式（interpreted language）、物件導向（object

oriented language）的程式語言，且擁有完整的函式庫，可以協助完成許多工作（洪錦魁，2020）。

　　Python 除了適合進行數據分析，也適合連結網頁後端，並與各大應用框架進行串接。這樣強大的多元功能，可以讓資料科學處理擁有更豐富的功能發揮，並應用到更廣的領域。

1.2　安裝 Python 軟體

　　Python 軟體安裝執行除了在官方網站（https://python.org）選擇安裝之外，使用者也可以選擇在 Anaconda 網頁平台進行下載執行（https://www.anaconda.com）（如圖 1-1），Anaconda 是 Python 的免費開源發行版本，主要用於資料科學（data science）、機器學習（machine learning）、巨量資料處理（large-scale data processing）及預測分析（predictive analytics），也可對許多套件（packages）進行管理，是目前全世界最受歡迎的 Python 資料科學（data science）平台之一。

圖 1-1　ANACONDA 網頁平台

　　Anaconda 所提供的產品目前有五種版本（如圖 1-2），分別是個人版（Individual Edition）、商業版（Commercial Edition）、團隊版（Team Edition）、企業版（Enterprise Edition），以及專業服務（Professional Services）等產品。

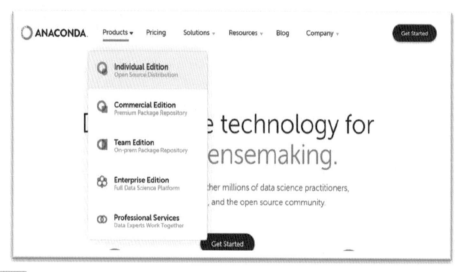

圖 1-2　ANACONDA 服務產品

　　目前，個人版本提供免費安裝，非常有助於初學者或是有需要的人士下載學習使用。安裝時，只要按照程序一步一步來安裝整個環境，等一切準備就緒就可以開始執行安裝 Python 軟體了。

1. Anaconda 安裝：個人版（Individual Edition）

　　使用者先到 Anaconda 官網（https://www.anaconda.com），點選上方 Products/Individual Edition（如圖 1-3）。

圖 1-3　Anaconda 點選 Products 的 Individual Edition

　　在個人版本的介紹說明頁面中，使用者可以看到相關說明，之後可以依照電腦的 Windows、MacOS、Linux 等作業系統選擇下載，查看完說明後可以讓網頁為使用者電腦推薦的版本點選「Download」，畫面將會帶使用者到頁面下載區（如圖 1-4）。

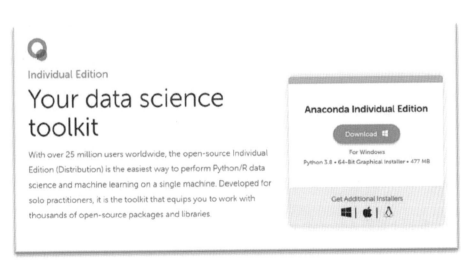

圖 1-4　下載 Anaconda Individual Edition

　　或者是，使用者有其他需求也可以從目前的網頁最下方，從下載頁面中有呈現支援各種不同作業系統（Windows、MacOS、Linux）的 Anaconda 版本，每個作業系統針對 Python 有 64 位元（64-Bit）及 32 位元（32-Bit）等版本作提供，使用者可以按照自己需求做選擇下載版本。

2. Anaconda Installers 安裝程序步驟

　　針對 Windows 作業系統下載 Anaconda Installers 之後，進行安裝步驟說明。

(1) **下載** Anaconda Installers

　　將 Anaconda Installers 的 Python 3.8 選擇 64 位元版本（如圖 1-5）下載至電腦硬碟中（根據自己慣用的路徑，這裡是放在 Windows 下載裡面）。

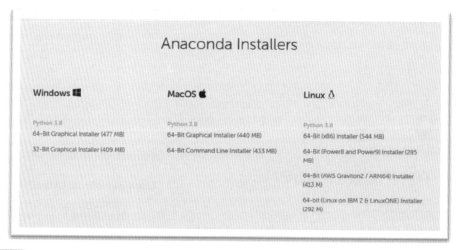

圖 1-5　下載 Anaconda Installers 的 Python 最新版本

(2) **執行下載的** Anaconda Installers

　　建議使用「以系統管理員身分執行」安裝（如圖 1-6），以利後續使用順暢。

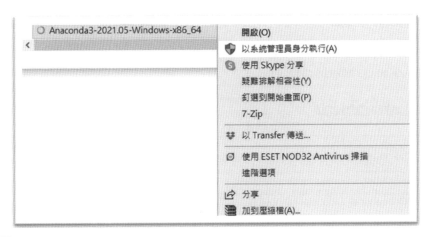

圖 1-6 執行下載的 Anaconda Installers

(3) **查看安裝版本，並點選「Next」 （如圖 1-7）**

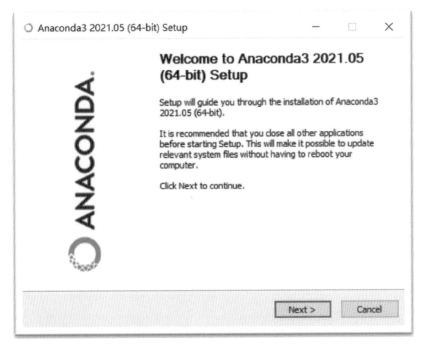

圖 1-7　查看安裝版本，並點選「Next」

(4) **閱讀許可協議**（License Agreement）**後，點選「I Agree」**（如圖 1-8）

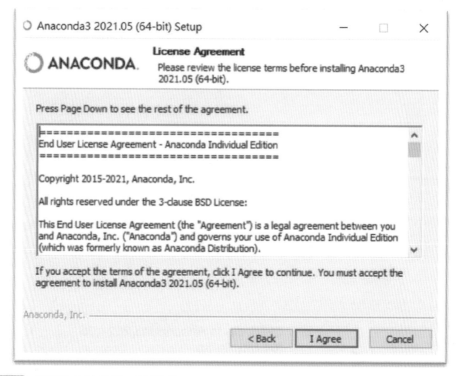

圖 1-8　閱讀許可協議後，點選「I Agree」

(5) **選擇安裝對象**

Anaconda3 提供「Just Me」與「All Users」兩種選擇，一般來說，除非是公用電腦或是需要為系統所有用戶（需要 Windows 管理員權限）進行安裝，不然就建議選擇「Just Me」安裝即可，並點選「Next」（如圖 1-9）。

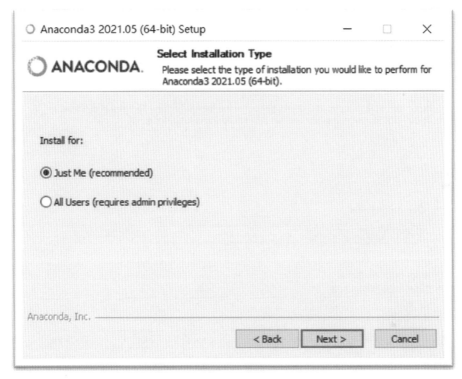

圖 1-9　選擇安裝對象

(6) 確認安裝路徑

　　如果需要更改 Anaconda 預設的安裝路徑，可點選「Browse」進行選擇欲安裝位置；若沒有要變更，可直接點選「Next」（如圖 1-10）。

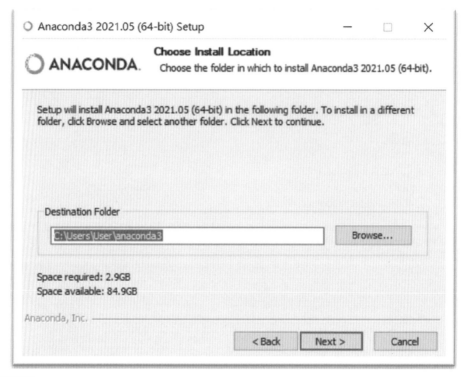

圖 1-10 確認安裝路徑

(7) 進階選項安裝

選擇是否要將 Anaconda 加到 PATH 環境變數中，若不確定自己的需求，可參考官方建議不用將 Anaconda 加到環境變數裡，依預設勾選選項並直接點選「Install」（如圖 1-11）。

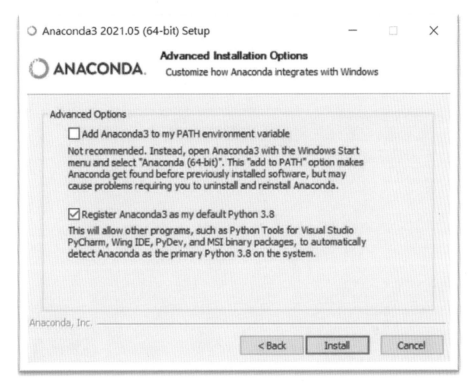

圖 1-11　進階選項安裝

(8) **進行安裝**

安裝過程中，想查看安裝哪些細項則點選「Show details」檢視（如圖1-12）。

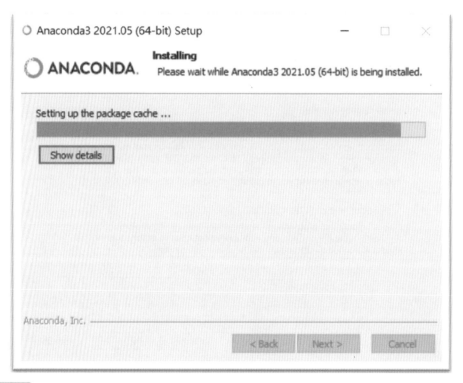

圖 1-12　進行安裝

點選「Show details」後，可以看到系統安裝資訊內容與過程（如圖 1-13）。

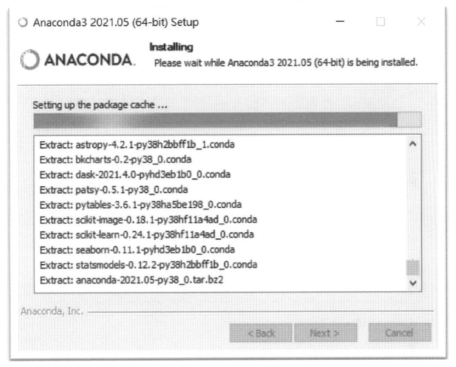

圖 1-13　安裝資訊內容

(9) 完成安裝

安裝完成之前，除了會顯示 Anaconda 已經安裝完成外（如圖 1-14），再點選「Next」後，系統同時也顯示安裝 JetBrains 這家軟體公司的 PyCharm IDE，其可以完全和 Anaconda 作整合，可以方便使用者在開發時使用。接下來，直接點選「Next」（如圖 1-15）。

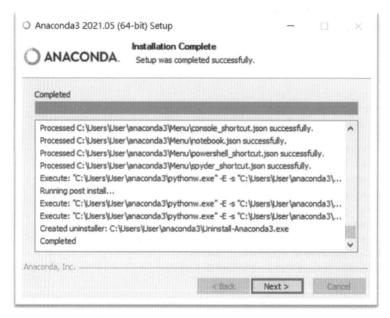

圖 1-14　ANACONDA 安裝完成

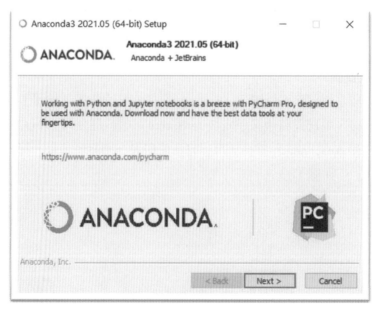

圖 1-15　完成安裝 ANACONDA 版本與 JetBrains

　　最後，看到已完成安裝的訊息，若不想看 ·些說明，可將「check box」前的勾勾拿掉，並點選「Finish」即完成 Anaconda 3 的安裝（如圖 1-16）。

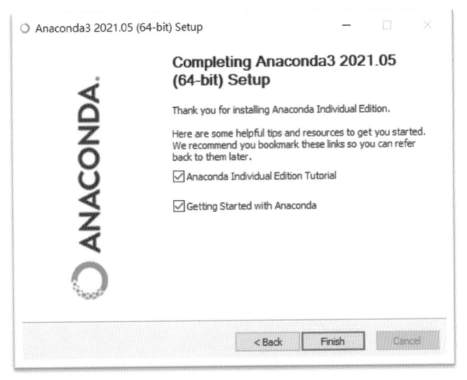

圖 1-16　完成安裝訊息

(10) 驗證安裝是否完成

　　在安裝完成後，使用者可以從 Windows 左下角的開始選單（Start menu）來確認安裝內容有沒有問題，從 Anaconda3（64-bit）資料夾中可以看到 Anaconda Navigator（anaconda3）、Anaconda Powershell Prompt（anaconda3）、Anaconda Prompt（anaconda3）、Jupyter Notebook（anaconda3）、Reset Spyder Settings （anaconda3），以及 Spyder（anaconda3）等 6 個項目（如圖 1-17）。其中，使用者較常使用的項目是 Anaconda Prompt、Jupyter Notebook 與 Spyder。

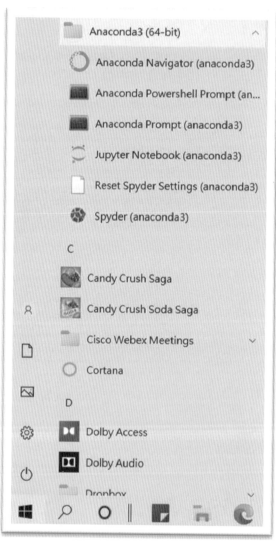

圖 1-17　Windows 開始選單確認安裝完成

3. 執行 Anaconda

　　使用者先選擇 Anaconda Navigator（anaconda3）執行，打開後會顯示管理介面視窗，則表示目前已成功安裝完成 Anaconda3。如果沒有顯示或有其他錯誤訊息，則可以檢查是否完成前面的每個步驟，同時也可在 Anaconda 官網上查詢 Help and support。

　　在 Anaconda Navigator（anaconda3）管理介面視窗主頁（Home）中提供許多使用介面，或者稱之為「整合開發環境」（integrated development environment, IDE）進行編寫與執行程式碼（如圖 1-18）。主頁中提供包含 CMD.exe Prompt、Datalore、IBM Watson Studio Cloud、Jupyter Notebook、Powershell Prompt、Qt Console、Spyder、VS Code、Glueviz、Orange 3、PyCharm Professional、RStudio 等受歡迎的使用介面，使用者可以按照喜好選擇使用介面來執行程式。

　　如果要安裝，則可以選擇這些程式裡的「Lunch」鍵，亦即是「啟動、發射」等，也就是下載安裝，在安裝完成之後即可使用。其中，Jupyter Notebook 可以說是目前最受歡迎的 Python 編輯器之一，其友善的互動介面和內建的豐富資料科學套件，使其成為許多人學習 Python 程式設計的首選（施威銘研究室，2020）。在接下來的章節使用中，使用者主要使用 Jupyter Notebook 來進行介紹與說明。

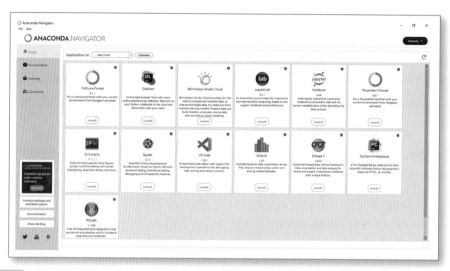

圖 1-18 Anaconda Navigator（anaconda3）管理介面視窗

在 Anaconda Navigator（anaconda3）環境視窗（Environment）中，則是顯示有哪些是已經安裝（installed）、未安裝（Not installed）、可更新版本（Updatable）、選擇（Selected）及全部（All）等環境提供檢視參考（如圖1-19）。

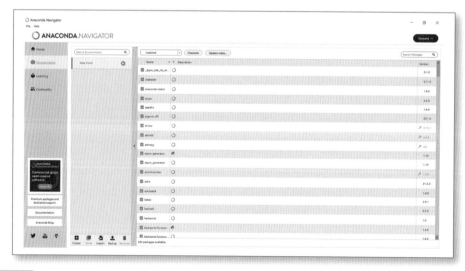

圖 1-19 Anaconda Navigator（anaconda3）環境視窗

在 Anaconda Navigator（anaconda3）學習視窗（Learning）中則是顯示相關教學資源，裡面包含檔案（Documentation）、訓練（Training）、影片（Video）、網路研討會（Webinar）等資源，提供如 Python Tutorial、Python Reference……學習資源連結供參考（如圖 1-20）。

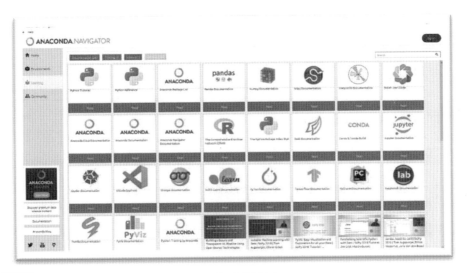

圖 1-20　Anaconda Navigator（anaconda3）學習視窗

在 Anaconda Navigator（anaconda3）社群視窗（Community）中則是顯示相關支持互助資源，裡面包含項目（Event）、論壇（Forum）、社交（Social）等資源，提供如 Data Science Salon、Gartner Data & Analytics Summi London、Anaconda Forum、Anaconda on Twitter……社群資源連結供參考（如圖 1-21）。

圖 1-21　Anaconda Navigator（anaconda3）社群視窗

1.3　整合開發環境的概念

「整合開發環境」（integrated development environment, IDE）指的是程式開發的平台，整合許多元件讓程式開發更有效率的執行（如圖 1-22）。一般來說，程式開發需要許多軟體工具協助，例如：撰寫程式碼需要有類似文書處理軟體的編輯器（editor），而程式寫好後需要有編譯器（compiler），在寫完程式可能又有一部分要跟其他程式連結在一起，則又需要一個連結器（linker）；且程式之間可能有錯誤或衝突，此時則還需要除錯與校正，就需要除錯器（debugger）。

可以理解在開發程式的過程中，這一連串的「器」都是為了開發程式而存在的工具性軟體，以往需要一一獨立執行各個階段作業，才能夠完成工作。可是又因為每個工具都需要用到，就有工程師乾脆推出一個程式開發軟體，把這一系列「器」的功能都備齊。這樣之後，在同一個程式操作畫面中，既可以編輯程式碼語言，也可以編譯、連結、除錯等，因為把原本各自散落的程式開發工具統整在一起，稱為整合（integrated）。而 IDE 指的就是整合開發環境，來作為程式碼編輯、編譯、執行、除錯與連結的平台工具。

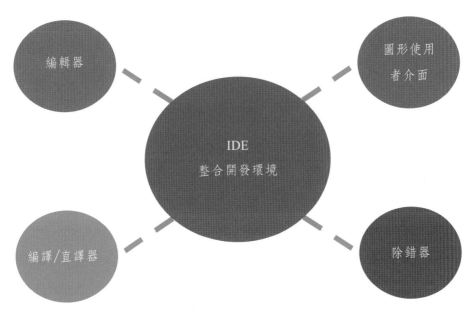

編輯器

圖形使用
者介面

IDE
整合開發環境

編譯/直譯器

除錯器

圖 1-22　**IDE 整合開發環境**

　　換句話說，IDE 是一種輔助程式開發人員開發軟體的應用軟體，將程式開發所需的軟體工具集結在一起，通常包含程式語言編輯器、編譯器／直譯器、除錯器，還有圖形使用者介面。IDE 的出現正是將它們通通統整，就像是一個便利包，將所需的功能統合在一起！現在，隨著科技進步發展，使用者可以使用的平台工具愈來愈多元，也愈來愈圖像化與容易使用。也有人說這類工具就類似三合一咖啡的概念，可以讓你一次滿足喜歡的口味並優化使用內容。

　　由於，Python 也是直譯式語言的一種，因而需要直譯器（interpreter）將程式碼一句一句直接執行，不需要經過編譯（compile）的動作來將語言先轉換成機器碼再來執行（洪錦魁，2020）。目前，有一些常見的 IDE。當然，因應每個人的使用需求不同，也有些人認為 IDE 的 all in one 設計思維雖然方便，卻還是有些缺點，像是每種 IDE 所著重的功能不一樣，各有偏重在編輯器或除錯器等，因而有的 IDE 強調「開放原始碼」讓工程師可以依照自己的喜好，搭配不同平

台的「器」，這些都是爲了滿足不同需求而有的多元發展。但是，IDE 仍然有些優點可以提供新手使用，讓使用者可以不需在終端機下安裝及設定各種前置作業系統，不僅能節省建立開發環境的成本，也加速對開發環境的瞭解。尤其是，透過執行代碼的方式，就可以在 IDE 內直接執行程式碼，不需離開編輯器。另外，程式碼也有以不同顏色顯現，讓使用者閱讀與寫作更爲方便，再加上系統將程式代碼格式化，也會跳出程式碼讓使用者作選擇來加速編寫速度，都已經非常的人性化與便利。

1.4　Anaconda Prompt 管理模組

　　Python 引以爲傲的是擁有龐大模組功能可以使用，而爲了簡化系統承載的規模，其設計可以根據個人需求，再將需要的模組自行下載或者是開發。目前，已經有許多先進們開發出功能強大的模組來支援許多需求。若使用者有需要新增或刪除模組，使用者可以透過 Anaconda Prompt 進行模組管理。

　　首先，從開始 / 所有程式 / Anaconda3（64-bit）/ Anaconda Prompt（anaconda3）啟動 Prompt 來進行管理模組（如圖 1-23）。

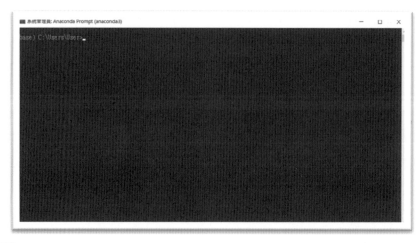

圖 1-23　Anaconda Prompt（anaconda3）

開啟之後，使用者可以透過一些安裝指令來查詢、更新、安裝與移除模組，其中，安裝模組的指令可以使用 pip 或 conda，大部分的模組可以使用這兩種指令之一作安裝，然而，某些模組會指定 pip 或 conda 才能安裝（如表 1-1），使用者在使用時可以多多嘗試。但是，建議盡量用 conda 指令安裝，以符合 anaconda 環境。

　　※ **提醒**：各項指令執行後，要稍等電腦進行作業，大概 5 秒左右的作業時間，當然執行速度會依照每台電腦的性能差異而有不同。

表 1-1　安裝指令

功能	pip 指令	conda 指令
查詢模組	pip list	conda list
更新模組	pip install-U 模組名稱	conda update 模組名稱
安裝模組	pip install 模組名稱	conda install 模組名稱
移除模組	pip uninstall 模組名稱	conda remove 模組名稱

1. 查詢模組列表

　　在 Anaconda Prompt（anaconda3）視窗中輸入 pip list 執行後，命令視窗會按照字母顯示已經安裝的模組名稱和版本（如圖 1-24）。

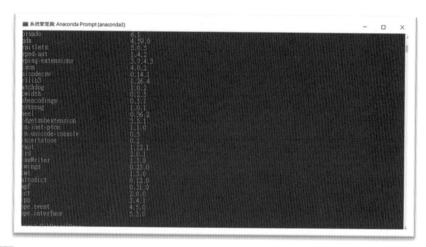

圖 1-24　查詢模組列表

2. 查詢模組更新列表

　　使用者如果要查詢模組中是否有可以更新的版本，可以使用輸入「pip list --outdated」指令，則命令視窗會顯示可以更新的模組名稱、版本及目前最新的版本（如圖 1-25），讓使用者可以視需求進行模組更新。

圖 1-25　查詢模組更新列表

3. 查詢模組詳細資料

　　如果使用者要查詢模組的詳細資料，可以使用「pip show」指令加上模組名稱來作查詢，則命令視窗會顯示模組版本、簡介、官方網站、作者及聯絡資訊、系統安裝路徑與相關模組（如圖 1-26）。使用者以「pip show Numpy」指令執行為例，執行後輸出名稱（Name）、版本（Version）、摘要（Summary）、網址（Home-page）、作者（Author）、作者電子郵件（Author-email）、授權（License）、本機位置（Location）、需求（Requires）、附加需求（Required-by）等。

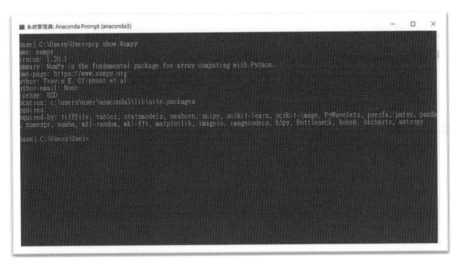

圖 1-26　查詢模組詳細資料

4. 安裝模組

　　使用者可以使用安裝模組來增加系統中沒有的模組，可以使用「**pip install**」加上「**模組名稱**」指令，則命令視窗會顯示安裝的模組與版本，預設會安裝最新的版本。使用者以「**pip install Numpy**」指令為例。如果系統中已經有此一模組，則會顯示「Requirement already satisfied: Numpy in c:\users\user\

anaconda3\lib\site-packages(1.20.1)」告知此一要求已經完成，並指出該模組的所在位置及版本。反之，則會開始安裝模組（如圖 1-27）。

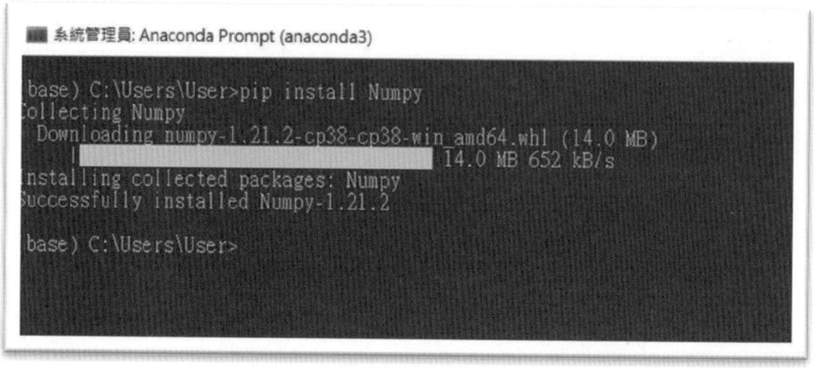

圖 1-27 安裝模組

　　※ **提醒**：若有指定要安裝某一模組版本，則在模組名稱後方使用「==」填上版本代號，且模組名稱後方的「==」與版本號碼之間，不能有空白。例如：安裝「Numpy 1.18.1」版本，則使用「pip install Numpy==1.18.1」指令執行。

5. 更新模組

　　使用者可以使用更新模組來更新系統中的模組，可以使用「pip install-U」加上「模組名稱」指令，則命令視窗會顯示更新模組與版本（如圖 1-28）。使用者以「**pip install-U Numpy**」指令為例。

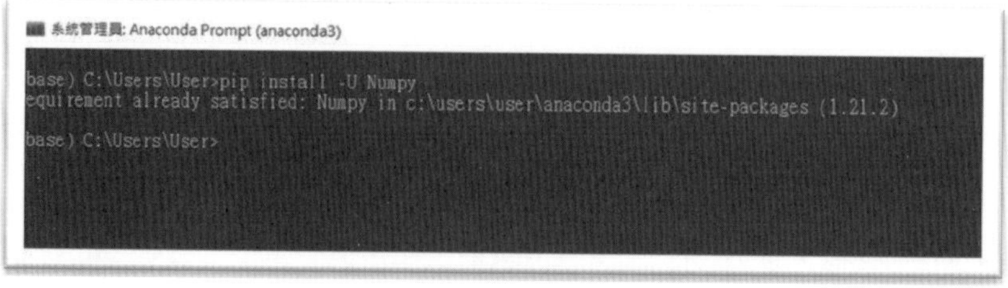

圖 1-28 更新模組

6. 移除模組

　　使用者可以使用移除模組來刪除系統中的模組，可以使用「pip uninstall」加上「模組名稱」指令，則命令視窗會顯示被移除的模組與版本。使用者以執行「**pip uninstall Numpy**」指令為例，執行過程中會列出所在系統位置，並詢問是否要繼續？若要繼續則輸入「y」，反之，則輸入「n」。系統移除模組之後，會回報已經成功完成指令（如圖 1-29）。

```
■ 系統管理員: Anaconda Prompt (anaconda3)

base) C:\Users\User>pip uninstall Numpy
Found existing installation: numpy 1.20.1
Uninstalling numpy-1.20.1:
  Would remove:
    c:\users\user\anaconda3\lib\site-packages\numpy-1.20.1.dist-info\*
    c:\users\user\anaconda3\lib\site-packages\numpy\*
    c:\users\user\anaconda3\scripts\f2py-script.py
    c:\users\user\anaconda3\scripts\f2py.exe
Proceed (y/n)? y
  Successfully uninstalled numpy-1.20.1

base) C:\Users\User>
```

圖 1-29　移除模組

　　※ **提醒**：在 Windows 系統中執行更新與移除模組命令時，有時會需要有系統管理員權限，此時則必須以系統管理員身分開啟 Anaconda Prompt（anaconda3）命令視窗。開啟方式為在開始／所有程式／Anaconda3（64-bit）／Anaconda Prompt（anaconda3）上按滑鼠右鍵，並在快顯功能表上點選更多／以系統管理員身分執行（如圖 1-30）。

圖 1-30 以系統管理員身分執行 Anaconda Prompt

🔔 1.5 常用整合開發環境

在 Anaconda Navigator 的主頁中，提供許多整合開發環境進行程式碼操作，各個平台各有長處，有的也直接稱之爲編輯器。茲簡要介紹較爲容易入門使用的整合開發環境（IDE），常見的有 Spyder、Jupyter Notebook 等。

1. Spyder

Anaconda 內建 Spyder 作爲開發 Python 程式的編輯器，在 Spyder 中可以撰寫及執行 Python 程式，重要的是，Spyder 還有提供簡易智慧輸入與基本程式除錯功能。啟動時，只要在開始 / 所有程式 / Anaconda3（64-bit）/ Spyder（anaconda3）執行即可，目前 Spyder4 版本的版面開啟後，預設是以 Dark 配色模式來顯示（如圖 1-31）。Spyder 編輯器左方爲程式編輯區，可以在此撰寫程式碼；右上方爲說明、變數瀏覽、繪圖、檔案管理區，可以使用下方的標籤來切換；右下方爲命令視窗區，有 IPython console 及 History 視窗，可以在此區塊透過交談模式執行 Python 程式碼。

圖 1-31　開啟 Spyder

　　而使用者如果要變更 Spyder 預設配色，可以開啟「Tools/Preference」視窗調整，選取「Appearance」項目，將「Syntax highlighting theme」中設定配置方式改為 Spyder，並在「Main interface」中「Interface theme」選擇 Light，按「OK」完成設定，待編輯器重新啟動即可呈現新設的版面（如圖 1-32）。

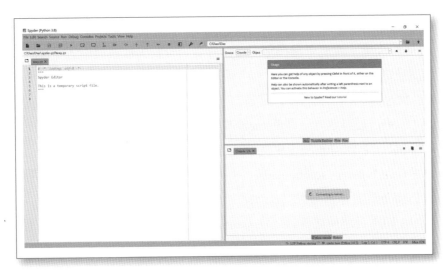

圖 1-32　變更 Spyder 版面配色

2. Jupyter Notebook

Anaconda 內建的 Jupyter Notebook 編輯器是屬於 IPython 的 Web 擴充模組，主要是讓使用者在網頁瀏覽器中進行程式開發與執行，也可以撰寫說明文件並可以匯出分享。啟動時，只要在「開始／所有程式／ Anaconda3（64-bit）／ Jupyter Notebook（anaconda3）」執行，即可開啟 Jupyter Notebook。

開啟之後的整個使用者介面，看成是由「Notebook Dashboard」（筆記儀表板）與「Note Editor」（筆記編輯）兩個組件所組成。「Notebook Dashboard」由系統在電腦建立一個網頁伺服器，下方會列出預設路徑中所有的資料夾及檔案，新建的檔案也會儲存在該路徑裡面。而「Note Editor」則是在 Python 專案資料夾中建立的程式編碼檔案。

接下來，使用者主要是使用「Jupyter Notebook」進行介紹與說明，因而，對於該編輯器將說明建立檔案、簡易智慧輸入、執行程式、常用編輯快速鍵、使用 markdown 語法筆記、匯出檔案等作介紹。

(1) Jupyter Notebook **建立專案資料夾**

建立 Jupyter Notebook 檔案時，建議先點選「New」鍵選擇 Folder 項目，建立一個「Python」專案資料夾，這樣方便後續 Python 執行某一專案的檔案內容管理（首次建立時使用，後續可以直接在各個 Python 專案資料夾中建立與執行 Python 程式檔。若沒有選擇路徑，預設會將資料夾放在使用者／ User 中，因此，建議選擇自己習慣的路徑）。或者是在已經建立的 Python 專案資料夾中按「New」鍵選擇「Python 3」，來建立一個未命名（Untitled）的 Python 程式編碼檔案（如果已經有建立一個 Python 專案資料夾時）。

a. Notebook Dashboard **中建立** Python **專案檔案夾**

使用者在 Jupyter Notebook 的「Notebook Dashboard」介面中選擇路徑，建立一個 Python 的專案資料夾（Folder）。

例如：使用者選擇從首頁（Desktop）中建立一個 Python 的專案資料夾，先

點選「New」並選擇「Folder」，可以建立一個未命名的「Untitled」的 Python
專案資料夾（如圖 1-33）。

圖 1-33 建立 Jupyter Notebook 檔案

b. 更改 Python 專案檔案夾名稱

使用者繼續在「Notebook Dashboard」介面中選擇該檔案夾，並點選工具列
中「Rename」可以直接修改名稱，使用者命名為「Python_test」，並點選「OK」
即可以變更專案檔案夾名稱（如圖 1-34）。

Rename directory   ×

Enter a new directory name:

Python_test

Cancel   Rename

圖 1-34 更改 Python 專案檔案夾名稱

c. 在 Note Editor 中建立 Python 程式編碼檔案

使用者進入到該 Python 專案資料夾中，點選「New」並選擇「Python 3」後，開啟新的未命名「Untitled」的 Python 檔案。此時則進入到「Note Editor」的介面，按一下最上方的「Untitled」一樣可以更改檔案名稱，使用者輸入「01Jupyter」，執行 Rename 後則可以更改名稱（如圖 1-35）。

Rename Notebook   ✕

Enter a new notebook name:

01Jupyter

Cancel   Rename

圖 1-35 　更改 Jupyter Notebook 檔案名稱

(2) Jupyter Notebook 的「Note Editor」介面說明

在 Jupyter Notebook 的「Note Editor」編輯介面，從上而下分為「檔名列」（File Name）、「主選單列」（Menubar）、「工具列」（Toolbar）及「編輯單元」（Cell），另外在右上角為「Logout」（登出），而在主選單列的右方可以看到目前的編輯狀態及所使用的 Kernel 為何。

工具列中由左至右的圖示，分別為「儲存 Notebook」、「新增下方一個 Cell」、「剪下 Cell」、「複製 Cell」、「在下方貼上 Cell」、「移動 Cell 至上方」、「移動 Cell 至下方」、「執行目前 Cell」、「中斷執行」、「重新啟動 Kernel」、「重啟 Kernel 及運行整個 Notebook」、「改變類型」、「開啟命令畫面」等。

　　而 Cell 左方的邊界顏色呈現綠色時，表示 Cell 處於「編輯模式」（edit mode），可以編輯單一 Cell 程式；當 Cell 左方邊界呈現藍色時，表示 Cell 處於「命令模式」（command mode），可以編輯整個 Cell 程式（如圖 1-36）。

圖 1-36　Jupyter Notebook 的「Note Editor」工具列

(3)Jupyter Notebook 簡易智慧輸入

　　Jupyter Notebook 用「Cell」（單元）作爲輸入程式與執行的窗格，呈現的版面清晰且容易辨識，一個檔案可以有許多 Cell；程式碼可以在 Cell 的 In[ ] 中輸入，執行結果在 Cell 的 In[ ] 下方直接呈現，版面呈現結果井然有序（如圖 1-37）。且在簡易智慧輸入部分，可以在輸入部分程式指令後按「Tab」鍵，來列出可用的程式項目提供使用者直接選取，並使用「Enter」完成輸入。

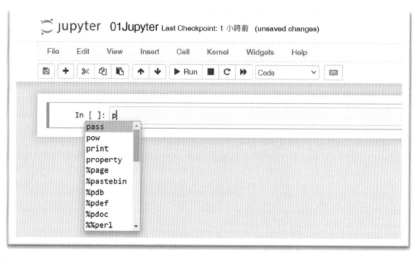

圖 1-37 Jupyter Notebook 簡易智慧輸入

(4) Jupyter Notebook 執行程式

在 Cell 中輸入程式碼後，可以直接按「Run」鍵，或者是「Ctrl + Enter」執行程式，結果會直接輸出在 Cell 下方。另外，若執行程式用「Shift + Enter」則也會執行程式並輸出結果，且會在輸出結果下方新增一個 Cell（如圖 1-38）。

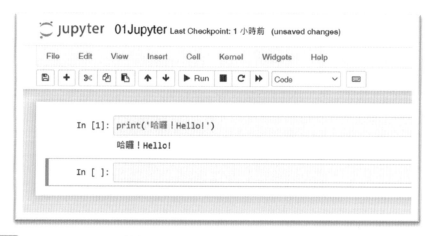

圖 1-38 Jupyter Notebook 執行程式

(5) Jupyter Notebook **常用編輯快速鍵**

Jupyter Notebook 的 Cell 有兩個模式，一個是編輯模式，此時在 Cell 上按下 Enter 時，Cell 方框會呈現「綠色」則可以編輯程式；另一個是命令模式，用來管理 Cell 內容，當程式執行後或者是在 Cell 上按 Esc 時，Cell 方框會呈現「藍色」則進入到命令模式，讓使用者可以上下移動選擇編輯目標、新增 Cell、刪除 Cell 等。

在 Jupyter Notebook 的不同模式中，透過使用一些常用的編輯快速鍵可以提升編輯方便性（如表 1-2），比如執行程式、切換模式、全選、增加 Cell、刪除 Cell、選擇 Cell、複製 Cell、合併 Cell、剪下 Cell、貼上 Cell、智慧輸入、說明幫助資訊、儲存檔案等編輯快速鍵。當使用者善用並熟悉這些快速鍵時，可以加速使用者在程式編輯與應用的便利程度。

表 1-2　Jupyter Notebook 常用編輯快速鍵

快速鍵	說明
Ctrl + Enter	執行目前 Cell 程式。
Shift + Enter	執行目前 Cell 程式並新增一個 Cell。
Enter	進入 Cell 啟動編輯模式。
Esc	退出 Cell 啟動命令模式。
Ctrl + A	模式中，全選全部的 Cell 或 Cell 中的程式。
A	命令模式時，在目前 Cell 上方新增一個 Cell。
B	命令模式時，在目前 Cell 下方新增一個 Cell。
D, D	命令模式時，連按兩次 D 鍵刪除目前 Cell。
↑ ↓	命令模式時，上下移動選擇編輯 Cell 目標。
C	命令模式時，複製目前 Cell。
Shift + M	命令模式時，合併選取 Cell。
X	命令模式時，剪下目前 Cell。

表 1-2　Jupyter Notebook 常用編輯快速鍵（續）

快速鍵	說明
Shift + V	命令模式時，在目前 Cell 上方貼上程式。
V	命令模式時，在目前 Cell 下方貼上程式。
Tab	編輯模式時，縮行程式或智慧輸入程式。
Shift + Tab	編輯模式時，輸出說明幫助資訊。
Ctrl + S	儲存程式。

(6) Jupyter Notebook 使用 Markdown 語法筆記

　　一般來說，在 Cell 中編輯程式可以使用「#」來註記一些說明，系統並不會執行寫在 # 右方的語言，因而若想要註記說明可以這樣使用。另外，在 Jupyter Notebook 的「**Note Editor**」**介面工具列中的**「**改變類型**」，則提供「Markdown」（紀錄）功能來讓使用者閱讀或註記重要內容來瞭解程式細節（如圖 1-39）。因為，「Markdown」除了可以註記文字段落的樣式之外，還可以加入超連結、水平線、圖片、數學算式等多元資料。由於 Jupyter Notebook 的 Cell 預設類型狀態為「Code」來提供使用者編輯程式，因而在 Cell 前面都會顯示「In[ ]」表示可以輸入程式（如圖 1-40）。當使用者要在 Cell 中書寫註記，可以利用「Markdown」的方式處理。更多資訊可以從「https://markdown.tw」參考完整說明文件與範例。

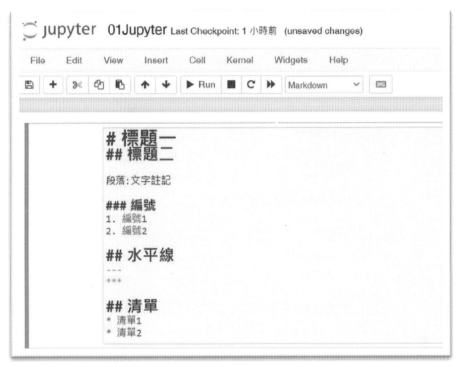

圖 1-39　Jupyter Notebook 的 Markdown 語法筆記

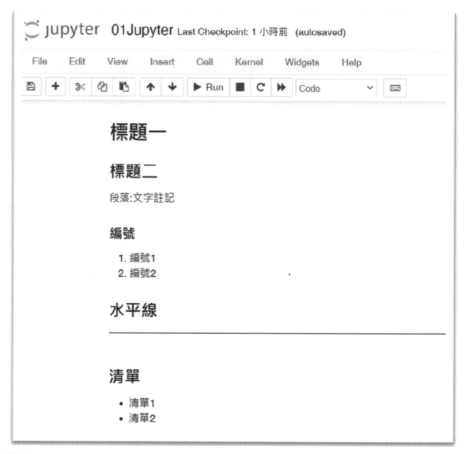

圖 1-40 　Jupyter Notebook 的 Markdown 語法筆記執行

(7) Jupyter Notebook 匯出檔案

　　Jupyter Notebook 檔案的副檔名為「.ipynb」，當使用者編輯完成之後，也可以匯出檔案給其他人使用。匯出檔案時，其方式依序為「File/Download as/Notebook（.ipynb）」來匯出 Jupyter Notebook 原始檔案（如圖 1-41）。而除了原始檔案，匯出時的檔案格式也可以按照需要選擇其他檔案，例如：常用的 HTML 或是 Python 檔案。

若是要載入檔案時，則可以從「File/Open」選擇開啟符合格式的檔案來載入。

圖 1-41　Jupyter Notebook 匯出檔案

🖥 Python 手把手教學 01：執行第一支 Python 程式

當使用者完成 Python 下載，也完成使用者要使用的 Jupyter Notebook 介面下載後，使用者就可以執行第一支 Python 程式！

1. 啟動 Jupyter Notebook

使用者若是使用 Windows 系統，可以從開始／所有程式／Anaconda3（64-bit）／ Jupyter Notebook（anoconda3）啟動執行。執行之後，畫面會出現兩個視窗，一個是終端機（terminal）的程式背景執行介面（如圖 1-42）（在執行過程中不要關掉！）；另一個則是連結 Jupyter Notebook 網頁到「Notebook Dashboard」介面（如圖 1-43）（也有離線使用版，可依據需求設定）。

圖 1-42　Jupyter Notebook 程式背景執行介面

圖 1-43　Jupyter Notebook 程式執行介面

2. 開啟新的 Python 編程檔案

接下來，在 Jupyter Notebook 的「Files」介面中，主要是與使用電腦中的檔案作整合連動。當進入到預先設定好的 Python 專案資料夾中，開啟新的 Python 編程檔案，可以在頁面右上方的「New」新增一個「Python 3」進入到「Note Editor」介面，並在上方 Jupyter 右邊的未命名「Untitled」中點按來進行檔案名稱更改，名稱可以依照使用者的需要更改，使用者先以「practice01」作檔名（如圖 1-44）。

圖 1-44　Jupyter Notebook 開啟新的 Python 3 檔案

3. 在 Cell 中撰寫 Python 程式碼

使用者接下來，在 In [ ] 的 Cell 中輸入：print('Hello Python!')；若要執行則按「▶Run」或是「Ctrl+Enter」或是「Shift+Enter」來執行程式，執行之後記得

點選存檔鍵或者是「Ctrl+S」作存檔動作（記得要有「存檔」的習慣！）。如此一來，在 Python 專案資料夾中則有了一個「practice01」檔案，附檔名為 ipynb 類型（如圖 1-45）。

```
print('Hello, Python!')
```

圖 1-45　Python 第一支程式輸入與執行

恭喜完成第一支 Python 程式！

接下來，若要繼續輸入程式碼，則選按工具列中的「＋」新增 Cell 單元。在 Python 中，使用者在參數中或者是字串前後，要加入單引號「'字串'」或是雙引號「"字串"」皆可，就看各位的使用習慣！

使用者繼續在新增的 Cell 中輸入「print('Hello, Python2!')」，執行檢視輸出結果並存檔（如圖 1-46）。

```
print('Hello, Python2!')
```

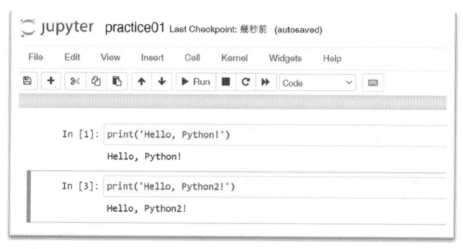

圖 1-46　Python 第二支程式輸入與執行

　　恭喜又完成了第二支 Python 程式執行！接下來，就繼續一起學習與探索 Python 的功能吧！

4. 其他應用

　　當然，Python 的功能非常龐大，使用者可以載入模組執行某些作業，並透過相關資源的整合進行應用。例如：建立年曆與查詢日期。

　　使用者載入「calendar」模組，並輸出年曆函式 **calendar（西元年）**，可以得到該一年度的年曆。例如：輸入 2022 年（如圖 1-47）。

```
import calendar
print(calendar.calendar(2022))
```

```
import calendar
print(calendar.calendar(2022))
```

```
                                 2022

          January                    February                    March
 Mo Tu We Th Fr Sa Su       Mo Tu We Th Fr Sa Su       Mo Tu We Th Fr Sa Su
              1  2                 1  2  3  4  5  6              1  2  3  4  5  6
  3  4  5  6  7  8  9        7  8  9 10 11 12 13        7  8  9 10 11 12 13
 10 11 12 13 14 15 16       14 15 16 17 18 19 20       14 15 16 17 18 19 20
 17 18 19 20 21 22 23       21 22 23 24 25 26 27       21 22 23 24 25 26 27
 24 25 26 27 28 29 30       28                         28 29 30 31
 31

           April                       May                        June
 Mo Tu We Th Fr Sa Su       Mo Tu We Th Fr Sa Su       Mo Tu We Th Fr Sa Su
              1  2  3                          1              1  2  3  4  5
  4  5  6  7  8  9 10        2  3  4  5  6  7  8        6  7  8  9 10 11 12
 11 12 13 14 15 16 17        9 10 11 12 13 14 15       13 14 15 16 17 18 19
 18 19 20 21 22 23 24       16 17 18 19 20 21 22       20 21 22 23 24 25 26
 25 26 27 28 29 30          23 24 25 26 27 28 29       27 28 29 30
                            30 31

           July                      August                    September
 Mo Tu We Th Fr Sa Su       Mo Tu We Th Fr Sa Su       Mo Tu We Th Fr Sa Su
              1  2  3        1  2  3  4  5  6  7                 1  2  3  4
  4  5  6  7  8  9 10        8  9 10 11 12 13 14        5  6  7  8  9 10 11
 11 12 13 14 15 16 17       15 16 17 18 19 20 21       12 13 14 15 16 17 18
 18 19 20 21 22 23 24       22 23 24 25 26 27 28       19 20 21 22 23 24 25
 25 26 27 28 29 30 31       29 30 31                   26 27 28 29 30

          October                   November                   December
 Mo Tu We Th Fr Sa Su       Mo Tu We Th Fr Sa Su       Mo Tu We Th Fr Sa Su
                 1  2                 1  2  3  4  5  6              1  2  3  4
  3  4  5  6  7  8  9        7  8  9 10 11 12 13        5  6  7  8  9 10 11
 10 11 12 13 14 15 16       14 15 16 17 18 19 20       12 13 14 15 16 17 18
 17 18 19 20 21 22 23       21 22 23 24 25 26 27       19 20 21 22 23 24 25
 24 25 26 27 28 29 30       28 29 30                   26 27 28 29 30 31
 31
```

圖 1-47　輸出某年年曆

　　另外，如果使用者想要查詢某年某月的月曆，也可以使用年月曆的函式 month（年 , 月）來查詢。例如：想回顧臺灣 921 大地震當日的年月曆，該地震發生在臺灣的 1999 年 9 月 21 日凌晨（如圖 1-48）。

```
print(calendar.month(1999, 9))
```

```
print(calendar.month(1999, 9))

    September 1999
Mo Tu We Th Fr Sa Su
       1  2  3  4  5
 6  7  8  9 10 11 12
13 14 15 16 17 18 19
20 21 22 23 24 25 26
27 28 29 30
```

圖 1-48　輸出年曆某年某月

　　使用者也可以查詢自己的出生年月日，以瞭解自己出生在星期幾？或者是得知某年某月的日曆資訊。

Chapter

02

數據資料的測量與建立

🔔 2.1　數據的統計與測量

1. 統計分析基本概念

統計學（statistics）主要是為了瞭解某個群體的傾向與特徵，進行測量與調查的資料蒐集過程，並將結果彙整為數值或文字的形式，並據以將資料作觀察、分析重要特徵的一門學問。簡單來說，統計學是透過測量、蒐集、整理、歸納、分析資料，來解釋、預測特定議題的成因、現象及未來走向的一門科學。因而，統計的主要目的是為了瞭解特定議題的重要發展，並藉由解釋、預測來獲得特定議題的正確資訊，並據以作出因應方案。

而就統計學的內容來說，傳統統計學有兩大分類，一為描述統計學（descriptive statistics），另一為推論統計學（inferential statistics）。描述統計是從一組數據中，摘要並描述這份數據的集中和離散情形，且利用數值來呈現調查群體的特徵，例如：某一年級某一班級學生的平均身高、體重。其次，推論統計學是從調查部分樣本觀察值的數學模型，據以推論調查樣本所屬整個群體（總體）的特徵，例如：調查某一年級部分學生的平均身高、體重，來推論該一年級學生的平均身高、體重。

統計的應用自古至今逐漸發展，並在 17 世紀中葉起成為一門學科後開始廣泛應用在各個領域（栗原伸一、丸山敦史，2019）。而統計學的應用廣泛，不論是生活中有關身體變化的身高、體重、血壓、血糖、步數、運動量、飲水量的日常記錄，或者是外在的水費、電費、油費、生活收支，以致商業、公共治理的相關記錄，皆能夠善用統計來呈現或歸納一些指標趨勢。而隨著科技與社會發展，當前巨量資料（big data）時代來臨，統計的面貌也逐漸朝向更多元的發展並與更多領域密切結合，且統計中的數據應用更是受到關注。

2. 統計數據的測量

　　為了達到統計目的而蒐集的資料，是經過一些調查而獲得的「測量」（measurement）結果。這些資料的取得，就如同拿出量尺對某一群體進行特徵測量，而不同的特徵類型可以使用不同的量尺蒐集資料。這些量尺（scale）的類型大致有 4 種測量尺度（scale of measure），分別為名義尺度（nominal scale）、順序尺度（ordinal scale）、等距尺度（interval scale）、比率尺度（ratio scale）等，而經過測量蒐集而來的資料可以稱之為變數（variable）（本丸諒，2019；邱皓政，2019；涌井良幸、涌井貞美，2017），分別說明如下：

(1) 名義尺度

　　名義尺度也稱為類別尺度（categorial scale），具有分類功能的測量方式，其主要是對測量樣本某一現象或特質的類型或種類作測量，給予一個數值符號作代表。而由此一名義尺度測量而賦予數值的結果，可以稱為名義變數（nominal variable）。

　　例如：性別（男、女）、班級（甲班、乙班）、種族（本省、外省、原住民）、居住地（臺北市、新北市、臺中市）、婚姻狀態（已婚、未婚、其他）、工作狀態（就業、待業）等。

(2) 順序尺度

　　順序尺度是指對測量樣本某一現象或特質的測量內容，除了具有分類意義之外，各個名義類別之間也存在特定的大小、順序關係。而由此一順序尺度測量而賦予數值的結果，可以稱為順序變數（ordinal variable）。

　　例如：衣服尺寸（XL、L、M、S）、排名（優、良、佳、可、劣）、教育程度（國小、國中、高中、大學、研究所）、飲料容量（大杯、中杯、小杯）、社經地位（高、中、低）、醫療院所分級（診所、地區醫院、區域醫院、醫學中心）等。

(3) 等距尺度

等距尺度是指對測量樣本某一現象或特質的測量內容，依照某一特定的標準化單位來測量程度上的特性，除了具有分類、順序意義外，數值的大小也反應測量樣本的差距或相對距離，亦即可以比較數值之間的差距。而由此一等距尺度測量而賦予數值的結果，可以稱為等距變數（interval variable）。

例如：考試成績、溫度、智商、滿意度調查（非常滿意、滿意、普通、不滿意、非常不滿意）等。由於等距尺度單位只有相對零點，而不是絕對零點，因而不能夠進行乘除，例如：西元 2000 年不是西元 1000 年的 2 倍，或者是溫度 36 度不是溫度 18 度的 2 倍，因此，數值與數值之間的比值（ratio），單純只是具有數學意義而不是實質意義，使用者應避免取用等距變數的數值進行乘除的比較關係。

(4) 比率尺度

比率尺度是指對測量樣本某一現象或特質的測量內容，依照某一特定標準化單位來測量程度上的特性，除了具有分類、順序、等距意義外，同時在單位上也具有一個絕對零點（真正零點）的測量結果，亦即可以比較數值之間的差距之外，也可以進行數學運算的比率乘除。而由此一比率尺度測量而賦予數值的結果，可以稱為比率變數（ratio variable）。

例如：年齡、身高、體重、距離、薪水、時間、受教育年數等。比率尺度的數值與數值之間不僅具有距離能夠反映相對位置，同時數值與數值之間的比率也具有特定意義，可以進行解釋與運用。

具體來說，這 4 種量尺之間的關係緊密連結，從名義、順序、等距、比率可以達到分類、順序、加減及乘除等的功能與數學計算應用的層次性質。也就是說，分類是數學計算邏輯中的等於或不等於；順序是數學計算邏輯中的大於或小於，且包含有順序、分類意義；等距是數學計算邏輯中的加減，且包含有等距、順序與分類；等比是數學計算邏輯中的乘除，且包含有比率、等距、順序與分類

的意義。另外，藉由測量尺度結果得到測量變數，因應統計分析需求還可以將名義、順序變數稱為「間斷變數」（discrete variable），而將等距、比率變數稱為「連續變數」（continuous variable），並進一步作為「自變數」（independent variable, IV）與「依變數」（dependent variable, DV）的各種統計應用。

3. 描述統計的內容

　　統計學中所獲得的測量資料常見有質性（qualitative）與量性（quantitative）的資料，測量資料在沒有整理之前是屬於原始資料（raw data），使用者需要經過特定方式作整理，才能夠獲得更多資訊與意義。因而，針對數據的整理，使用者往往會先將原始資料整理成乾淨資料（clean data）之後，再透過描述統計對數據進行整理以作為進一步分析的基礎。

　　使用描述統計就是利用統計的步驟程序，將質性與量性資料作劃記、編碼、計算、排序等方式來獲得數值或統計量數，並進而使用此一統計量數對一組觀察數值在某變數上的性質與特徵作描述、摘要、解釋的應用。例如：將資料中劃記性別，並將性別中質性資料的男性編碼為 1，而將女性編碼為 2，並計算男性與女性的個數或排序情形。

　　常用來作為描述統計量數的包括有次數分配（frequency distribution）、集中量數（measure of central tendency）、變異量數（measure of variability）、相對地位量數（measure of relative position），說明如下（吳作樂、吳秉翰，2018；邱皓政，2019；栗原伸一、丸山敦史，2019；涌井良幸、涌井貞美，2017）：

(1) 次數分配

　　次數分配標示資料的變數名稱、次數頻率、比例百分比等整理成表格，以及常見使用長條圖、圓餅圖、直方圖、線形圖、散布圖等的各種圖示法（graphic representation）作呈現。

(2) 集中量數

集中量數包括平均數（mean）、中位數（median）、眾數（mode）等，來呈現資料的集中情形。

a. 平均數

平均數為資料的總和除以資料的數量，其數學符號為「M」。例如：一個有 30 名學生的班級數學成績平均，即是每位同學的數學成績加總後，除以 30 名學生後所得到的數值。

b. 中位數

中位數也稱為中央值，當資料觀察值依序排列時，中位數則是位於資料序列正中央的觀察值，其數學符號為「Mdn」。而若資料數量為偶數，一般會以正中央的 2 筆數值相加再除以 2 後，得到的值作為中位數。

c. 眾數

眾數是用來表示一筆數據資料中出現次數頻率最多的數值，其數學符號為「Mo」。尤其是當資料為質性資料時，則可以用此一代表值表示，例如：一篇 900 字的報導，「快樂」乙詞出現了 25 次高於其他詞彙。

(3) 變異量數

變異量數包括全距（range）、平均差（mean deviation）、四分位差（quartile deviation）、變異數（variance）及標準差（standard deviation, SD）來呈現資料的分散情形。

a. 全距

全距是指一筆數據資料中觀察值的最大值與最小值之間的距離差距，代表數據資料的變化程度，其數學符號為「R」。

b. 平均差

平均差是指一組數據資料中，各個觀察值與平均數之間的差值之絕對值的算術平均數。平均差愈大，表示各個觀察值與平均數的差異程度愈大。

c. 四分位差

將一組數據資料由小到大排列分成四等分，則會有 3 個分割點，這個分割點稱為四分位數（quartile），數據資料的 25% 處稱為第 1 四分位數（Q1）、數據資料的 50% 處稱為第 2 四分位數（Q2）、數據資料的 75% 處稱為第 3 四分位數（Q3），而四分位差指的是第 3 四分位數減第 1 四分位數的差值（Q3 – Q1）的一半（(Q3 – Q1)/2）。

d. 變異數

變異數是在檢視數據資料的分布離散程度，一組數據中的各個觀察值與該組數據的平均數的差值，可以瞭解之間的距離。然而，當將這些差值加總起來總和為零不利數學運算，因而將這些差值平方後則可以將各個數值的離均差以正數呈現，並得到與平均數距離的總面積，該值稱為離均差平方和（sum of squares of deviation from mean, SS）。而變異數就是將離均差平方和除以數據數量的值（SS/N），其數學符號為「S^2」代表樣本變異數，「σ^2」代表母體變異數。變異數是呈現分布大小的指標之一，變異數愈大，表示數據資料的分布或離散程度愈大，反之，則分布或離散程度愈小。

然而，使用者需要注意的是，變異數的意義不是絕對的。例如：使用相同數據資料，卻可能因為數據資料的單位是公尺（m）或公分（cm），而有著 1 萬倍的差異，因而，單純看變異數的值無法判斷分布程度的大小。

e. 標準差

標準差也稱標準偏誤、均方差，是變異數的算數平方根，其數學符號為「S」代表樣本標準差，「σ」（sigma）代表母體標準差。標準差常用來作為測量一組數據數值的離散程度，當使用標準差來檢視離散程度，則能夠與原始數據資料採取相同單位。例如：以「cm」（公分）來表示身高時，變異數會變為面積單位「cm^2」（公分平方），使用平方根後得到的標準差就會讓單位回到原來的「cm」。

(4) 相對地位量數

相對地位量數包括百分等級（percentile rank, PR）、百分位數（percentile point, PP）及標準分數的 Z 分數（Z score）與 T 分數（T score），用以描述某一樣本所具有的特定觀察值在群體中，與某一參照點相比後所處的位置或百分比量數，稱為相對地位量數。

a. 百分等級

百分等級指某樣本的特定觀察值在群體中的所在等級，是將原始數值轉化為等級（百分比），亦即，以 100 為單位，該樣本的特定觀察值可以排在第幾個等級。例如：PR = 50 代表該觀察值可以勝過 50% 其他樣本觀察值，該樣本的觀察值也剛好是中位數。

b. 百分位數

百分位數指某樣本位置在某一等級的觀察值，是由某一等級來推算原始分數，亦即，某樣本取得某一等級的觀察值，則可以得知該數值大小。例如：某一城市居民平均薪資的中位數為 50,000 元，表示有 50% 的居民薪資比 50,000 元還低，此時可以說第 50 百分位數為 50,000 元，以 P50 = 50,000 表示。

c. 標準分數

標準分數是指某一樣本觀察值是落在平均數以上或以下的幾個標準差的位置，採用線性轉換的方式將一組數據轉換成不具有實質單位與集中性的標準化分數，轉換為標準化分數後有利於樣本觀察值之間作跨單位的比較。

常見標準分數 Z 分數就是採用線性轉換將數值集中在 0 與 1 之間的區間，其公式為將原始觀察值減去其平均數，再除以標準差之後所得到的新數值，表示該原始觀察值是座落在平均數以上或以下幾個標準差的位置。Z 分數具有平均數為 0、標準差為 1 的特性，有正值與負值。當 Z 分數大於或小於 0 時，表示該觀察值座落在平均數之上或之下。而 Z 分數僅是將原始觀察值作線性轉換，並未改變各原始觀察值的相對關係與距離。

但由於 Z 分數包含正值與負值，為了方便使用則常見將 Z 分數轉換為 T 分

數，標準分數 T 分數計算公式為 $T = 10Z + 50$，轉換後的 T 分數為正值，且平均數為 50，標準差為 10。

🔔 2.2　資料建立與編碼簿

Python 可以讀取的資料包含很多，常見使用的檔案類型為「CSV」檔案。「CSV」格式的檔案是一種用逗號分隔儲存資料的型態，目前也是許多網頁中存取資料常見的格式之一。因而，Python 可以從網路上下載許多政府機關所提供的資料，或者是許多網頁中提供的公開資訊。

當使用者要自己建立 CSV 檔案，其方式可以使用 Microsoft Excel 或者是 Google Form 執行，這裡介紹採用 Excel 的方式。而資料表格式為欄列格式，行 / 欄（column）為直的、圓柱狀的意思，檔案中的 A、B、C……就是欄；而列（row）是橫的。一般欄列表示是編製統計表格的普遍作法，步驟如下：

1. 建立過錄編碼簿

過錄編碼簿（codebook）的意義在於呈現數據資料的背景描述與數據意義，一般含有「題號、變數名稱、變數說明、選項數值說明、備註」等，以利使用者理解數據所欲表達的訊息，因而，數據整理應該清楚呈現所記載登錄的資訊。

以問卷調查為例（如圖 2-1），在調查問卷回收並篩選完有效樣本之後，除了給予問卷進行序號編碼之外，針對問卷內容也應該要進行編碼規劃，並給予各個題項進行編碼的登錄規則，這樣除了有助於律定登錄的數值之外，也可以清楚紀錄每個數值的代表意義（如圖 2-2）。

因而，編碼簿就是原始問卷題目之外，針對該問卷題目所給予相對應數值的詳細說明，以作為後續資料解讀的重要依據。

大學生生活感受調查問卷

您好：

　　這是一份生活感受的調查問卷，填答以不記名方式，且結果僅供學術使用，敬請安心填答。而您的寶貴意見，是本研究成功的重要關鍵，懇請惠予協助。敬祝

平安快樂

國立〇〇大學〇〇系教授

〇〇〇 敬上

(O) 123-456789

一、基本資料

1. 性別：□ 男；□ 女

2. 年齡：＿＿＿＿＿＿歲（請自行填寫）

3. 父親教育程度：

　　□國小；□國中；□高中(職)；□專科；□大學；□碩士；□博士

二、生活感受

這一個月以來，我覺得...	非常同意	同意	有點同意	不同意	非常不同意
1. 多數情況下，我的生活接近我的理想。…………………………………	□	□	□	□	□
2. 我的生活條件非常好。……………	□	□	□	□	□
3. 我對自己的生活感到滿意。………	□	□	□	□	□
4. 目前為止我已獲得生活中想要的重要事物。…………………………	□	□	□	□	□
5. 如果我能過自己想過的生活，我幾乎沒什麼需要改變。……………	□	□	□	□	□

請再檢查有無遺漏的題目，再次感謝您的協助！謝謝！

1

圖 2-1 調查問卷圖示

「大學生生活感受」問卷調查　過錄編碼簿 (Codebook)

題號	變項名稱	變項說明	選項數值說明	備註
	NO	問卷編號	按流水號排序	
一.1	gender	性別	1 男 2 女 空值為遺漏值	
一.2	age	年齡	受訪者直接填寫歲數 空值為遺漏值	
一.3	edu	父親教育程度	1 國小 2 國中 3 高中(職) 4 專科 5 大學 6 碩士 7 博士 空值為遺漏值	
二.1	a1	多數情況下，我的生活接近我的理想。	1 非常不同意 2 不同意	
二.2	a2	我的生活條件非常好。	3 普通 4 同意	
二.3	a3	我對自己的生活感到滿意。	5 非常同意 空值為遺漏值	
二.4	a4	目前為止我已獲得生活中想要的重要事物。		
二.5	a5	如果我能過自己想過的生活，我幾乎沒什麼需要改變。		

2

圖 2-2　過錄編碼簿圖示

2. 資料建立

　　開啟一個新的 Excel 檔案，並將「第一列」作爲資料的「行標籤名稱」（變數名稱），且建立「列索引」（資料筆數）排序數據資料。其中，「行標籤」的欄位標籤名稱中建議以英數字體登錄，以方便後續各類統計軟體讀取（如圖2-3）。

圖 2-3　建立 Excel 行標籤與列索引

3. 在 Excel 中使用插入註解代替編碼簿

　　使用者如果想要直接將簡易編碼簿建立在 Excel 檔案中，也可以透過將第一列欄位標籤名稱中使用「插入註解」或是由校閱中「新增註解」的方式，來說明欄位標籤中的數值意義，並作爲包含有編碼簿功能的「原始檔案」以利閱讀。而該 Excel 檔案後續則可以再另外儲存成一個 CSV 檔，作爲資料分析使用。

　　基本上，使用者可以在 Excel 原始檔案的行標籤名稱中，點選右鍵「**插入註解**」後並在註解寫入資訊（如圖 2-4）。例如：使用者在行標籤「gender」的註解寫入：「gender 性別、1 男、2 女、空值為遺漏值」（如圖 2-5）；在行標籤「age」中寫入註解：「age 年齡、受訪者直接填寫歲數、空值為遺漏值」；在行標籤「edu」中寫入註解：「edu 父親教育程度、1 國小、2 國中、3 高中（職）、4 專科、5 大學、6 碩士、7 博士、空值為遺漏值」；在「年齡、受訪者直接填寫歲數、空值為遺漏值」；而在「a1、a2、a3、a4、a5」則僅列出數值意義，在註解中寫入：「1 非常不同意、2 不同意、3 普通、4 同意、5 非常同意、空值為遺漏值」。如果要針對行標籤已經有的註解，需要修改時則使用「**編輯註解**」作編輯。

圖 2-4　Excel 插入註解

圖 2-5　Excel 編輯註解內容

　　另外，因應數據資料可能屬於同樣是量表題項的註解，可以在需要一樣註解的欄位中複製註解之後，再選取想要插入註解的欄位按右鍵「**選擇性貼上**」中選擇「**註解**」後，則可以進行註解的複製（如圖 2-6）。使用者以「a1、a2、a3、a4、a5」的註解示範，先針對 a1 寫入註解為：「1 非常不同意、2 不同意、3 普通、4 同意、5 非常同意、空值為遺漏值」，然後複製到其他的相同註解的行標籤中。

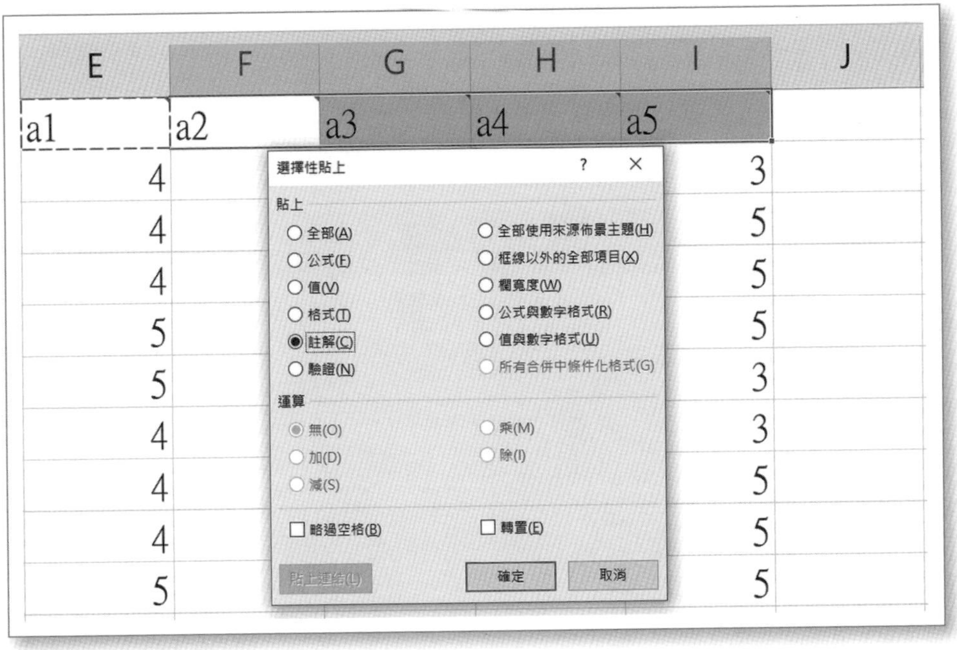

圖 2-6　Excel 複製註解

2.3　登錄資料與資料儲存

1. 登錄資料數據

　　數據資料有許多格式，常見格式為行列方式，每一列（row）視為一筆資料，而各筆資料數值都有一個對應的欄位（column）並應該設定名稱，此時則是欄位名稱建議使用英數字體，以利系統讀取並避免轉碼。在登錄資料時，這裡建議依據來源一筆一筆依序登錄資料建檔。

　　例如：使用者現在有 10 份有效問卷或數據資料，則每一筆資料登錄在一列中，並有其相對應的欄位名稱。首先，使用者可以從各筆資料的編號（NO）、性別（gender）、年齡（age）、題目 1（a1）、題目 2（a2）、題目 3（a3）、

題目 4（a4）、題目 5（a5）等，依序先將第一列進行欄位名稱登錄。緊接著，就是一筆一筆數據資料按照欄位名稱「NO、gender、age、edu、a1、a2、a3、a4、a5」依序填入數值，以建立資料（如圖 2-7）。

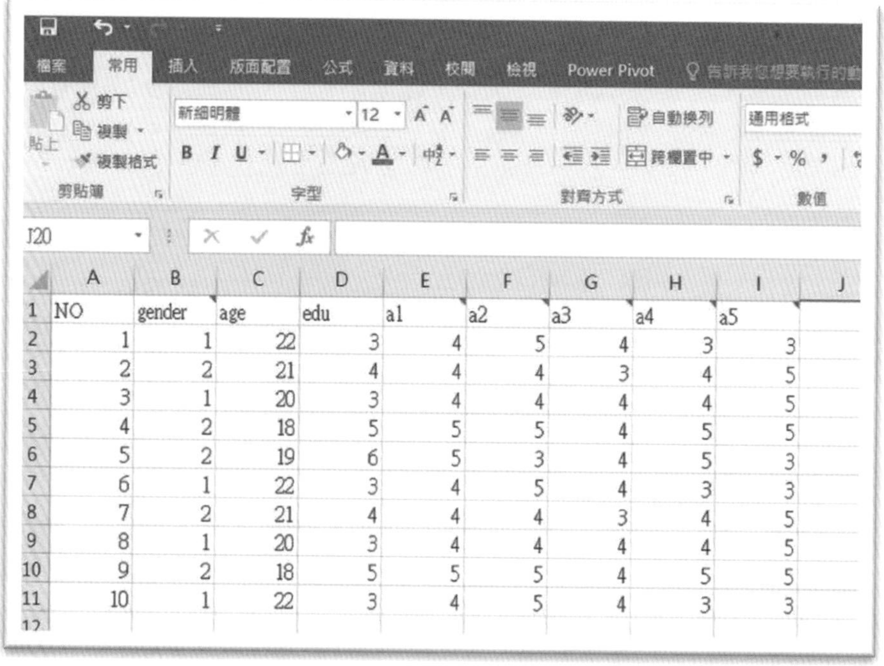

NO	gender	age	edu	a1	a2	a3	a4	a5
1	1	22	3	4	5	4	3	3
2	2	21	4	4	4	3	4	5
3	1	20	3	4	4	4	4	5
4	2	18	5	5	5	4	5	5
5	2	19	6	5	3	4	5	3
6	1	22	3	4	5	4	3	3
7	2	21	4	4	4	3	4	5
8	1	20	3	4	4	4	4	5
9	2	18	5	5	5	4	5	5
10	1	22	3	4	5	4	3	3

圖 2-7　Excel 登錄資料數據

2. 儲存檔案

使用者可以儲存 Excel 原始檔案之外，可以使用另存新檔的方式，選擇將檔案存成 CSV 檔案。可是，CSV 檔案無法儲存註解，因而，這裡建議將 Excel 檔案存成原始檔案作爲編碼簿。當然，編碼簿的方式，也可以直接使用 Word 或者是其他方式製作，檔案格式由個人選擇，這邊僅提供一個簡單的選擇作爲參考。

3. 將檔案置放在 Python 專案資料夾中

　　當使用者針對資料數據檔案儲存好了之後，若要進行 Python 程式碼的應用，則可以透過各種 IDE 進行使用。首先，如果是個人電腦上的檔案，則應該先將此一檔案置放在某一路徑中的 Python 專用檔案中，以備 IDE 開啟使用。

　　例如：使用者在 C 槽的 USER 中設定一個「python_learning」檔案夾（folder），準備作為 Python 執行的專用檔案夾，此時，若是準備要讀取的檔案名稱為：「pytestfile.csv」，使用者應該先將檔案「pytestfile.csv」置放在 C 槽的 USER 設定一個「python_learning」（使用者自行命名）檔案夾中，以方便資料讀取與分析時取用。

🖥 Python 手把手教學 02：建立 CSV 檔案資料

1. 取得原始資料

　　使用者取得一份針對大學生有關零用錢及飲食支出的問卷調查部分資料，共有 5 位學生回答問卷題目中有關「性別（男性、女性）、就讀年級（1、2、3、4 年級）、每週零用錢（元）、早餐支出（元）、午餐支出（元）、晚餐支出（元）」的內容。5 位學生的原始資料在初步編碼之後的數據如下（如表 2-1）：

表 2-1　零用錢與飲食支出調查資料

性別	就讀年級	每週零用錢（元）	早餐支出（元）	午餐支出（元）	晚餐支出（元）
男生	1	2,000	60	70	80
男生	2	2,100	65	70	90
女生	3	2,500	70	85	100
女生	4	2,200	60	70	75
女生	2	2,000	50	65	70

2. 建立 CSV 資料

使用者透過 Excel 開啟一個新的檔案,並命名檔名為「practice02」,依序將上述原始數據依照 Excel 檔案的每一列為一筆學生的資料,而每一行為問卷題目的編碼與數值。

接下來,將「第一列」視為欄位標籤名稱,分別按照資料筆數與題目鍵入題目作標籤,使用者建議在欄位標籤名稱中以英數字體作編碼登錄,以利後續各類統計軟體讀取。因而,按照資料筆數與題目鍵入行標籤,分別輸入:「NO、gender、grade、money、breakfast、lunch、dinner」等,其中,NO 是依照問卷給予的編號,可以作為資料內容與對應問卷的原始資料比對。

當資料建立好之後,該檔案儲存為 Excel 檔案可以視為資料「原始檔案」,當然,Python 也可以直接讀取 Excel 檔案,但是不同版本的副檔名不同,雖然大部分為「.xlsx」,但是為了使用者的便利仍建議儲存為 CSV 檔案。

使用者建立好的 Excel 檔案,可以再進一步透過另存新檔選擇存檔類型為「CSV」(逗號分隔)(如圖 2-8)。目前,許多網頁中的資料大部分也是使用CSV 檔案,這樣可以方便使用。

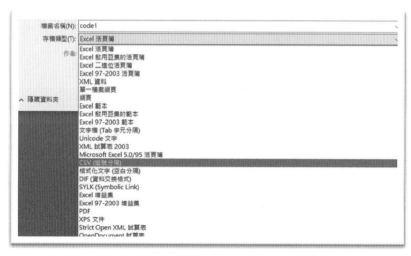

圖 2-8　Excel 另存新檔存檔類型選擇 CSV

3. 置放檔案到 Python 專案資料夾

　　使用者製作或下載的檔案在準備分析時，應該將檔案放置到 Python 專案資料夾中，以利各項分析作業進行。後續，使用者即可以嘗試將檔案透過 Python 的程式編輯器，進行讀取、檢視及分析使用。

Python 的 Pandas 庫
進行數據分析

🔔 3.1　Python Pandas 庫介紹

1. 發展與命名

　　Pandas 是一個開源的 Python 資料分析庫（lib），屬於免費自由軟體，在 2009 年底開發出來，主要是提供高效能、簡易使用的資料格式（Data Frame），讓使用者可以快速操作及分析資料。從 Pandas 的官方網站（https://pandas.pydata.org）可以瞭解，pandas 是一個快速、強大、彈性且容易使用開源軟體的資料分析與操作工具，其中，特別是，它提供操縱數值表格和時間序列的資料結構和運算操作。開發者 Wes McKinney 於 2008 年在 AQR Capital Management 開始開發 pandas，來滿足在財務數據上進行定量分析對高性能、靈活工具的需要，且在離開 AQR 之前他說服管理者允許他將 Pandas 庫開放原始碼。而另一位 AQR 員工 Chang She，則在 2012 年加入並努力開發這個 Pandas 庫，而成爲第二位主要貢獻者（McKinney, 2017）。歷經多年來的開發，目前已經有更多的應用與發展。

　　Pandas 主要用於數據分析，且 Pandas 允許從各種文件格式來讀取數據，例如：CSV、JSON、SQL、Microsoft Excel 檔案格式；Pandas 也允許各種資料數據的操作運算，比如整併（merge）、再成形（reshaping）、選擇（selecting），還有數據清理（data cleaning）和數據整理（data wrangling/data munging）等作業。其中，尤其是數據整理工作，是將數據從一種「原始」數據形式轉換爲另一種格式的過程，目的是使該份資料對各種後續資料之使用目的（例如：分析）更合適和更有價值，亦即是數據整理的目標是確保數據的品質和可用性。一般來說，數據分析之前，數據整理往往需要花費龐大的時間進行資料數據整理，以避免錯誤資料數據投入分析而產出錯誤的結果。

　　Pandas 的命名與「熊貓」並沒有直接關係！其命名主要是對同一個體在多個時期上觀測的「固定連續樣本資料」（panel data）的描述，以及「Python 資料分析」（Python data analysis）的簡稱。目前 Python 的 Pandas 在數據分析方面

獲得廣泛應用，而使用者主要就是透過 Pandas 庫為主軸來進行大部分的數據分析，並輔以 Python 其他強大的支援庫來進行數據處理及繪製圖表進行資料視覺化的呈現。

2. Pandas 特色

Pandas 的主要特色有（McKinney, 2017; McKinney & the pandas development team, 2021）：

(1) Pandas 能夠讀取不同性質或來源格式的數據，且在進行轉換和處理上都更加容易處理。例如：從列、欄試算表中得到想要的數值。

(2) Pandas 有 Series 與 DataFrame 兩種主要資料結構，Series 就是用來處理時間序列相關的資料，主要為建立索引的一維陣列；DataFrame 則是用來處理結構化（table like）的資料，有「列索引」與「行／欄標籤」的二維資料集，類似 Excel 呈現資料的格式。

(3) Pandas 可以使用結構化物件所提供的方法，快速地進行資料的前處理。例如：資料遺漏值填補、空值的去除或取代、合併、增加等。

(4) 多元的輸入來源與輸出整合性。例如：可以從資料庫讀取多元的資料格式進入 DataFrame，也可將處理完的資料存回資料庫。

3. Pandas 資料內容

Pandas 的使用資料可以想像成類似 Excel 的內容，可以處理欄列的資料型態，並進行相關計算與應用。Pandas 主要處理系列（Series）與資料框（DataFrame）的資料結構，分別說明如下：

(1) 系列

系列（Series）是具有同質資料結構的單一維度陣列（列表或元組）的欄位資料。例如：10、34、22、43、26、87、62、18、16、52 等整數的集合，或者是由各種名稱組成單一欄位資料。其中，資料內容是單一維度，而 Pandas Series

的資料索引是從 0 開始，依序由 0、1、2、3……排序（如表 3-1）。

表 3-1 系列（Series）

0	Steven
1	Jack
2	Sophia
3	Peter
4	Lisa

(2) 資料框／數據集

資料框／數據集（DataFrame）是具有異構資料的二維陣列，其格式類似表格化的資料型態，有行索引與列索引，每一列資料可以是不同型態的資料，這些型態資料包括常見數值型態沒有小數點的「整數」（integer number）、數值型態有小數點的「浮點數」（floating-point number）、文字型態的「字串」（string），其他也有條件運算（condition expression）的「布林值」（bool）等內容。

表 3-2 資料框（DataFrame）範例

編號	名字	性別	年齡	身高	體重
1	Steven	男	22	170	70.5
2	Jack	男	23	168	66.5
3	Sophia	女	21	168	54.0
4	Peter	男	18	176	72.5
5	Lisa	女	20	170	56.0

　　資料框能夠被廣泛使用是因爲其資料結構的表現方式容易理解，以表 3-2 爲例，該資料以行（欄）（column）和列（row）表示。每一行代表一個屬性，每列代表一筆資料。其中，該表中各行的標籤名稱與內容的資料型態分別爲「編號、年齡、身高」爲「整數」（int）型態，「名字、性別」爲「字串」（string）型態，「體重」爲「浮點數」（float）型態。

3.2　模組、套件包與工具庫

　　在 Python 中有模組（module）、套件包（package）、工具庫（lib）等概念，說明如下：

1. 模組

　　在 Python 中除了可以自行編製程式碼使用，也可以透過 Python 的「**模組**」（module）來執行。模組就類似一個程式檔案的概念，一般模組的副檔名爲「.py」，然而，隨著應用程式的規模擴增，不太可能將所有的程式碼都放在同一份 Python 檔案中，此時則需要將關聯性較高的程式碼抽取出來放在不同檔案中來形成模組，之後再透過主程式來使用。

　　Python 內建的模組可以直接使用「**import**」（載入／匯入）指令語法加上模組名稱執行，然而，使用非內建模組則需要先進行安裝，這也使得 Python 因應個別需求而僅提供一個輕便的平台來協助執行程式。這個平台就像是一個乾淨的書桌，當使用者需要參閱那本書或使用那個工具，再進行拿取，而工作結束之後這些書本或工具就會歸還到原本的檔案夾中。其中，「pandas、scipy、researchpy、statsmodels、scilit-learn、tensorflow」是 Python 中較常見的模組，且目前仍然不斷更新。

　　當使用者的系統中沒有安裝的模組，則最常見的模組包安裝方式就是使用「**pip**」命令在「**終端機**」（terminal）中執行安裝，或者是在各種 IDE 中直接輸入程式碼：

```
pip install 模組的名稱
例如：
pip install pandas
```

　　相同的，如果有些模組無法更新，因爲檔案的屬性有被修改過（例如：模組檔案有被修改過內容），就可能因爲權限不足而無法正確的更新或刪除。此時可以嘗試使用以下指令進行更新即可：

python -m pip --user --upgrade 模組名稱

2. 套件包

　　「**套件包**」（package）也稱「**軟體包**」，主要是一系列模組或子套件的集合，具有層次的文件目錄結構組成。而模組的套件包可以理解爲一個容器的概念，就是將類似檔案的模組整理爲一個容器的資料夾。因爲，隨著使用需求的增加，當系統中有許多不同功能的模組放在一起時，相同名稱的模組就會引發名稱的衝突。此時，爲了避免系統讀取時產生名稱衝突，建立模組的套件包的概念則是便於程式碼的管理使用。

3. 工具庫

　　在 Python 中提供許多有關資料分析的「**library**」（工具庫），事實上就類似是 Python 中的模組，只是 library 簡寫的「**lib**」比較常見在其他程式語言的用法，而在 Python 較常稱之爲模組。

　　接下來的章節中，使用者將看到很多關於在資料科學工作中使用 Python 的 Pandas 庫及其他工具庫應用的例子。

🔔3.3　載入模組與套件

　　Python 安裝模組與套件的方式一樣都是透過 pip install 即可完成安裝，有些模組套件一開始沒有內建在系統中，則需要另外安裝。因而，安裝模組套件時可以先在「terminal」（終端機）中撰寫語法執行安裝套件。本文主要採用 Jupyter Notebook 整合開發環境（IDE）進行程式編碼，以下介紹皆以 Jupyter Notebook 為主。在系統中安裝模組與套件時，可以在 Anaconda3/Anaconda3 Prompt（anaconda3）的「terminal」，也就是 Windows 系統中的命令提示字元（command prompt, CMD）中執行安裝。一般安裝模組方式，簡易方式則是在編寫欄位中輸入「**pip install 模組名稱**」程式碼。建議安裝時，若採用 Anaconda 環境，則可以透過模組名稱，搜尋使用 conda 安裝的方式（不同模組安裝的語法有些微差異），在 CMD 中採用「**conda install -c 模組名稱**」來執行為佳。

　　例如：安裝「**researchpy**」模組，則從開始 / 所有程式 / Anaconda3（64-bit）/Anaconda Prompt（anaconda3）啟動 Prompt 管理模組的「terminal」。因為要安裝「**researchpy**」模組，則在「terminal」中寫入「**pip install researchpy**」或是寫入「**conda install -c researchpy**」。

　　使用者在安裝模組之後，在 Python 的 Jupyter Notebook 整合開發環境（IDE）進行程式編碼時，則可以載入這些模組，載入方式大致有二類，分述如下：

1. import 模組方式

　　事實上，import 很有彈性，可以載入 / 匯入任何有名字的程式單元，包含變數、函式、類別、模組及套件等（施威銘研究室，2021）。透過「**import [module]**」方式，就是直接「載入模組」，例如：「**import pandas**」。

　　但是，為了方便後續引用模組，可以在載入模組時並將模組簡寫為某個名稱，使用「**import [module](as [name])**」方式，則是讓後續程式碼引用模組時，可以簡化模組名稱。

例如：「**import researchpy as rp**」，後續引用「**researchpy**」模組則可以引用該模組簡寫的「**rp**」表示。常見的 Python 模組的簡寫有「**import pandas as pd**」、「**import numpy as np**」、「**import researchpy as rp**」、「**import matplotlib.pyplot as plt**」、「**import pingouin as pg**」、「**import scipy as sp**」等。

2. from-import 模組方式

因爲某些模組的應用程式內容愈來愈龐大，如果使用者每次都要將整個模組載入到系統中，則會降低系統程式運作的效能與效率。因而，也可以採用只載入模組中的特定函式來簡化系統的承載（陳宗和、楊清鴻、陳瑞泓、王雅惠，2021）。因此，也可以使用「**from [module] import [variable/function]**」來將某個模組中載入要使用的特定變數或函式，此時使用該特定變數或函式不用寫出模組名稱。

例如：「**from scipy import stats**」則是將「**scipy**」模組中載入「**stats**」函式作使用，後續則可以省略「**scipy**」模組而直接撰寫程式碼。例如：使用「**scipy**」模組中的 Levene 函式，可以直接將函式寫爲：「**stats.levene()**」。

基本上，某些模組一開始並不在系統或整合開發環境中，若要使用則必須透過「import」（載入）把模組帶入到系統中才能夠使用（施威銘研究室，2020）。因此，欲使用的模組都應該要將其載入之後，才能夠順利使用該一模組。

🔔 3.4　Pandas 讀取資料

1. Python 的函式

透過 Python Pandas 讀取資料之前，使用者先來認識 Python 程式碼中的「**函式**」（**function**）。函式是建構程式的小區塊，是最重要也是最主要的程式碼

組織，可以重複使用來執行某些功能，其作用類似一台機器，可以指定它的功能，以及給予需要的指令（輸入），並產出（輸出）需要的功能發揮。

函式可以由使用者自己創建，也可以使用內建既有的函式來呼叫執行。使用者使用呼叫函式來執行，就類似使用 Microsoft Word 時的 Ctrl + C 與 Ctrl + V 來執行複製和貼上一樣。

一般來說，使用者使用函式來應用指令並產出或回傳資訊，寫法為：**函式名稱（參數）**。其中，這些函式中的**「參數」（parameters）**有幾種類型，分別為必備參數、指名引數、預設參數、不定參數等（阮敬，2017）。目前，在 Python 中已經有許多內建函式提供使用，後續將介紹 Pandas 常用的內建函式來協助執行資料，也會說明自定義函式。另外，在程式語言中，參數（parameter）與引數（argument）的區隔在於，parameter（參數）指的是定義函式時的形式變數，它的數值未定，可以說是佔位置用的（place holder），必須等到程式呼叫時真正傳入參數值，這個參數值叫做 argument（引數），這時才會把參數值填入參數的位置（施威銘研究室，2021）。

當使用者要用 Pandas 讀取資料時，則在載入模組之後，利用呼叫函式來讀取，並輸出某一已經指派變數為「x」（由使用者命名）的**「變數」（varibale）**。

例如：要輸出某一變數內的資料，則可以採用內建輸出函式**「print（參數）」**來執行，而其中的參數則可以代入要輸出的目標。亦即，使用者想要檢視讀取資料時指派變數為「x」的資料內容，然後將該變數「x」代入到函式的參數中。

```
函式名稱 ( 參數 )
print(x)
```

2. 讀取 CSV 檔案

　　Pandas 可以從許多來源讀取檔案內容，並將來源資料放入 DataFrame 中，以利進行資料檢視、資料清理、資料轉換、資料統計等系列運算處理。讀取資料有許多方式，包含資料檔、網址、網路爬蟲等。而資料檔又可以讀取 CSV、TXT、HTML、EXCEL 等檔案格式。這裡會先介紹常用讀取資料檔中的 CSV 檔案。

　　使用者建議先設立一個 Python 專案資料夾，緊接著將預備處理的 CSV 檔案存放在 Python 專案資料夾裡面存放！例如：使用者要開啟一個資料夾中檔名為「hellopython」的 CSV 檔案，欲讀取該 CSV 檔案的函式語法如下（如圖 3-1）：

```
# 第一行：載入 pandas 套件簡寫為 pd( 使用 Pandas 的「起手式」！)
# 第二行：把 CSV 格式檔案讀取為 DataFrame 檔案，並指派 (assign) 變數名
稱為「df」
# 第三行：輸出該變數資料 (print(data))

import pandas as pd
df = pd.read_csv('hellopython.csv')
print(df)
```

　　※ **提醒**：Python 的程式碼中，一般使用「#」符號寫在程式碼中，表示在 # 符號空一格右方的程式碼為備註，編譯器在執行程式時，並不會執行該段語言程式碼。因而，後續備註使用 # 表示，這邊提供詳細備註，後續章節逐漸熟悉 Python 語法使用之後，則會開始簡化敘寫方式，並精簡版面說明。

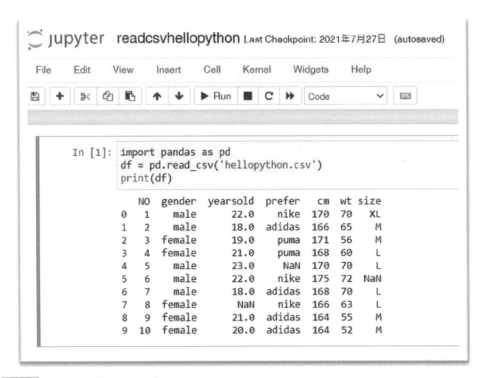

圖 3-1 Pandas 讀取 CSV 檔案

※ **提醒**：如果讀取含有中文內容的 CSV 檔案遇到問題，可能是中文辨識的原因，處理方式可以嘗試下列方式：

如果在執行後出現：

UnicodeDecodeError: 'utf-8' codec can't decode byte 0xae in position 0: invalid start byte

上述則表示軟體讀取中文有問題，此時要在 CSV 讀取時加入「**encoding = 'big5'**」或者是「**encoding = 'UTF-8'**」作嘗試，則可以解決大部分中文使用 big5 編碼問題！參數「encoding」是檔案的編碼方式，中文繁體編碼方式常用的有「cp950、utf-8、utf-8sig」〔中文繁體 Big5 編碼，大小寫皆可，「-」（dash）也可以寫成「_」（under dash）〕（中文簡體的編碼為 gb2312）（施威銘研究室，2021），函式寫法如下：

```
df = pd.read_csv('hellopython.csv', encoding = 'big5')
print(df)
```

3. 讀取其他類型檔案

Python Pandas 模組允許從許多文件格式來源讀取資料，語法與讀取 CSV 檔案類似，但在應用時仍有一些差異之處。介紹常見的 DataFrame、CSV、TXT、HTML、EXCEL、SQL、JSON 檔讀取函式和簡要說明如下（如表 3-3）：

表 3-3　Pandas 常用讀取檔案類型與簡要說明

檔案類型	讀取函式	說明
DataFrame	pd.DataFrame()	自己創建資料框，用於練習。
CSV	pd.read_csv()	讀取以逗號分隔取值的格式，所有 CSV 檔都是純文字檔。
TXT	pd.read_table()	讀取文字檔。
HTML	pd.read_html()	讀取網頁中的表格化資料。
EXCEL	pd.read_excel()	讀取 Excel 檔案，包括 xls、xlsx、xlsm、xlsb、odf、ods 和 odt 等。
SQL	pd.read_sql()	讀取 SQL 表／庫資料。
JSON	pd.read_json()	讀取 JSON 格式的字串資料。

　　另外，Python 也可以讀取圖片、網路爬蟲（web crawler）等資料來源，有些則需要載入對應的模組之後才能夠進行處理。對於 Pandas 若想進一步瞭解更多資訊，可以參考 Pandas 的官方網站介紹（https://pandas.pydata.org/）。

🔔3.5　資料檢視與基本操作

　　資料讀取之後，則需要對於內容作一個概略的瞭解，可以透過一些基本操作來獲取該份資料的基本概況作初步檢視，並作為後續進一步處理的參考。因而，在資料檢視過程中，可以針對資料檔進行「詳細資訊、數值統計、重複資料、行列個數、行標籤、列索引」等初步檢視觀察。

1. 讀取資料與檢視資料

　　使用者要執行資料檢視時，是在應用某一模組來讀取資料，並輸入特定指令來觀察資料內容，且需要使用輸出指令來檢視資料的特定內容。執行程序有 3 個主要步驟，分別是「載入模組」、「指派變數」、「輸出變數」（如圖 3-2）。

　　(1) **載入模組**：載入「**pandas**」模組並簡寫為「pd」。

　　(2) **指派變數**：用 pd 模組讀取資料檔案名稱為「hellopython.csv」的 CSV 類型檔案，並將資料檔案指派變數名稱為「df」的變數。

　　(3) **輸出變數**：輸出 df 變數內容。

```
import pandas as pd
df = pd.read_csv('hellopython.csv')
print(df)
```

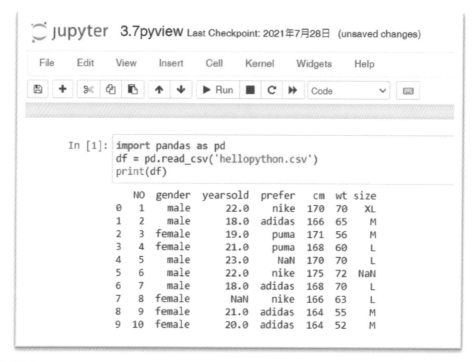

圖 3-2 輸出變數資料進行檢視

　　※ **提醒**：命名的變數是在指派給資料一個名稱，也就是「**指派變數**」。
Python 中使用的「＝」並不是數學中的等於符號，而是「**指派算符**」（assignment
operator），亦即指派（assign）一個值或字串給某個變數。「＝」會將「＝」右
邊的資料「指派給」「＝」左邊的變數，而這個指派的動作也可以稱爲「賦值」，
該指派變數名稱可以由使用者視習慣命名與界定。變數命名可以輸入「中文」及
其他語言，例如：「資料」，然而，爲了執行方便仍建議使用「英文或數字」作
爲命名！另外，輸出變數資料函式爲「print（使用者命名的指派變數）」。

2. 輸出指派變數的特定資料內容

　　使用者在同一個 Python 檔案中不用再載入前面已經載入的相同模組，例如：該檔案的 pandas 模組。使用者可以直接在下方增加新的 Cell 繼續撰寫函式輸出變數內容，並可以刻意輸出分隔線（===）來方便檢視輸出資料。此一作法是因應在同一個 Cell 中需要輸出許多結果，輸出分隔線是爲了方便檢視結果。

　　接下來，使用者輸入函式 print（變數），並依序輸入「列欄規模（.shape）、===、詳細資訊（.info()）、===、數值統計（.describe()）、===、重複資訊（.duplicated()）、===、行索引（.columns）、===、列索引（.index）」等（如圖 3-3）。

```
print(df.shape)
print('===')
print(df.info())
print('===')
print(df.describe())
print('===')
print(df.duplicated())
print('===')
print(df.columns)
print('===')
print(df.index)
```

```
print(df.shape)
print('===')
print(df.info())
print('===')
print(df.describe())
print('===')
print(df.duplicated())
print('===')
print(df.columns)
print('===')
print(df.index)
```

```
(10, 7)
===
<class 'pandas.core.frame.DataFrame'>
RangeIndex: 10 entries, 0 to 9
Data columns (total 7 columns):
 #   Column    Non-Null Count  Dtype
---  ------    --------------  -----
 0   NO        10 non-null     int64
 1   gender    10 non-null     object
 2   yearsold  9 non-null      float64
 3   prefer    9 non-null      object
 4   cm        10 non-null     int64
 5   wt        10 non-null     int64
 6   size      9 non-null      object
dtypes: float64(1), int64(3), object(3)
memory usage: 688.0+ bytes
None
===
            NO   yearsold          cm         wt
count  10.00000   9.000000   10.000000  10.000000
mean    5.50000  20.444444  168.200000  63.300000
std     3.02765   1.810463    3.425395   7.257946
min     1.00000  18.000000  164.000000  52.000000
25%     3.25000  19.000000  166.000000  57.000000
50%     5.50000  21.000000  168.000000  64.000000
75%     7.75000  22.000000  170.000000  70.000000
max    10.00000  23.000000  175.000000  72.000000
===
0    False
1    False
2    False
3    False
4    False
5    False
6    False
7    False
8    False
9    False
dtype: bool
===
Index(['NO', 'gender', 'yearsold', 'prefer', 'cm', 'wt', 'size'], dtype='object')
===
RangeIndex(start=0, stop=10, step=1)
```

圖 3-3　輸出變數內容

輸入與輸出畫面摘要說明如下：

輸入 print（df.shape）為列欄個數（shape）：

　　輸出（10,7），表示該變數有 10 列 7 欄組成。

輸入 print（df.info()）為詳細資訊（info）：

　　輸出分類為 DataFrame 資料、10 個列索引、7 個欄位、各欄資料類型、記憶體使用量等。

輸入 print（df.describe()）為數值統計（describe）：

　　輸出呈現次數（count）、平均數（mean）、標準差（std）、最小值（min）、25% 位數（25%）、50% 位數（50%）、75% 位數（75%）、最大值（max）。

輸入 print（df.duplicated()）為重複資訊（duplicated）：

　　輸出 0-9 列重複不成立，資料型態為布林值。

輸入 print（df.columns）為行標籤（columns）：

　　輸出行標籤有（['NO', 'gender', yearsold, prefer, cm, wt, size]）等 7 個欄位標籤名稱。

輸入 print（df.index）為列索引（index）：

　　輸出列索引範圍從 0 列開始，連續出現 10 次結束，間隔為 1（DataFrame 的列索引是從 0 起算，0、1、2……8、9 出現 10 次，結束在列索引 9 的序號）。

具體來說，這些輸入與輸出的基本函式，使用者可以多次練習並熟練，以利後續執行數據資料分析能夠迅速瞭解數據資料的內容。而如果讓資料輸出之間有空出一列的空間，也可以輸入函式 print('\n')，其中「\n」表示輸出資料跳下一列或是空一列的意思，可以讓輸出畫面更為簡明。

🖥 Python 手把手教學 03：資料讀取與輸出

　　使用者對於資料讀取與輸出，大概有「載入模組」、「指派變數」、「輸出變數」三個步驟！當然！首先在電腦中開設一個使用者欲執行 Python 程式的專案資料夾，例如：在某個路徑中先設置一個名稱為「Pythonlearning」的資料夾，並儲存準備使用的 CSV 檔案在該資料夾中。

　　使用者使用「**py01nsc2011.csv**」檔案進行使用，該檔案可以先下載置放在資料夾中。

1. 資料讀取與輸出

　　載入「**pandas**」模組 t 並簡寫為「pd」，讀取資料並指派變數為「df」，且以 print（df）來輸出變數資料內容、以 print（df.columns）來輸出資料的行標籤（如圖 3-4）。

```
import pandas as pd
df = pd.read_csv('py01nsc2011.csv')
print(df)
print('===')
print(df.columns)
```

```
import pandas as pd
df = pd.read_csv('py01nsc2011.csv')
print(df)
print('===')
print(df.columns)
```

```
         NO  Gender  Bornyear  Race  Player  Sportyear  Bestpride  Income  \
0     10001    male        81   1.0       0        6.0          2       2
1     10002    male        81   1.0       0        6.0          3       1
2     10003    male        82   1.0       0        6.0          2       2
3     10004    male        81   1.0       0        6.0          2       1
4     10005    male        82   1.0       0        8.0          2       1
...     ...     ...       ...   ...     ...        ...        ...     ...
1418  20688  female        80   3.0       0       10.0          2       3
1419  20689  female        80   1.0       0        3.0          1       2
1420  20690    male        79   1.0       0       12.0          2       1
1421  20691    male        80   2.0       0        3.0          2       1
1422  20692    male        80   1.0       0        2.0          3       2

      PrantEdu  PersonalEdu  ...  CD01  CD02  CD03  CD04  CD05  CD06  CD07  \
0            3            1  ...     3     3     3     3     3     3     3
1            3            4  ...     3     4     3     3     3     3     3
2            3            2  ...     4     5     4     3     3     2     2
3            3            2  ...     4     4     2     2     2     2     2
4            4            2  ...     4     4     4     4     4     4     3
...        ...          ...  ...   ...   ...   ...   ...   ...   ...   ...
1418         5            2  ...     4     5     3     4     4     3     3
1419         4            4  ...     4     4     4     3     3     5     4
1420         1            2  ...     2     4     4     4     4     4     4
1421         5            4  ...     4     4     3     4     3     4     2
1422         3            2  ...     3     3     3     4     3     3     4

      CD08  CD09  CD10
0        3     3     3
1        3     2     3
2        2     3     3
3        2     3     2
4        4     3     3
...    ...   ...   ...
1418     3     3     3
1419     4     4     4
1420     3     4     3
1421     3     3     4
1422     4     4     3

[1423 rows x 49 columns]
===
Index(['NO', 'Gender', 'Bornyear', 'Race', 'Player', 'Sportyear', 'Bestpride',
       'Income', 'PrantEdu', 'PersonalEdu', 'WantJob', 'SS01', 'SS02', 'SS03',
       'SS04', 'SS05', 'SS06', 'SS07', 'SS08', 'SS09', 'SS10', 'SS11', 'SS12',
       'SS13', 'SS14', 'SS15', 'SS16', 'SS17', 'SS18', 'SS19', 'SS20', 'CB01',
       'CB02', 'CB03', 'CB04', 'CB05', 'CB06', 'CB07', 'CB08', 'CD01', 'CD02',
       'CD03', 'CD04', 'CD05', 'CD06', 'CD07', 'CD08', 'CD09', 'CD10'],
      dtype='object')
```

圖 3-4　輸出資料變數與標籤

從輸出畫面來看，使用「print(df)」得到的是：輸出指派變數「df」的內容，呈現的是資料的前 5 筆資料與倒數 5 筆資料內容，輸出變數最上方為行／欄索引（columns index）或者是行標籤名稱（label）。其中，輸出畫面中「‧‧‧」（虛線）為省略呈現的意思；而上方成線的行標籤有「NO、Gender、Bornyear、Race、Player、Sportyear、Bestpride、Income、PrantEdu、PersonalEdu、WantJob，其他有 SS01~SS20、CB01~CB08、CD01~CD10」等 49 行；最左方為內建列索引（rows index），行列索引內建都是從 0 列開始編序，因而輸出最後一筆列索引為 1,422，但是總資料筆數則有 1,423 筆。

值得注意的是，畫面中輸出資料的前 5 筆與最末 5 筆資料內容。且輸出畫面中，「\」（反斜線）為接續資料的意思，表示該資料應該是接續呈現；而在最下方顯示該筆資料規模有 1,423 列、49 行的資料框（1423 rows × 49 columns），再使用「print('===')」輸出分隔線來區隔畫面界線。

另外，使用「print(df.columns)」來輸出指派變數的行標籤索引（Index of columns），獲得 Index 的行標籤索引，則臚列出所有的行標籤，共計有 49 行。

2. 輸出變數特定資料

使用者可以採用函式 **print(' 字串 ')** 輸出引號中的字串內容，而 print(**df[' 行標籤 ']**) 輸出特定欄位標籤與編碼內容、**print(df[' 行標籤 '].value_counts())** 輸出變數數值次數、**print(df[' 行標籤 '].mean())** 輸出變數平均數、**print(df[' 行標籤 '].std())** 輸出變數標準差、**print(變數 .shape)** 輸出變數列欄狀態、**print(len())** 輸出資料長度、**print(變數 .describe())** 輸出變數的描述統計等，而 **print('\n')** 輸出資料後方空一列、**print('===')** 輸出分隔線（===）（如圖 3-5）。

```
print(' 性別 :male 男, female 女; 族群 :1 本省閩南, 2 客家, 3 原住民 ')
print(df['Gender'])
print('\n')
print(df['Gender'].value_counts(), df['Race'].value_counts())
print('\n')
print(' 平均數 ', df['Sportyear'].mean(), df['Bornyear'].mean())
print(' 標準差 ', df['Sportyear'].std(), df['Bornyear'].std())
print('===')
print(df.shape)
print('===')
print(len(df))
print(df['Sportyear'].describe())
```

```
print('性別:male男,female女;族群:1本省閩南,2客家,3原住民')
print(df['Gender'])
print('\n')
print(df['Gender'].value_counts(), df['Race'].value_counts())
print('\n')
print('平均數', df['Sportyear'].mean(), df['Bornyear'].mean())
print('標準差', df['Sportyear'].std(), df['Bornyear'].std())
print('===')
print(df.shape)
print('===')
print(len(df))
print(df['Sportyear'].describe())
```

```
性別:male男,female女;族群:1本省閩南,2客家,3原住民
0          male
1          male
2          male
3          male
4          male
         ...
1418     female
1419     female
1420       male
1421       male
1422       male
Name: Gender, Length: 1423, dtype: object


male      942
female    481
Name: Gender, dtype: int64 1.0    1059
2.0     167
3.0     145
Name: Race, dtype: int64


平均數 7.501766784452297 79.62122276879832
標準差 3.347004147459472 2.1610343984200777
===
(1423, 49)
===
1423
count    1415.000000
mean        7.501767
std         3.347004
min         0.000000
25%         5.000000
50%         7.000000
75%        10.000000
max        20.000000
Name: Sportyear, dtype: float64
```

圖 3-5　輸出變數特定資料

　　輸出畫面中，由上而下依序可以看到使用函式的輸出內容呈現：

　　使用 print(' 字串 ') 輸出引號中的字串內容，呈現「性別: male 男, female 女; 族群: 1 本省閩南, 2 客家, 3 原住民」。

　　使用 print(df['Gender']) 輸出特定欄位標籤與編碼內容，呈現行標籤「Gender」的前、後各 5 筆資料，且顯示筆數共 1,423，資料類型為物件的資訊。

　　使用 **print('\n')** 輸出資料後方空一列。

　　使用 print(df['Gender'].value_counts(), df['Race'].value_counts()) 輸出行標籤「Gender」與「Race」變數數值次數，分別為「Gender」中的 male 有 942、female 有 481 筆；而「Race」中的 1 有 1,059 筆、2 有 167 筆、3 有 145 筆。

　　使用 print(' 平均數 ', df['Sportyear'].mean(), df['Bornyear'].mean()) 輸出行標籤「Sportyear」與「Bornyear」變數平均數，呈現字串「平均數」，以及行標籤「Sportyear」與「Bornyear」的平均數分別為 7.50 與 79.62。

　　使用 print(' 標準差 ', df['Sportyear'] .std(), df['Bornyear'] .std()) 輸出行標籤「Sportyear」與「Bornyear」變數標準差，呈現字串「標準差」，及行標籤「Sportyear」與「Bornyear」的標準差分別為 3.35 與 2.16。

　　使用 print('===') 輸出分隔線 (===)。

　　使用 print(df.shape) 輸出變數「df」列欄狀態，呈現 (1423, 49) 表示有 1,423 列、49 行。

　　使用 print('===') 輸出分隔線 (===)。

　　使用 print(len(df)) 輸出資料長度，呈現變數「df」有 1,423 筆。

　　使用 print(df['Sportyear'].describe()) 輸出行標籤「Sportyear」的描述統計呈現有 1,415 次數（count）、平均數（mean）為 7.50、標準差（std）為 3.35、最小值（min）為 0.00、25% 位數（25%）為 5.00、50% 位數（50%）為 7.00、75% 位數（75%）為 10.00、最大值（max）為 20.00 等，資料類型為浮點數。

Pandas 數據資料處理

　　數據資料處理對於資料分析工作是一個非常重要的步驟，不論使用哪一種分析工具，使用者都應該要認眞看待此一步驟。

　　最核心概念就是希望不要作白功！如果數據清理執行的確實，則會有事半功倍的效用，反之，則可能帶來事倍功半的結果。因爲，錯誤的資料會導致錯誤的產出，更爲了避免「垃圾進、垃圾出！」（Garbage in, garbage out!）的遺憾！

　　※ **提醒**：程式語法的學習，事實上也是一種精準與紀律的體現！任何一個語法有誤，就可能無法得知正確的結果。符號、單字、存檔、步驟、流程、大小寫……都是如此！然而，就是因爲程式語法有其既定的邏輯，因而，使用者可以進行除錯來遵循遊戲規則以執行語法。

　　數據資料處理有幾個步驟，包含有「**資料檢視、資料查詢、資料清理、資料轉換、資料統計**」等幾個內容，其處理順序不一，有時候可能必須交錯使用相關操作。

4.1　Pandas 資料檢視

　　使用 Pandas 分析資料之前，使用者需要檢視資料的內容，對資料要有一個輪廓與初步認識，因而，使用資料檢視主要目的是對於資料規模的欄位數目、橫列數目、資料內容、遺漏值等需要釐清。常用方式主要有透過函式瞭解資料的規模大小、顯示出前 5 筆資料、顯示倒數 5 筆資料、顯示有哪些欄位索引、顯示有哪些列索引、顯示資料類型、顯示資料的狀態與資訊、顯示描述統計等。

　　簡單來說，對於變數檢視的 Pandas 基本操作爲 print（命名資料檔），而常見使用函式有「資料長度（length）、列欄個數（shape）、詳細資訊（information）、顯示前 5 筆資料（head）、顯示倒數 5 筆資料（tail）、數值統計（describe）、重複資料（duplicated）、行索引（columns）、列索引

（index）、資料類型（types）」等。輸出時，可以使用 print（變數 . 函式）顯示資料內容，例如：「print(df.shape)」來顯示資料規模。這些基本操作函式如下（如表 4-1）：

表 4-1　Python 變數檢視的基本函式

函式	輸出
len(df)	顯示資料長度 / 總筆數
.shape	資料規模的列欄個數（y 列，x 欄）
.info()	詳細資訊
.head(3)	顯示前 3 筆資料，空白則預設為 5 筆資料
.tail(3)	顯示倒數 3 筆資料，空白則預設為 5 筆資料
.describe()	數值統計（最大、最小、平均……）
.duplicated()	重複資料
.columns	行索引
.index	列索引
.dtypes	資料類型

　　進行資料分析之前，使用者需要對資料內容有初步的瞭解，因而需要先作資料檢視。這邊使用者使用 CSV 檔案「hellopython2」，來進行資料檢視的工作。

　　如果使用者要瞭解「資料規模、前 5 筆資料、資料類型」，操作方式有基本的步驟，再次複習如下：

　　載入模組：載入 pandas 模組，並簡寫為 pd。

　　指派變數：用 pd 模組讀取檔案名稱為「hellopython2.csv」的 CSV 類型檔案，並將該檔案指派為一個名稱為「df」的變數。

　　輸出變數：輸出 df 變數內容。

```
import pandas as pd
df = pd.read_csv('hellopython2.csv')
print(df.shape)
print('===')
print(df.head())
print('===')
print(df.info())
```

執行輸出！

資料規模函式 print（df.shape）輸出（15, 7），表示有 15 列、7 欄。

顯示前 5 筆資料函式 print（df.head()）輸出則可以看到資料內容。

顯示資料詳細資訊函式 print（df.info()）輸出，則可看到 RangeIndex: 15，表示有 15 筆資料，而「yearsold、prefer、size」未達 15 筆，表示有空值。另外，欄位「NO、cm、wt」為 int64，屬於 int 類型的「整數」用途；「gender、prefer、size」是 object，屬於 str 類型的「字串」用途；「yearsold」是 float64，屬於 float 類型的「浮點數」用途。其中，各行標籤名稱分別為「編號」（NO）、「性別」（gender）、「年齡」（yearsold）、「喜好品牌」（prefer）、「身高」（cm）、「體重」（wt）與「衣服尺寸」（size）的編碼（如圖 4-1）。

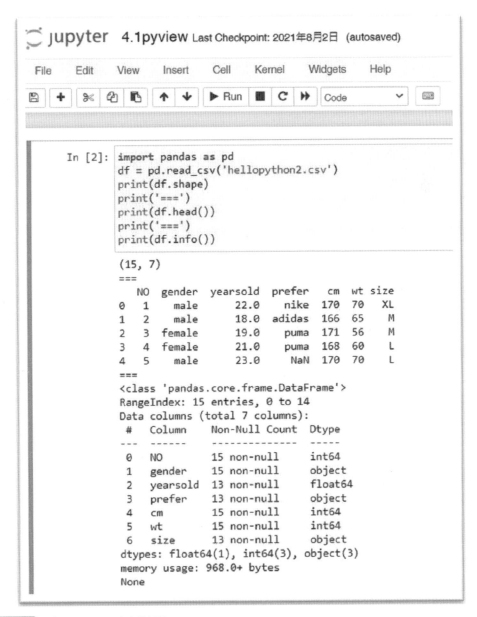

```
jupyter   4.1pyview Last Checkpoint: 2021年8月2日  (autosaved)

File    Edit    View    Insert    Cell    Kernel    Widgets    Help

[save] + ✂ ⎘ ⎗ ↑ ↓ ▶ Run ■ C ⏭  Code          ⌄

In [2]: import pandas as pd
        df = pd.read_csv('hellopython2.csv')
        print(df.shape)
        print('===')
        print(df.head())
        print('===')
        print(df.info())

        (15, 7)
        ===
           NO  gender  yearsold  prefer   cm  wt size
        0   1    male      22.0    nike  170  70   XL
        1   2    male      18.0  adidas  166  65    M
        2   3  female      19.0    puma  171  56    M
        3   4  female      21.0    puma  168  60    L
        4   5    male      23.0     NaN  170  70    L
        ===
        <class 'pandas.core.frame.DataFrame'>
        RangeIndex: 15 entries, 0 to 14
        Data columns (total 7 columns):
         #   Column    Non-Null Count  Dtype
        ---  ------    --------------  -----
         0   NO        15 non-null     int64
         1   gender    15 non-null     object
         2   yearsold  13 non-null     float64
         3   prefer    13 non-null     object
         4   cm        15 non-null     int64
         5   wt        15 non-null     int64
         6   size      13 non-null     object
        dtypes: float64(1), int64(3), object(3)
        memory usage: 968.0+ bytes
        None
```

圖 4-1　輸出 Pandas 資料檢視

🔔 4.2　Pandas 資料篩選

資料觀察在看資料的輪廓，而資料篩選則是進一步瞭解或查詢資料的細節內容。一般來說，針對資料的數據內容，透過選取特定行資料、列資料、指定資料格及條件式等來作詳細的資料篩選。

1. 選取行標籤資料

(1) 選取單行

選取單行資料就是針對 DataFrame 的一行 Series 作查詢，使用中括號（[]）來查詢，且使用自訂索引作查詢，輸入函式為（如圖 4-2）：

df[' 行標籤名稱 ']，為了精簡版面僅輸出前 5 筆資料，加入「.head()」。

```
print(df['gender'].head())
```

```
print(df['gender'].head())

0        male
1        male
2      female
3      female
4        male
Name: gender, dtype: object
```

圖 4-2　輸出選取單行資料

(2) **選取多行**

選取多行標籤資料則是使用兩個中括號，且使用自訂行標籤索引作查詢，輸入函式為（如圖 4-3）：

df[[' 行標籤名稱 1', ' 行標籤名稱 2', ' 行標籤名稱 3']]，為了精簡版面僅輸出前 5 筆資料，加入「.head()」。

```
print(df[['gender', 'yearsold', 'size']].head())
```

```
print(df[['gender', 'yearsold', 'size']].head())

    gender  yearsold size
0     male      22.0   XL
1     male      18.0    M
2   female      19.0    M
3   female      21.0    L
4     male      23.0    L
```

圖 4-3　輸出選取多行標籤資料

2. 選取列索引資料

(1) 選取單列

使用內建索引選取單列資料就是針對 DataFrame 的一列 Series 作查詢，可以透過中括號（[]）來查詢，但是與選取行標籤資料不同，要在中括號（[]）中使用冒號（:）區隔，輸入函式為：

df[查詢第 N 列 : 到第 N+1 列]。

例如：想要查詢 DataFrame 內建索引第 5 列資料，輸入函式為 df[5:6]，概念是不包括 DataFrame 內建索引第 6 列資料（如圖 4-4）。

```
print(df[5:6])
```

```
print(df[5:6])

   NO gender  yearsold prefer   cm  wt size
5   6   male      22.0   nike  175  72  NaN
```

圖 4-4　輸出選取單列索引資料

(2) 選取多列

使用內建索引選取多列資料要在中括號（[]）中使用冒號（:）區隔，輸入函式為：

df[查詢第 N_i 列 : 到第 N_{k+1} 列]。

例如：查詢 DataFrame 內建索引第 2 列到第 7 列資料，但不包括 DataFrame 內建索引第 8 列資料，輸入函式寫法為 df[2:8]（如圖 4-5）。

```
print(df[2:8])
```

```
print(df[2:8])

   NO  gender  yearsold  prefer   cm  wt size
2   3  female      19.0    puma  171  56    M
3   4  female      21.0    puma  168  60    L
4   5    male      23.0     NaN  170  70    L
5   6    male      22.0    nike  175  72  NaN
6   7    male      18.0  adidas  168  70    L
7   8  female       NaN    nike  166  63    L
```

圖 4-5　輸出選取多列索引資料

3. 選取指定資料格

選取指定資料格，亦即位置（location）的概念，可以使用標籤索引函式 loc[]，或者是指定標籤索引函式 iloc[] 等方式，分別說明如下：

(1) 函式 loc[]

函式 **loc[選取列索引 , 選取行標籤]**，主要是選取標籤進行索引，可以選取列與行（先列，後行），且可以使用自訂索引來選取資料。然而，透過 loc 可以直接選取列索引標籤資料，但是在使用 loc 選取行標籤索引時，不能省略列索引的指定，需要使用冒號（:）方式表示所有的列資料。

例如：選取 DataFrame 內建索引第 2 列資料，輸入函式 df.loc[2]，輸出空行函式 print（'\n'）；查詢行標籤「prefer」資料，輸入函式 df.loc[:, 'prefer']（不能省略列索引），輸出空行函式 print（'\n'）；以及查詢 DataFrame 內建索引第 3 列到第 6 列資料，並查詢行標籤為「gender」資料，輸入函式 df.loc[3:7, 'gender']（如圖 4-6）。

```
print(df.loc[2])
print('\n')
```

```
print(df.loc[:, 'prefer'])
print('\n')
print(df.loc[3:7, 'gender'])
```

```
print(df.loc[2])
print('\n')
print(df.loc[:, 'prefer'])
print('\n')
print(df.loc[3:7, 'gender'])
```

```
NO                  3
gender         female
yearsold         19.0
prefer           puma
cm                171
wt                 56
size                M
Name: 2, dtype: object


0         nike
1       adidas
2         puma
3         puma
4          NaN
5         nike
6       adidas
7         nike
8       adidas
9       adidas
10        puma
11         NaN
12        nike
13        nike
14      adidas
Name: prefer, dtype: object


3       female
4         male
5         male
6         male
7       female
Name: gender, dtype: object
```

圖 4-6　輸出 loc 選取指定資料格

(2) **函式** iloc

函式 iloc[] 同樣是選取標籤進行索引，然而，iloc[] 主要是透過數值索引來查詢資料。基本上，iloc 使用方法和 loc 一樣，只是 iloc 是使用「數值索引」。

函式 **iloc[選取列索引 , 選取行標籤]** 可以選取內建索引指定的列索引、指定的行標籤資料格。在 iloc[選取列索引 , 選取行標籤] 中的逗號（,）表示先「列」後「行」，在「列」或「行」中放入「:」則表示範圍。

例如：df.iloc[4, :] 表示選取指定第 4 列索引與全部的行；df.iloc[4, 2:5] 表示選取指定第 4 列索引與第 2 至 4 行標籤；df.iloc[:, 3] 表示選取指定全部列索引與第 3 行標籤；df.iloc[3: 7, 3:5] 表示選取指定第 3 至 6 列索引與第 3 至 4 行標籤（如圖 4-7）。

```
print(df.iloc[4, :])
print('===')
print(df.iloc[4, 2:5])
print('===')
print(df.iloc[:, 3])
print('===')
print(df.iloc[3:7, 3:5])
```

```
print(df.iloc[4, :])
print('===')
print(df.iloc[4, 2:5])
print('===')
print(df.iloc[:, 3])
print('===')
print(df.iloc[3:7, 3:5])
```

```
NO                 5
gender          male
yearsold        23.0
prefer           NaN
cm               170
wt                70
size               L
Name: 4, dtype: object
===
yearsold        23.0
prefer           NaN
cm               170
Name: 4, dtype: object
===
0        nike
1      adidas
2        puma
3        puma
4         NaN
5        nike
6      adidas
7        nike
8      adidas
9      adidas
10       puma
11        NaN
12       nike
13       nike
14     adidas
Name: prefer, dtype: object
===
    prefer   cm
3     puma  168
4      NaN  170
5     nike  175
6   adidas  168
```

圖 4-7　輸出 iloc 選取指定資料格

4. 條件式選取

　　篩選符合特定資料，可以透過條件式函式處理，「**比較運算子**」有「**==（等於）、!=（不等於）、>（大於）、<（小於）、>=（大於等於）、<=（小於等於）**」；「**邏輯運算子**」有「**&（且）、|（或）、~（非）**」。例如：要瞭解性別中屬於女性的資料有哪些？亦即，篩選行標籤「性別」（gender）中爲「female」的資料，輸入函式：

df[df['gender'] =='female'] 或者輸入函式：df[df.gender == 'female']

　　其次，想要瞭解數據資料中「身高」（cm）大於 170 公分的資料有哪些？亦即，篩選行標籤「身高」（cm）大於等於「170」以上的資料，輸入函式：

df[df['cm'] >= 170] 或者輸入函式：df[df.cm >= 170]

　　再來，想要瞭解「喜好品牌」（prefer）爲「adidas」，且「衣服尺寸」（size）爲「L」的資料有哪些？亦即，篩選行標籤「喜好品牌」（prefer）爲 adidas 且「衣服尺寸」（size）爲 L 的資料，輸入函式（如圖 4-8）：

print(df[(df['prefer'] == 'adidas')&(df['size'] == 'L')])

```
print(df[df['gender'] =='female'])
print('===')
print(df[df['cm'] >= 170])
print('===')
print(df[(df['prefer'] == 'adidas')&(df['size'] == 'L')])
```

```
print(df[df['gender'] =='female'])
print('===')
print(df[df['cm'] >= 170])
print('===')
print(df[(df['prefer'] == 'adidas') & (df['size'] == 'L')])
```

```
    NO  gender  yearsold  prefer   cm  wt size
2    3  female      19.0    puma  171  56    M
3    4  female      21.0    puma  168  60    L
7    8  female       NaN    nike  166  63    L
8    9  female      21.0  adidas  164  55    M
9   10  female      20.0  adidas  164  52    M
10  11  female      21.0    puma  168  60    L
13  14  female       NaN    nike  166  63    L
14  15  female      21.0  adidas  164  55    M
===
    NO  gender  yearsold prefer   cm  wt size
0    1    male      22.0   nike  170  70   XL
2    3  female      19.0   puma  171  56    M
4    5    male      23.0    NaN  170  70    L
5    6    male      22.0   nike  175  72  NaN
11  12    male      23.0    NaN  170  70    L
12  13    male      22.0   nike  175  72  NaN
===
   NO gender  yearsold  prefer   cm  wt size
6   7   male      18.0  adidas  168  70    L
```

圖 4-8　輸出條件式選取資料

　　從輸出內容可以發現，條件式選取來篩選「性別」（gender）中等於「female」的資料，輸出為 DataFrame 內建索引第 2、3、7、8、9、10、13、14 列資料，性別中屬於女性共有 8 筆資料。

　　其次，條件式選取來篩選「身高」（cm）中大於等於「170」的資料，輸出為 DataFrame 內建索引第 0、2、4、5、11、12 列資料，身高中高於 170 公分的共有 6 筆資料。

　　最後，條件式選取來篩選「喜好品牌」（prefer）中等於「adidas」，且「衣服尺寸」（size）中等於「L」的資料，輸出為 DataFrame 內建索引第 6 列資料，「喜好品牌」（prefer）為 adidas 且「衣服尺寸」（size）為 L 的共有 1 筆資料。

🔔4.3　Pandas 資料清理

　　數據清理對於資料分析工作是一個非常重要的步驟，不論使用哪一種分析工具，使用者都應該要認眞看待此一步驟。

　　原始數據資料常因爲許多因素而有遺漏值，可能是受訪者刻意或意外略過，也有可能是資料登錄過程中出現錯誤，然而，對於尙未處理過的資料是屬於原始資料，在執行數據資料分析之前，應該預先處理獲得乾淨的資料來確保資料分析的正確性。

　　而數據不全的原因有許多因素，形成這些空值或錯誤數值的原因有許多，原因有些是來自於受訪者漏答或不願意回答，也有些原因是因爲在登錄編碼的過程中，是因爲人爲疏忽而導致。這些錯誤數值常見的有空值、偏離值、未定義值等。其中，偏離值可以作刪除，未定義值或許也可以參考使資料作校正，即使是空值也是可以藉由系統化進行塡補空值處理。

　　基本上，不論是空值、偏離值、未定義值，若是人爲疏忽卻可以經由與原始問卷或資料作校正，仍應該依此方式而將資料回復正確來確保受訪資料的原汁原味並貼近受訪者原意。但是，如果原始問卷或資料遺失，或是因爲受訪者刻意或故意漏答，則爲了分析的正確性與品質，則需要採取資料清理作業。

　　當使用者在 DataFrame 檢視資料時，資料中出現「NaN」是「not a number」的簡寫，在數學上是一個無法表示的數，Python 一般還會有另一個表述「inf」，而 inf 和 NaN 的不同在於，inf（非 float）是一個超過浮點表示範圍的浮點數（其本質仍然是一個數，只是該數無窮大，因此無法用浮點數表示，比如 1/0）。但是，NaN 則一般表示一個非浮點數（比如無理數）。簡單來說，使用者可以認知 NaN 屬於遺漏值或稱爲空值，必須進行處理。

　　因而，使用者在進行資料分析之前，進行資料清理是重要的作業項目。這些作業主要是「判斷空值」、「刪除空值」、「塡補空值」、「刪除重複資料」等方式，務必將輸入電腦系統中的原始資料（raw data）清理後以獲得一個乾淨資

料（clean data）（無錯誤數據的資料），作為資料分析之前的預先處理程序，
以確保資料分析的正確性。

因此，首先在「讀取資料」之後，進行數據清理時，掌握「判斷空值」、
「處理空值」、「數據刪除」等步驟，以期能夠獲得正確的資料。

1. 讀取資料

這當然是資料處理必要起手式！在範例中，使用者在讀取資料時，可以先
將原始資料讀取為另外的資料，以作為備份，或者是使用原始資料複本進行處
理，以確保過程中仍有其他需求。因為，某些變數對於某些研究來說，是空值或
資料不全，卻也可能是另外某些研究的重要探討來源。

使用「**hellopython2.csv**」檔案作說明，該 CSV 檔案內容的欄位中會有部分
空值。首先，將讀取資料指派為變數「df」的 DataFrame 資料框，再將其指派為
變數「select_df」（select_df = pd.DataFrame(df)）。接著輸出變數資料，這邊刻
意使用兩種方式輸出變數，使用函式 print(select_df) 可以檢視全部的變數資料內
容，而使用函式 print(select_df.info()) 則可以精簡檢視各變數筆數與資料類型，
以瞭解變數粗略的內容（如圖 4-9）。

```
import pandas as pd
df = pd.read_csv('hellopython2.csv')
select_df = pd.DataFrame(df)
print(select_df)
print('===')
print(select_df.info())
```

※ **提醒**：在輸出變數資料時，建議使用者可以考量變數資料量的規模大小，
如果規模不大可以使用輸出全部變數；而如果變數資料規模較大則可以直接輸出

變數詳細資訊來判斷。當然，也可以兩者混用檢視皆可。

```python
import pandas as pd
df = pd.read_csv('hellopython2.csv')
select_df = pd.DataFrame(df)
print(select_df)
print('===')
print(select_df.info())
```

```
     NO  gender  yearsold  prefer   cm  wt size
0     1    male      22.0    nike  170  70   XL
1     2    male      18.0  adidas  166  65    M
2     3  female      19.0    puma  171  56    M
3     4  female      21.0    puma  168  60    L
4     5    male      23.0     NaN  170  70    L
5     6    male      22.0    nike  175  72  NaN
6     7    male      18.0  adidas  168  70    L
7     8  female       NaN    nike  166  63    L
8     9  female      21.0  adidas  164  55    M
9    10  female      20.0  adidas  164  52    M
10   11  female      21.0    puma  168  60    L
11   12    male      23.0     NaN  170  70    L
12   13    male      22.0    nike  175  72  NaN
13   14  female       NaN    nike  166  63    L
14   15  female      21.0  adidas  164  55    M
===
<class 'pandas.core.frame.DataFrame'>
RangeIndex: 15 entries, 0 to 14
Data columns (total 7 columns):
 #   Column    Non-Null Count  Dtype
---  ------    --------------  -----
 0   NO        15 non-null     int64
 1   gender    15 non-null     object
 2   yearsold  13 non-null     float64
 3   prefer    13 non-null     object
 4   cm        15 non-null     int64
 5   wt        15 non-null     int64
 6   size      13 non-null     object
dtypes: float64(1), int64(3), object(3)
memory usage: 968.0+ bytes
None
```

圖 4-9　Pandas 輸出 DataFrame

從輸出變數內容可以發現有些數值中的資料輪廓，原始資料中會有許多遺漏值，輸出畫面中有出現 NaN 的「空值」，則需要進一步處理。另外，從變數詳細資訊也可以看到範圍索引共有 15 筆條目資料（RangeIndex: 15 entries, 0 to 14），但是變數「yearsold、prefer、size」卻僅顯示有 13 筆條目資料，則應該是有空值需要進一步處理。因而，從輸出變數內容可以發現有些數值中的資料輪廓，原始資料中會有許多遺漏值，輸出畫面中有出現 NaN 的「空值」，使用者可以對資料中有空值的行、列進行刪除（drop）或者是填補（fill），以提升資料的完整性，後續則對原始資料開始作判斷空值、刪除空值、填補空值的資料清理作業。

2. 判斷空值

基本上，使用者對資料先檢視有沒有「空值」，若有空值則應該進一步對資料有空值的行、列進行刪除（drop）或者是填補（fill）。判斷空值可以使用函式「isnull()」與「notnull()」，來瞭解資料「是空值（is null）」還是「不是空值（not null）」。如果資料非常龐大，可以在「中括號」（[ ]）中**指定「欄位名稱」或「資料索引值」**，對 DataFrame 中 Series 作資料選擇與篩選，若選取 DataFrame 多行則是在「兩個中括號」（[[ ]]）中來取得所需資料集。

例如：df[['c1']] 是輸出 DataFrame 的行（columns）標籤為「c1」的數據。

```
# 輸出 DF[ 欄位名稱 ] 判斷是空值。
# 輸出分隔線 ===
# 輸出 DF[ 資料索引值 0 列以後的欄位 ] 判斷是空值。
print(select_df[['yearsold', 'prefer']].isnull())
print('===')
print(select_df[0:].isnull())
```

　　檢視變數行標籤名稱「年齡」（yearsold）、「喜好品牌」（prefer）與「衣服尺寸」（size）中「是空值」嗎？輸出回應中有回應布林值為「True」，表示有空值存在。另外，透過資料索引取得的資料集判斷中也有空值存在。變數中有空值的為內建列索引第 4、5、7、11、12、13 等 6 列（如圖 4-10）。因而，使用者應該要進一步處理空值。

```
print(select_df[['yearsold', 'prefer', 'size']].isnull())
print('===')
print(select_df[0:].isnull())
```

	yearsold	prefer	size
0	False	False	False
1	False	False	False
2	False	False	False
3	False	False	False
4	False	True	False
5	False	False	True
6	False	False	False
7	True	False	False
8	False	False	False
9	False	False	False
10	False	False	False
11	False	True	False
12	False	False	True
13	True	False	False
14	False	False	False

```
===
```

	NO	gender	yearsold	prefer	cm	wt	size
0	False	False	False	False	False	False	False
1	False	False	False	False	False	False	False
2	False	False	False	False	False	False	False
3	False	False	False	False	False	False	False
4	False	False	False	True	False	False	False
5	False	False	False	False	False	False	True
6	False	False	False	False	False	False	False
7	False	False	True	False	False	False	False
8	False	False	False	False	False	False	False
9	False	False	False	False	False	False	False
10	False	False	False	False	False	False	False
11	False	False	False	True	False	False	False
12	False	False	False	False	False	False	True
13	False	False	True	False	False	False	False
14	False	False	False	False	False	False	False

圖 4-10　輸出變數判斷空值

3. 處理空值

　　如果有原始資料可以對照，應先檢視後進行校正，若無，則可以將其填補成「0」（設 NaN 值爲 0，撰寫 df.fillna(0)）。當然，這個操作前提是當前分析情境下，不存在值視爲「0」不會影響內容表達。

　　處理空值可以使用函式「dropna()」與「fillna()」來執行，方式有「刪除空值資料（drop nan）」或「填補空值（fill nan）」。對於字串類型，則也可以將空值設定爲容易識別的 Unkown、Null 等值。

　　※ **提醒**：接下來因應各項空值處理示範，會將原始變數資料「select_df」刻意分別再指派爲 5 個新的變數資料作處理說明。如果是實際處理則可以略過，或者是將原始變數資料指派給一個新的變數資料作處理，但仍然會保有一份最原始資料以因應資料處理過程的失誤或其他需求。而且，一般來說如果原始變數資料的樣本數規模較小，使用者也不會貿然針對變數資料進行刪除空值，因爲擔心會影響到樣本的規模且每個樣本都是重要的代表性之一，可以說非常珍貴，應該謹慎考量以避免使用者陷入資料刪除與否的兩難。因此，因應示範說明需求的 5 個新的變數資料，分別是第 1 個新的變數資料爲「select_df1」作刪除空值資料；第 2 個新的變數資料爲「select_df2」作填補空值爲 0 或 Unknown 或 Null；第 3 個新的變數資料爲「select_df3」作填補空值爲平均數（mean）或眾數（mode）；第 4 個新的變數資料爲「select_df4」作刪除空值資料；第 5 個新的變數資料爲「select_df5」作刪除空值資料的重置列索引。

(1) 刪除空值

　　原始變數資料「select_df」資料框的資料中有 NaN 的空值，如果選擇要將欄位名稱中有空值的列索引作刪除，刪除有空值的列索引可以使用函式：

指派變數 .dropna()

　　這裡作法因應各項示範，先將原始變數資料「select_df」指派爲第 1 個新的

原始變數資料為「select_df1」，再進行刪除空值的處理。使用者再將刪除後資料指派給一個新的變數資料為「drop_value」，再輸出此一刪除後變數資料。

　　使用者在檢視刪除後的變數資料可以發現，原始變數資料「select_df1」中有空值的為內建列索引第 4、5、7、11、12、13 等 6 列。經刪除之後，僅剩下變數資料內建索引的第 0、1、2、3、6、8、9、10、14 等 9 列資料（如圖 4-11）。

```
# 將 select_df 指派為變數 select_df1
# 使用 select_df1 作刪除空值

select_df1 = select_df
drop_value = select_df1.dropna()
print(drop_value)
```

```
# 將select_df指派為變數select_df1
# 使用select_df1作刪除空值

select_df1 = select_df
drop_value = select_df1.dropna()
print(drop_value)

    NO  gender  yearsold  prefer   cm  wt size
0    1    male      22.0    nike  170  70   XL
1    2    male      18.0  adidas  166  65    M
2    3  female      19.0    puma  171  56    M
3    4  female      21.0    puma  168  60    L
6    7    male      18.0  adidas  168  70    L
8    9  female      21.0  adidas  164  55    M
9   10  female      20.0  adidas  164  52    M
10  11  female      21.0    puma  168  60    L
14  15  female      21.0  adidas  164  55    M
```

圖 4-11　輸出變數刪除空值

(2) 填補空值

另外，如果是考量樣本的規模，或者是藉由填補空值來確保調查樣本的代表性，則可以思考保留空值。

原本「select_df」資料框的資料有 NaN 的空值，分別是「yearsold、prefer、size」，而從詳細資訊知道「年齡」（yearsold）的資料類型屬於浮點數，其他「喜好品牌」（prefer）、「衣服尺寸」（size）的資料類型屬於字串，因而補值上也有一些不同的處理方式。

a. 用 0 或字串填補空值

因應各項示範，一樣先將原始變數資料「select_df」指派為第 2 個新的原始變數資料為「select_df2」，再進行填補空值為 0 或 Unknown 或 Null。

基本上，針對不同的資料類型可以將「Null、Unknow 或 0」空值填入來區別。例如：行標籤名稱「年齡」（yearsold）的資料類型是 float64 為浮點數，可以將空值填補為「0」；而行標籤「喜好品牌」（prefer）的資料類型是 object 為字串，可以將空值填補為「Unknown」或「Null」（示範用 Unknown）；另外，行標籤「衣服尺寸」（size）的資料類型是 object 為字串，空值可以填補為「Unknown」或「Null」（示範用 Null）。

因而，在確定好填補空值規劃後，則輸出「select_dffillna」新的資料框的資料來檢視填補內容（見圖 4-12）。

```
# 將 select_df 指派為變數 select_df2
# 使用 select_df2 作填補空值為 0, Unknown, Null

select_df2 = select_df
print(select_df2)
print('===')
```

```
select_dffillna = select_df2.fillna({'yearsold': 0,
                                      'prefer': 'Unknown',
                                      'size': 'Null'})

print(select_dffillna)
```

```
# 將select_df指派為變數select_df2
# 使用select_df2作填補空值為0, Unknown, Null

select_df2 = select_df
print(select_df2)
print('===')
select_dffillna = select_df2.fillna({'yearsold': 0,
                                      'prefer': 'Unknown',
                                      'size': 'Null'})

print(select_dffillna)

    NO  gender  yearsold  prefer   cm  wt  size
0    1    male      22.0    nike  170  70    XL
1    2    male      18.0   adidas 166  65     M
2    3  female      19.0    puma  171  56     M
3    4  female      21.0    puma  168  60     L
4    5    male      23.0     NaN  170  70     L
5    6    male      22.0    nike  175  72   NaN
6    7    male      18.0   adidas 168  70     L
7    8  female       NaN    nike  166  63     L
8    9  female      21.0   adidas 164  55     M
9   10  female      20.0   adidas 164  52     M
10  11  female      21.0    puma  168  60     L
11  12    male      23.0     NaN  170  70     L
12  13    male      22.0    nike  175  72   NaN
13  14  female       NaN    nike  166  63     L
14  15  female      21.0   adidas 164  55     M
===
    NO  gender  yearsold   prefer   cm  wt  size
0    1    male      22.0     nike  170  70    XL
1    2    male      18.0   adidas  166  65     M
2    3  female      19.0     puma  171  56     M
3    4  female      21.0     puma  168  60     L
4    5    male      23.0  Unknown  170  70     L
5    6    male      22.0     nike  175  72  Null
6    7    male      18.0   adidas  168  70     L
7    8  female       0.0     nike  166  63     L
8    9  female      21.0   adidas  164  55     M
9   10  female      20.0   adidas  164  52     M
10  11  female      21.0     puma  168  60     L
11  12    male      23.0  Unknown  170  70     L
12  13    male      22.0     nike  175  72  Null
13  14  female       0.0     nike  166  63     L
14  15  female      21.0   adidas  164  55     M
```

圖 4-12　輸出填補空值為 0 或 Unknown 或 Null

b. 用平均數或眾數填補空值

因應各項示範，先將原始變數資料「select_df」指派為第 3 個新的原始變數資料為「select_df3」，再進行填補空值為平均數（mean）或眾數（mode）處理。

另外，原始變數如果是屬於連續變數建議可以採用填補平均值的方式，以減少樣本數的流失。

從變數的詳細資訊中可以發現「年齡」（yearsold）的資料類型屬於 float64 的浮點數，而「喜好品牌」（prefer）、「衣服尺寸」（size）的資料類型屬於 object 的字串。因而，如果在無法校正的情況下，卻又為了確保更多有效樣本則建議可以選擇在整數與浮點數類型的值，填入該行標籤中有效樣本的**平均數**（**mean**）；而在字串類型的值，填入該行標籤中有效樣本的**眾數**（**mode**）。

(a) 確認空值

具體作法，可以從變數詳細資訊檢視空值，或者是也可以使用確認空值函示 **isnull()** 和加總函示 **sum()** 來確認。詳細資訊可以知道各行標籤有多少筆數不是空值與資料類型，而確認空值與加總則是可以知道各行標籤共有多少筆空值（如圖 4-13）。

```
# 將 select_df 指派為變數 select_df3
# 使用 select_df3 作填補空值為平均數 (mean), 眾數 (mode)

select_df3 = select_df
print(select_df3.info())
print(select_df3.isnull().sum())
```

```
# 將select_df指派為變數select_df3
# 使用select_df3作填補空值為平均數(mean), 眾數(mode)

select_df3 = select_df
print(select_df3.info())
print(select_df3.isnull().sum())
```

```
<class 'pandas.core.frame.DataFrame'>
RangeIndex: 15 entries, 0 to 14
Data columns (total 7 columns):
 #   Column    Non-Null Count  Dtype
---  ------    --------------  -----
 0   NO        15 non-null     int64
 1   gender    15 non-null     object
 2   yearsold  13 non-null     float64
 3   prefer    13 non-null     object
 4   cm        15 non-null     int64
 5   wt        15 non-null     int64
 6   size      13 non-null     object
dtypes: float64(1), int64(3), object(3)
memory usage: 968.0+ bytes
None
NO          0
gender      0
yearsold    2
prefer      2
cm          0
wt          0
size        2
dtype: int64
```

圖 4-13　確認各行標籤空值數量

從輸出變數中，除了得知各行標籤的非空值筆數與資料類型之外，也得知「年齡」（yearsold）、「喜好品牌」（prefer）與「衣服尺寸」（size）都各有 2 筆空值。且因應空值的資料類型屬於 float64 的浮點數或者是屬於 object 的字串，則分別對「年齡」（yearsold）屬於浮點數類型的空值填入平均數（mean），對「喜好品牌」（prefer）、「衣服尺寸」（size）屬於字串類型的空值填入眾數（mode）作規劃。

(b) 計算眾數

確認有字串空值之後，針對「喜好品牌」（prefer）、「衣服尺寸」（size）屬於字串類型的空值執行該行的眾數計算，執行後並檢視變數中各值的次數（如圖 4-14）。使用計算次數函式：

指派變數 .value_counts()

```
print(select_df3['prefer'].value_counts())
print(select_df3['size'].value_counts())
```

```
print(select_df3['prefer'].value_counts())
print(select_df3['size'].value_counts())

nike      5
adidas    5
puma      3
Name: prefer, dtype: int64
L     7
M     5
XL    1
Name: size, dtype: int64
```

圖 4-14 輸出特定行標籤的各值次數

　　輸出後，針對「喜好品牌」（prefer）與「衣服尺寸」（size）的次數作檢視，其中「喜好品牌」（prefer）有 adidas 與 nike 各 5 筆，puma 有 3 筆；而「衣服尺寸」（size）為 L 有 7 筆、M 有 5 筆、XL 有 1 筆。因此，可以選擇在「喜好品牌」（prefer）的空值填補該行有效樣本的眾數為 adidas（因 adidas 與 nike 各 5 筆，則由使用者選擇先以 adidas 填補），而在「衣服尺寸」（size）的空值則填入該行眾數為 L 作執行規劃。

　　接下來，則將「年齡」空值填補該行標籤平均數，而將「喜好品牌」空值填入「adidas」，並將「衣服尺寸」空值填入「L」，且輸出填補後的資料框（如圖 4-15）。

　　使用填入平均數函式：

變數 [' 行標籤 '] = 變數 [' 行標籤 '].fillna(df[' 行標籤 ']).mean()

　　使用填入眾數函式：

變數 [' 行標籤 '] = 變數 [' 行標籤 '].fillna(' 眾數的字串 ')

```
select_df3['yearsold'] = select_df3['yearsold'].fillna(select_df3['yearsold'].mean())
select_df3['prefer'] = select_df3['prefer'].fillna('adidas')
select_df3['size'] = select_df3['size'].fillna('L')
print(select_df3)
```

```
select_df3['yearsold'] = select_df3['yearsold'].fillna(select_df3['yearsold'].mean())
select_df3['prefer'] = select_df3['prefer'].fillna('adidas')
select_df3['size'] = select_df3['size'].fillna('L')
print(select_df3)
```

```
    NO  gender   yearsold  prefer   cm  wt size
0    1    male  22.000000    nike  170  70   XL
1    2    male  18.000000  adidas  166  65    M
2    3  female  19.000000    puma  171  56    M
3    4  female  21.000000    puma  168  60    L
4    5    male  23.000000  adidas  170  70    L
5    6    male  22.000000    nike  175  72    L
6    7    male  18.000000  adidas  168  70    L
7    8  female  20.846154    nike  166  63    L
8    9  female  21.000000  adidas  164  55    M
9   10  female  20.000000  adidas  164  52    M
10  11  female  21.000000    puma  168  60    L
11  12    male  23.000000  adidas  170  70    L
12  13    male  22.000000    nike  175  72    L
13  14  female  20.846154    nike  166  63    L
14  15  female  21.000000  adidas  164  55    M
```

圖 4-15　輸出填補空值為平均數或眾數

4. 數據刪除

　　因應各項示範，先將原始變數資料「select_df」指派為第 4 個新的原始變數資料為「select_df4」，再進行刪除空值資料並重置列索引處理。

　　當使用者要刪除數據中不需要的行列，則可以使用函式「drop()」來捨棄不需要的行、列資料。一般來說，當資料重複或者是空值太多時，且不需要此筆資料時則選擇將資料刪除！

　　刪除資料時，指定參數 axis = 0 或省略，表示要刪除列索引資料（row）；指定參數 axis = 1，表示要刪除行標籤資料（column）。

　　例如：如果是要刪除指派變數第 N 行標籤資料，使用函式為：

指派變數 = 指派變數 .drop('N', axis = 1)

　　而如果要刪除第 1、3 筆列索引資料，使用函式為：

指派變數 = 指派變數 .drop([1, 3], axis = 0)

(1) 刪除行標籤資料

　　使用者要刪除行標籤「N」資料，輸入函式為：

指派變數 = 指派變數 .drop('N', axis = 1)

　　若要刪除多行標籤 K 與 W 資料時，輸入函式為：

指派變數 = 指派變數 .drop(['K', 'W'], axis = 1)

　　本範例示範時，先輸出第 4 個新的原始指派資料「select_df4」的行標籤，並刻意再指派變數「df4_dropcol」表示刪除單行標籤；且將「select_df4」另外指派給變數「df4_dropcols」表示刪除多行標籤（如圖 4-16）。

```
# 將 select_df 指派為變數 select_df4
# 使用 select_df4 作刪除行

select_df4 = select_df
print(select_df4.columns)
print('\n')
df4_dropcol = select_df4.drop('wt', axis = 1)
print(df4_dropcol)
print('\n')
df4_dropcols = select_df4.drop(['wt', 'size'], axis = 1)
print(df4_dropcols)
```

```
# 將select_df指派為變數select_df4
# 使用select_df4作刪除行

select_df4 = select_df
print(select_df4.columns)
print('\n')
df4_dropcol = select_df4.drop('wt', axis = 1)
print(df4_dropcol)
print('\n')
df4_dropcols = select_df4.drop(['wt', 'size'], axis = 1)
print(df4_dropcols)
```

```
Index(['NO', 'gender', 'yearsold', 'prefer', 'cm', 'wt', 'size'], dtype='object')


    NO  gender   yearsold  prefer   cm size
0    1    male  22.000000    nike  170   XL
1    2    male  18.000000   adidas  166    M
2    3  female  19.000000    puma  171    M
3    4  female  21.000000    puma  168    L
4    5    male  23.000000   adidas  170    L
5    6    male  22.000000    nike  175    L
6    7    male  18.000000   adidas  168    L
7    8  female  20.846154    nike  166    L
8    9  female  21.000000   adidas  164    M
9   10  female  20.000000   adidas  164    M
10  11  female  21.000000    puma  168    L
11  12    male  23.000000   adidas  170    L
12  13    male  22.000000    nike  175    L
13  14  female  20.846154    nike  166    L
14  15  female  21.000000   adidas  164    M


    NO  gender   yearsold  prefer   cm
0    1    male  22.000000    nike  170
1    2    male  18.000000   adidas  166
2    3  female  19.000000    puma  171
3    4  female  21.000000    puma  168
4    5    male  23.000000   adidas  170
5    6    male  22.000000    nike  175
6    7    male  18.000000   adidas  168
7    8  female  20.846154    nike  166
8    9  female  21.000000   adidas  164
9   10  female  20.000000   adidas  164
10  11  female  21.000000    puma  168
11  12    male  23.000000   adidas  170
12  13    male  22.000000    nike  175
13  14  female  20.846154    nike  166
14  15  female  21.000000   adidas  164
```

圖 4-16　輸出刪除變數行標籤

(2) 刪除列索引資料

使用者要刪除列索引第 12、16 筆資料，輸入函式為：

指派變數 = 指派變數 .drop([12, 14], axis = 0)

若要刪除列索引連續第 1 至 5 筆資料時，輸入函式為：

指派變數 = 指派變數 .drop(range(1, 6), axis = 0)

其中，函式中參數採用 range(1, 6) 表示從列索引 1 至 6，但不包含 6。

本範例示範時，先輸出第 4 個新的原始指派資料「select_df4」的行標籤，並刻意再指派變數「df4_dropindex」表示刪除列索引；且將「select_df4」另外指派給變數「df4_dropindex2」表示刪除連續列索引（如圖 4-17）。

```
# 將 select_df 指派爲變數 select_df4
# 使用 select_df4 作刪除列


select_df4 = select_df
print(select_df4.columns)
print('\n')
df4_dropindex = select_df4.drop([2, 4, 6, 8, 12, 14], axis = 0)
print(df4_dropindex)
print('\n')
df4_dropindex2 = select_df4.drop(range(1, 6), axis = 0)
print(df4_dropindex2)
```

```
# 將select_df指派為變數select_df4
# 使用select_df4作刪除列

select_df4 = select_df
print(select_df4.columns)
print('\n')
df4_dropindex = select_df4.drop([2, 4, 6, 8, 12, 14], axis = 0)
print(df4_dropindex)
print('\n')
df4_dropindex2 = select_df4.drop(range(1, 6), axis = 0)
print(df4_dropindex2)
```

```
Index(['NO', 'gender', 'yearsold', 'prefer', 'cm', 'wt', 'size'], dtype='object')


    NO  gender  yearsold  prefer   cm  wt size
0    1    male  22.000000   nike  170  70   XL
1    2    male  18.000000  adidas  166  65    M
3    4  female  21.000000    puma  168  60    L
5    6    male  22.000000   nike  175  72    L
7    8  female  20.846154   nike  166  63    L
9   10  female  20.000000  adidas  164  52    M
10  11  female  21.000000    puma  168  60    L
11  12    male  23.000000  adidas  170  70    L
13  14  female  20.846154   nike  166  63    L


    NO  gender  yearsold  prefer   cm  wt size
0    1    male  22.000000   nike  170  70   XL
6    7    male  18.000000  adidas  168  70    L
7    8  female  20.846154   nike  166  63    L
8    9  female  21.000000  adidas  164  55    M
9   10  female  20.000000  adidas  164  52    M
10  11  female  21.000000    puma  168  60    L
11  12    male  23.000000  adidas  170  70    L
12  13    male  22.000000   nike  175  72    L
13  14  female  20.846154   nike  166  63    L
14  15  female  21.000000  adidas  164  55    M
```

圖 4-17　輸出刪除變數列索引

(3) 刪除列索引資料後重置列索引

因應各項示範，先將原始變數資料「select_df」指派為第 5 個新的原始變數資料為「select_df5」，再進行刪除空值資料的重置列索引處理。

當使用者將變數資料透過刪除資料函式 drop() 進行刪除列索引資料之後，變數資料並不會自動將列索引進行排序，而是僅保留未被刪除的列索引序號。因而，為了讓變數的列索引能夠依序排列，則需要使用重置索引函式：

指派變數 .reset_index(inplace=False, drop=True)

如果使用者將重置索引函式 reset_index() 參數中的 inplace 設為 True，會讓 Pandas 直接對指派變數作修改。一般來說，Pandas 中的使用函式並不會修改原始的 DataFrame，這樣可以確保原始變數中的數據資料不會受到任何函式的影響。當然，如果使用者不希望原始的變數受到 reset_index 函式影響，則可以將處理後的結果指派一個新的變數，這邊使用新的指派變數為「resetindex1」。使用這樣的方式，使用者可以對原始變數的數據作處理卻仍保有原始變數。

另外，重置索引 reset_index() 參數中的 drop 設為 True，會讓 Pandas 直接對原始指派變數作修改，也就是直接刪除原始指派變數中的列索引不作保留；而如果使用 drop=False，則原始列索引會被放置在變數資料框中作為一行標籤。

此範例示範中，使用者將重置列索引函式 reset_index() 中設定參數 inplace=False，而設定參數 drop=True，亦即不改變原始變數資料框，但刪除原始變數資料框的原始列索引。當然，如果使用者希望將原始列索引作為輸出指派變數的一行標籤作檢視，使用者可以在重置索引函式 reset_index() 中設定參數 drop=False（如圖 4-18）。

```
# 將 select_df 指派爲變數 select_df5
# 原始變數刪除列索引並重置列索引編號

select_df5 = select_df
print(select_df5)
resetindex0 = select_df5.drop([2, 3, 6, 7, 9, 11], axis = 0)
print('===')
print(' 原始變數刪除列索引 :')
print(resetindex0)
print('===')
resetindex1 = resetindex0.reset_index(inplace=False, drop=True)
print(' 重置列索引 :')
print(resetindex1)
```

```
# 將select_df指派為變數select_df5
# 原始變數刪除列索引並重置列索引/編號

select_df5 = select_df
print(select_df5)
resetindex0 = select_df5.drop([2, 3, 6, 7, 9, 11], axis = 0)
print('===')
print('原始變數刪除列索引:')
print(resetindex0)
print('===')
resetindex1 = resetindex0.reset_index(inplace=False, drop=True)
print('重置列索引:')
print(resetindex1)
```

```
    NO  gender  yearsold  prefer   cm  wt size
0    1    male  22.000000    nike  170  70   XL
1    2    male  18.000000  adidas  166  65    M
2    3  female  19.000000    puma  171  56    M
3    4  female  21.000000    puma  168  60    L
4    5    male  23.000000  adidas  170  70    L
5    6    male  22.000000    nike  175  72    L
6    7    male  18.000000  adidas  168  70    L
7    8  female  20.846154    nike  166  63    L
8    9  female  21.000000  adidas  164  55    M
9   10  female  20.000000  adidas  164  52    M
10  11  female  21.000000    puma  168  60    L
11  12    male  23.000000  adidas  170  70    L
12  13    male  22.000000    nike  175  72    L
13  14  female  20.846154    nike  166  63    L
14  15  female  21.000000  adidas  164  55    M
===
原始變數刪除列索引:
    NO  gender  yearsold  prefer   cm  wt size
0    1    male  22.000000    nike  170  70   XL
1    2    male  18.000000  adidas  166  65    M
4    5    male  23.000000  adidas  170  70    L
5    6    male  22.000000    nike  175  72    L
8    9  female  21.000000  adidas  164  55    M
10  11  female  21.000000    puma  168  60    L
12  13    male  22.000000    nike  175  72    L
13  14  female  20.846154    nike  166  63    L
14  15  female  21.000000  adidas  164  55    M
===
重置列索引:
    NO  gender  yearsold  prefer   cm  wt size
0    1    male  22.000000    nike  170  70   XL
1    2    male  18.000000  adidas  166  65    M
2    5    male  23.000000  adidas  170  70    L
3    6    male  22.000000    nike  175  72    L
4    9  female  21.000000  adidas  164  55    M
5   11  female  21.000000    puma  168  60    L
6   13    male  22.000000    nike  175  72    L
7   14  female  20.846154    nike  166  63    L
8   15  female  21.000000  adidas  164  55    M
```

圖 4-18　輸出刪除資料與重置列索引

另外，還有其他重要函式可以參考使用。例如：顯示重複資料函式為 **df.duplicated()**、刪除重複的資料函式為 **df.drop_duplicates()**、刪除特定行標籤名稱為「name」的重複資料函式為 **df.drop_duplicates(['name'])** 等，而計算每個值的次數函式為 **df.value_counts()**，這些函式建議使用者都需要熟悉使用。

4.4　Pandas 資料轉換

Pandas 資料轉換介紹重新編碼、資料篩選、資料排序、資料合併等內容。

1. 重新編碼

因應各項示範，先將讀取原始變數資料「hellopython2.csv」檔案指派為第 1 個新的原始變數資料為「df1」，再進行重新編碼的處理。

重新編碼（recode）可以數值進行轉換變更，包含常見的文字轉數值、數值轉數值等。

範例示範採用「**hellopython2.csv**」檔案介紹，在讀取資料檔案指派變數後，藉由詳細資料函式 **info()** 可以檢視到該變數資料中的資料行標籤、無空值筆數、類型包含有字串、浮點數等（如圖 4-19）。

```python
import pandas as pd
df1 = pd.read_csv('hellopython2.csv')
print(df1)
print('===')
print(df1.info())
```

```
import pandas as pd
df1 = pd.read_csv('hellopython2.csv')
print(df1)
print('===')
print(df1.info())
```

```
    NO  gender  yearsold  prefer   cm  wt size
0    1    male      22.0    nike  170  70   XL
1    2    male      18.0  adidas  166  65    M
2    3  female      19.0    puma  171  56    M
3    4  female      21.0    puma  168  60    L
4    5    male      23.0     NaN  170  70    L
5    6    male      22.0    nike  175  72  NaN
6    7    male      18.0  adidas  168  70    L
7    8  female       NaN    nike  166  63    L
8    9  female      21.0  adidas  164  55    M
9   10  female      20.0  adidas  164  52    M
10  11  female      21.0    puma  168  60    L
11  12    male      23.0     NaN  170  70    L
12  13    male      22.0    nike  175  72  NaN
13  14  female       NaN    nike  166  63    L
14  15  female      21.0  adidas  164  55    M
===
<class 'pandas.core.frame.DataFrame'>
RangeIndex: 15 entries, 0 to 14
Data columns (total 7 columns):
 #   Column    Non-Null Count  Dtype
---  ------    --------------  -----
 0   NO        15 non-null     int64
 1   gender    15 non-null     object
 2   yearsold  13 non-null     float64
 3   prefer    13 non-null     object
 4   cm        15 non-null     int64
 5   wt        15 non-null     int64
 6   size      13 non-null     object
dtypes: float64(1), int64(3), object(3)
memory usage: 968.0+ bytes
None
```

圖 4-19　輸出變數資料框資料

(1) 數值轉換：字串轉數值

針對「gender」的資料類型爲字串，內容爲 male 與 female，使用者爲了方便數據處理，使用轉換函式 **map()** 將字串改爲數值。輸入函式爲：

變數 [' 行標籤 '] = 變數 [' 行標籤 '].map({' 字串 1': 新值 1, ' 字串 2': 新值 2})

範例函式為 df['gender'] = df['gender'].map({'male':1, 'female':0})，用大括號指定元素作更改。輸出後，可以發現 male 更改為 1、female 更改為 0，gender 資料類型從原本 object 改為 int64（如圖 4-20）。

```
df1['gender'] = df1['gender'].map({'male':1, 'female':0})
print(df1)
print('===')
print(df1.info())
```

```
df1['gender'] = df1['gender'].map({'male':1, 'female':0})
print(df1)
print('===')
print(df1.info())
    NO  gender  yearsold  prefer   cm  wt size
0    1       1      22.0    nike  170  70   XL
1    2       1      18.0  adidas  166  65    M
2    3       0      19.0    puma  171  56    M
3    4       0      21.0    puma  168  60    L
4    5       1      23.0     NaN  170  70    L
5    6       1      22.0    nike  175  72  NaN
6    7       1      18.0  adidas  168  70    L
7    8       0       NaN    nike  166  63    L
8    9       0      21.0  adidas  164  55    M
9   10       0      20.0  adidas  164  52    M
10  11       0      21.0    puma  168  60    L
11  12       1      23.0     NaN  170  70    L
12  13       1      22.0    nike  175  72  NaN
13  14       0       NaN    nike  166  63    L
14  15       0      21.0  adidas  164  55    M
===
<class 'pandas.core.frame.DataFrame'>
RangeIndex: 15 entries, 0 to 14
Data columns (total 7 columns):
 #   Column    Non-Null Count  Dtype
---  ------    --------------  -----
 0   NO        15 non-null     int64
 1   gender    15 non-null     int64
 2   yearsold  13 non-null     float64
 3   prefer    13 non-null     object
 4   cm        15 non-null     int64
 5   wt        15 non-null     int64
 6   size      13 non-null     object
dtypes: float64(1), int64(4), object(2)
memory usage: 968.0+ bytes
None
```

圖 4-20　輸出文字轉數值

(2) **數值轉換：數值轉數值**

　　「gender」資料類型已經轉為整數，內容值為 1 是原 male，內容值為 0 是原 female，有時候為了數據處理需要，一樣使用函式 map() 作數值轉數值。如果在「gender」中要將原值 1 改為新值 1，原值 0 改為新值 2 的數值轉數值，可以使用函式為：

變數 [' 行標籤 '] = 變數 [' 行標籤 '].map({ 原值 1: 新值 1, 原值 0: 新值 2})

　　範例函式為 df['gender'] = df['gender'].map({1:1, 0:2})，用大括號指定元素作更改，因為是數值不加引號。輸出精簡版面看前 5 筆資料，可以看到 1 一樣為 1，0 更改為 2，gender 資料類型一樣是 int64（如圖 4-21）。

```
df1['gender'] = df1['gender'].map({1:1, 0:2})
print(df1.head())
print('===')
print(df1.info())
```

```
df1['gender'] = df1['gender'].map({1:1, 0:2})
print(df1.head())
print('===')
print(df1.info())
```

```
   NO  gender  yearsold  prefer   cm  wt size
0   1       1      22.0    nike  170  70   XL
1   2       1      18.0  adidas  166  65    M
2   3       2      19.0    puma  171  56    M
3   4       2      21.0    puma  168  60    L
4   5       1      23.0     NaN  170  70    L
===
<class 'pandas.core.frame.DataFrame'>
RangeIndex: 15 entries, 0 to 14
Data columns (total 7 columns):
 #   Column    Non-Null Count  Dtype
---  ------    --------------  -----
 0   NO        15 non-null     int64
 1   gender    15 non-null     int64
 2   yearsold  13 non-null     float64
 3   prefer    13 non-null     object
 4   cm        15 non-null     int64
 5   wt        15 non-null     int64
 6   size      13 non-null     object
dtypes: float64(1), int64(4), object(2)
memory usage: 968.0+ bytes
None
```

圖 4-21　輸出數值轉數值

(3) 資料類型屬性、字串轉換

　　因應各項示範，先將讀取原始變數資料「hellopython2.csv」檔案指派為第 2 個新的原始變數資料為「df2」，再進行資料類型屬性、字串轉換的處理。

a. 類型屬性轉換

將屬性 Object 改成數值屬性，輸入函式為：

變數 [' 屬於 Object 的欄位 '] = pd.to_numeric(變數 . 屬於 Object 的欄位 , errors='coerce')，即可將資料類型爲物件轉成數值屬性。輸入函式爲：

df['Object'] = pd.to_numeric(df.Object, errors='coerce')

同樣，也可以轉換資料類型屬性成字串或數字，函式 astype() 可以處理。將數值變成字串，輸入函式爲：

df['Object'] = df['Object'].astype(str)

將字串變成數值，輸入函式爲：

df['Object'] = df['Object'].astype(int)

將資料轉換成時間，輸入函式爲：

df['Date']= pd.to_datetime(df['Date'])

b. 字串轉換

將英文字串首字的大小寫變更，若要讓字串第一個字爲大寫，輸入函式爲：

df['STR'].str.title()

讓字串全部變成小寫，輸入函式爲：

df['STR'].str.lower()

讓字串全部變成大寫，輸入函式爲：

df['STR'].str.upper()

而若要進行字串變更，輸入函式爲：

df['STR']=df['STR'].str.replace(' 原有字串 ', ' 欲改變成的字串 ')

　　使用者採用「hellopython2.csv」檔案指派變數為「df2」作字串轉換與變更，並輸出前 5 筆資料以精簡版面。並分別依序輸出「行標籤值字串首字大寫」（**變數 . [' 行標籤 '].str.title()**）、「行標籤值字串首字小寫」（**變數 . [' 行標籤 '].str.lower()**）、「行標籤值字串全部大寫」（**變數 . [' 行標籤 '].str.upper()**）、「行標籤值字串變更」（**變數 . [' 行標籤 '].str.replace（' 原字串 ', ' 新字串 '）**）（如圖 4-22）。

```
df2 = pd.read_csv('hellopython2.csv')
print(df2)
print(df2['gender'].str.title().head())
print(df2['gender'].str.lower().head())
print(df2['gender'].str.upper().head())
df2['prefer'] = df2['prefer'].str.replace('puma', ' 彪馬 ')
print(df2['prefer'].head())
```

```
df2 = pd.read_csv('hellopython2.csv')
print(df2)
print(df2['gender'].str.title().head())
print(df2['gender'].str.lower().head())
print(df2['gender'].str.upper().head())
df2['prefer'] = df2['prefer'].str.replace('puma', '彪馬')
print(df2['prefer'].head())
```

```
    NO  gender  yearsold  prefer   cm  wt size
0    1    male      22.0    nike  170  70   XL
1    2    male      18.0  adidas  166  65    M
2    3  female      19.0    puma  171  56    M
3    4  female      21.0    puma  168  60    L
4    5    male      23.0     NaN  170  70    L
5    6    male      22.0    nike  175  72  NaN
6    7    male      18.0  adidas  168  70    L
7    8  female       NaN    nike  166  63    L
8    9  female      21.0  adidas  164  55    M
9   10  female      20.0  adidas  164  52    M
10  11  female      21.0    puma  168  60    L
11  12    male      23.0     NaN  170  70    L
12  13    male      22.0    nike  175  72  NaN
13  14  female       NaN    nike  166  63    L
14  15  female      21.0  adidas  164  55    M
0        Male
1        Male
2      Female
3      Female
4        Male
Name: gender, dtype: object
0        male
1        male
2      female
3      female
4        male
Name: gender, dtype: object
0        MALE
1        MALE
2      FEMALE
3      FEMALE
4        MALE
Name: gender, dtype: object
0        nike
1      adidas
2        彪馬
3        彪馬
4        NaN
Name: prefer, dtype: object
```

圖 4-22　輸出字串轉換與變更

2. 資料篩選

因應各項示範，先將讀取原始變數資料「**hellopython2.csv**」檔案指派爲第 3 個新的原始變數資料爲「df3」，再進行資料篩選的處理。

使用者在處理大量的數據資料集時，有時候需要利用條件式篩選需要的資料，可以利用**中括號 []** 來指定存取欄位並設定條件進行資料篩選，輸入函式爲：

變數 [變數 [' 欄標籤名稱 ']]

例如：想要知道「體重」欄位中大於 70 公斤的資料，則選擇資料集裡面的行標籤「'wt'」且數值大於 70 的資料作輸出。輸入函式爲 df3[df3['wt'] > 70]，指定 wt 資料集大於 70 的資料。輸出後，有 2 筆資料體重大於 70 公斤（如圖 4-23）。

```
df3 = pd.read_csv('hellopython2.csv')
print(df3)
print('===')
print(df3[df3['wt'] > 70])
```

```
df3 = pd.read_csv('hellopython2.csv')
print(df3)
print('===')
print(df3[df3['wt'] > 70])
    NO  gender  yearsold  prefer   cm  wt size
0    1    male      22.0    nike  170  70   XL
1    2    male      18.0  adidas  166  65    M
2    3  female      19.0    puma  171  56    M
3    4  female      21.0    puma  168  60    L
4    5    male      23.0     NaN  170  70    L
5    6    male      22.0    nike  175  72  NaN
6    7    male      18.0  adidas  168  70    L
7    8  female       NaN    nike  166  63    L
8    9  female      21.0  adidas  164  55    M
9   10  female      20.0  adidas  164  52    M
10  11  female      21.0    puma  168  60    L
11  12    male      23.0     NaN  170  70    L
12  13    male      22.0    nike  175  72  NaN
13  14  female       NaN    nike  166  63    L
14  15  female      21.0  adidas  164  55    M
===
    NO  gender  yearsold  prefer   cm  wt size
5    6    male      22.0    nike  175  72  NaN
12  13    male      22.0    nike  175  72  NaN
```

圖 4-23 輸出篩選資料

　　另外，也可以更細緻的在行標籤名稱中，再找出包含特定值的資料集，利用**選取特定值函式 isin()** 的方法來執行。

　　例如：想要在「喜好品牌」（prefer）中篩選出「adidas」的資料，則可以使用函式為：

變數 [變數 [' 行標籤 '].isin([選取特定值])]

　　範例中輸入函式 df3[df3['prefer'].isin(['adidas'])]，指定「prefer」資料集裡面的資料屬於「adidas」的資料（adidas 是字串要加引號）。輸出後，則可以看到「喜好品牌」（prefer）中有 5 筆偏好「adidas」的資料（如圖 4-24）。

```
print(df3)
print('===')
print(df3[df3['prefer'].isin(['adidas'])])
```

```
print(df3)
print('===')
print(df3[df3['prefer'].isin(['adidas'])])

    NO  gender  yearsold  prefer   cm  wt size
0    1    male      22.0    nike  170  70   XL
1    2    male      18.0  adidas  166  65    M
2    3  female      19.0    puma  171  56    M
3    4  female      21.0    puma  168  60    L
4    5    male      23.0     NaN  170  70    L
5    6    male      22.0    nike  175  72  NaN
6    7    male      18.0  adidas  168  70    L
7    8  female       NaN    nike  166  63    L
8    9  female      21.0  adidas  164  55    M
9   10  female      20.0  adidas  164  52    M
10  11  female      21.0    puma  168  60    L
11  12    male      23.0     NaN  170  70    L
12  13    male      22.0    nike  175  72  NaN
13  14  female       NaN    nike  166  63    L
14  15  female      21.0  adidas  164  55    M
===
    NO  gender  yearsold  prefer   cm  wt size
1    2    male      18.0  adidas  166  65    M
6    7    male      18.0  adidas  168  70    L
8    9  female      21.0  adidas  164  55    M
9   10  female      20.0  adidas  164  52    M
14  15  female      21.0  adidas  164  55    M
```

圖 4-24　輸出篩選資料中的特定資料

3. 資料排序

因應各項示範，先將讀取原始變數資料「hellopython2.csv」檔案指派爲第 4 個新的原始變數資料爲「df4」，再進行資料排序的處理。

(1) 列索引排序

使用者針對變數數據資料集的列索引排序，可以使用函式爲：

變數 .sort_index()

如果需要「遞增排序」（ascending sort）的輸入函式爲：

變數 .sort_index(ascending = True)

反之，如果需要「遞減排序」（descending sort）的輸入函式爲：

變數 .sort_index(ascending = False)

範例中爲遞減排序，且刻意輸出前 5 筆資料來精簡版面，輸出後則看到列索引是呈現遞減排序的狀態（如圖 4-25）。

```
df4 = pd.read_csv('hellopython2.csv')
print(df4.head())
print('===')
new_df = df4.sort_index(ascending=False)
print(' 遞減排序 ')
print(new_df.head())
```

```
df4 = pd.read_csv('hellopython2.csv')
print(df4.head())
print('===')
new_df = df4.sort_index(ascending=False)
print('遞減排序：')
print(new_df.head())
```

```
    NO  gender  yearsold  prefer   cm  wt size
0    1    male      22.0    nike  170  70   XL
1    2    male      18.0  adidas  166  65    M
2    3  female      19.0    puma  171  56    M
3    4  female      21.0    puma  168  60    L
4    5    male      23.0     NaN  170  70    L
===
遞減排序
     NO  gender  yearsold  prefer   cm  wt size
14   15  female      21.0  adidas  164  55    M
13   14  female       NaN    nike  166  63    L
12   13    male      22.0    nike  175  72  NaN
11   12    male      23.0     NaN  170  70    L
10   11  female      21.0    puma  168  60    L
```

圖 4-25　輸出遞減排序

(2) 標籤值排序

另外，使用者針對標籤值排序可以使用函式為：

變數 .sort_values()

使用 sort_values() 可以用指定行標籤中的數值，進行遞增或遞減排序。

例如：使用者需要「遞增排序」數據資料集裡面的「行標籤」欄位中的數值，輸入函式為：

變數 .sort_values(ascending = True)

反之，使用者需要「遞減排序」（descending sort）數據資料集裡面的「行標籤」欄位中的數值，輸入函式為：

變數 .sort_value(ascending = False)

　　範例中為行標籤中的數值遞增與遞減排序，且刻意輸出前 5 筆資料來精簡版面，輸出後則看到「體重」（wt）中的數值作遞增與遞減排序呈現（如圖 4-26）。

```
print(df4.head())
print('===')
new_df2 = df4.sort_values(["wt"], ascending = True)
print(' 遞增排序 ')
print(new_df2.head())
print('===')
new_df3 = df4.sort_values(["wt"], ascending = False)
print(' 遞減排序 ')
print(new_df3.head())
```

```
print(df4.head())
print('===')
new_df2 = df4.sort_values(["wt"], ascending = True)
print('遞增排序')
print(new_df2.head())
print('===')
new_df3 = df4.sort_values(["wt"], ascending = False)
print('遞減排序')
print(new_df3.head())
```

```
    NO  gender  yearsold  prefer   cm  wt size
0    1    male      22.0    nike  170  70   XL
1    2    male      18.0  adidas  166  65    M
2    3  female      19.0    puma  171  56    M
3    4  female      21.0    puma  168  60    L
4    5    male      23.0     NaN  170  70    L
===
遞增排序
    NO  gender  yearsold  prefer   cm  wt size
9   10  female      20.0  adidas  164  52    M
8    9  female      21.0  adidas  164  55    M
14  15  female      21.0  adidas  164  55    M
2    3  female      19.0    puma  171  56    M
3    4  female      21.0    puma  168  60    L
===
遞減排序
    NO  gender  yearsold  prefer   cm  wt size
5    6    male      22.0    nike  175  72  NaN
12  13    male      22.0    nike  175  72  NaN
0    1    male      22.0    nike  170  70   XL
4    5    male      23.0     NaN  170  70    L
6    7    male      18.0  adidas  168  70    L
```

圖 4-26　輸出特定欄位數值遞增與遞減排序

4. 資料合併

因應各項示範，讀取原始變數資料「**hellopython2.csv、hellopython3.csv**」檔案，各指派變數為「df5」與「df6」，再進行資料合併的處理。

(1) 資料合併：從資料尾部合併

如果使用者有多筆資料的行標籤是相同的，只是要增加資料筆數，可以使用從資料尾部進行資料合併，使用函式為：

變數 1.append(變數 2)

使用資料合併函式 append()，可以將變數 2 中的資料添加到變數 1 的列表尾部。然而，建議可以指派一個新的變數資料，以避免與原始變數資料混淆。

範例中為將指派變數的 df5 與 df6 作資料尾部合併，首先，讀取檔案指派變數，並輸出變數內容作說明（如圖 4-27）。

```
df5 = pd.read_csv('hellopython2.csv')
df6 = pd.read_csv('hellopython3.csv')
print(df5)
print('===')
print(df6)
```

```
df5 = pd.read_csv('hellopython2.csv')
df6 = pd.read_csv('hellopython3.csv')
print(df5)
print('===')
print(df6)
```

```
    NO  gender  yearsold  prefer   cm  wt size
0    1    male      22.0    nike  170  70   XL
1    2    male      18.0  adidas  166  65    M
2    3  female      19.0    puma  171  56    M
3    4  female      21.0    puma  168  60    L
4    5    male      23.0     NaN  170  70    L
5    6    male      22.0    nike  175  72  NaN
6    7    male      18.0  adidas  168  70    L
7    8  female       NaN    nike  166  63    L
8    9  female      21.0  adidas  164  55    M
9   10  female      20.0  adidas  164  52    M
10  11  female      21.0    puma  168  60    L
11  12    male      23.0     NaN  170  70    L
12  13    male      22.0    nike  175  72  NaN
13  14  female       NaN    nike  166  63    L
14  15  female      21.0  adidas  164  55    M
===
    NO  gender  yearsold  prefer   cm  wt size
0    1    male        18  adidas  168  70    L
1    2  female        22    nike  166  63    L
2    3  female        21  adidas  164  55    M
3    4  female        21    puma  168  60    L
4    5    male        23    nike  170  70    L
5    6    male        22    nike  175  72  XLL
6    7  female        21    puma  168  60    L
7    8    male        23    puma  170  70    L
8    9    male        22    nike  175  72   XL
9   10  female        20  adidas  164  52    M
```

圖 4-27　輸出 2 筆準備合併資料

接下來，使用者使用資料合併函式「**原始變數 1.append(原始變數 2)**」將資料從變數 1 尾部合併變數 2 並指派一個新的變數之後，可以看到該新的變數仍是保留各原始變數的列索引，因此，需要進一步使用函式「**reset_index()**」來重置列索引，以利後續資料處理。

在「**資料合併：從資料尾部合併**」（**函式 append.()**）範例中，使用者需要將合併資料結果指派變數為「append_df1」，輸出檢視變數，再進行重置新變數列索引，為了精簡版面僅輸出倒數 5 筆資料檢視列索引。而若在資料合併之後需要儲存該資料合併結果，則可以使用儲存函式「**指派變數 .to_csv(' 檔案名稱 .csv')**」，將該檔案儲存成 CSV 檔案置放在系統中的 Python 專案資料夾中（如圖 4-28）。

```
print(' 輸出合併資料：')
append_df1 = df5.append(df6)
print(append_df1)
print('===')
print(' 重置列索引並輸出倒數 5 筆資料：')
riappend_df1 = append_df1.reset_index(inplace=False, drop=True)
print(riappend_df1.tail())
```

```
print('輸出合併資料：')
append_df1 = df5.append(df6)
print(append_df1)
print('===')
print('重置列索引並輸出倒數5筆資料：')
riappend_df1 = append_df1.reset_index(inplace=False, drop=True)
print(riappend_df1.tail())
```

```
輸出合併資料：
    NO  gender  yearsold  prefer   cm  wt size
0    1    male      22.0    nike  170  70   XL
1    2    male      18.0  adidas  166  65    M
2    3  female      19.0    puma  171  56    M
3    4  female      21.0    puma  168  60    L
4    5    male      23.0     NaN  170  70    L
5    6    male      22.0    nike  175  72  NaN
6    7    male      18.0  adidas  168  70    L
7    8  female       NaN    nike  166  63    L
8    9  female      21.0  adidas  164  55    M
9   10  female      20.0  adidas  164  52    M
10  11  female      21.0    puma  168  60    L
11  12    male      23.0     NaN  170  70    L
12  13    male      22.0    nike  175  72  NaN
13  14  female       NaN    nike  166  63    L
14  15  female      21.0  adidas  164  55    M
0    1    male      18.0  adidas  168  70    L
1    2  female      22.0    nike  166  63    L
2    3  female      21.0  adidas  164  55    M
3    4  female      21.0    puma  168  60    L
4    5    male      23.0    nike  170  70    L
5    6    male      22.0    nike  175  72  XLL
6    7  female      21.0    puma  168  60    L
7    8    male      23.0    puma  170  70    L
8    9    male      22.0    nike  175  72   XL
9   10  female      20.0  adidas  164  52    M
===
重置列索引並輸出倒數5筆資料：
    NO  gender  yearsold  prefer   cm  wt size
20   6    male      22.0    nike  175  72  XLL
21   7  female      21.0    puma  168  60    L
22   8    male      23.0    puma  170  70    L
23   9    male      22.0    nike  175  72   XL
24  10  female      20.0  adidas  164  52    M
```

圖 4-28　輸出資料尾部合併資料並重置列索引

(2) 資料合併：從資料標籤合併

使用者如果需要從資料標籤合併既有資料，可以採用函式 **merge()**，該一方式可以對資料合併使用列索引或者是行標籤。這邊介紹資料合併函式 **merge()** 為：

pd.merge(left, right, how='inner', on=None, left_on=None, right_on=None, left_index=False, right_index=False, sort=True, suffixes=('_x', '_y'), copy=True, indicator=False, validate=None)

其中，函式的各個參數概念為：

left：準備合併的左側 DataFrame 或 Series。

right：準備合併的右側 DataFrame 或 Series。

on：表示要加入（join）合併的行標籤或列索引名稱。該名稱必須在左側和右側 DataFrame 中找到，如果未傳遞且 left_index 和 right_index 設定為 False，則 DataFrame 中的行交集將被判斷為連接鍵。

left_on：在左側作連接 DataFrame 的行或列索引連接值。可以是行標籤名稱，或是列索引名稱，也可以是長度等於 DataFrame 長度的陣列。

right_on：在右側作連接 DataFrame 的行或列索引連接值。可以是行標籤名稱，或是列索引名稱，也可以是長度等於 DataFrame 長度的陣列。

left_index：如果設定為 True，則連接後使用左側 DataFrame 中的列索引或行標籤作連接值。

right_index：與 left_index 功能相似。

how：指的是連接的方式。可以將合併資料置於 'left'（左側）、'right'（右側）、'outer'（並集）、'inner'（交集），省略不寫則函式默認為 inner。inner 是交集，outer 取並集。比如 left：['Q', 'W', 'E'];right['Q', ' C', ' D']，如果使用 inner 取交集，則 left 中出現的 Q 會和 right 中出現的 Q 進行匹配拼接；如果沒有是 B，在 right 中沒有匹配到，則會丟失。而 'outer' 取並集，出現的

　　Q 會進行一一匹配，沒有同時出現的會將缺失的部分添加缺失值。

sort：按字典順序通過連接值對結果 DataFrame 進行排序。參數省略默認爲
　　　True，若爲 False 將在很多情況下顯著提高性能。

suffixes：用於重疊行標籤的字串尾碼元組，系統默認爲（'_x', '_y'）。

copy：始終從傳遞的 DataFrame 物件複製資料（預設爲 True），即使不需要重建
　　　索引也是如此。

indicator：默認爲 False，如果爲 True，則會在輸出 DataFrame 中添加一個名稱爲
　　　「_merge」的行標籤，其中包含每個行標籤來源的資訊，若透過提供字串
　　　參數也可以爲該行標籤指定不同的名稱。且該行標籤也具有分類類型，若
　　　要合併值僅出現在左側 DataFrame 中作觀察，其輸入值爲「left_only」；
　　　若要合併值僅出現在右側 DataFrame 中作觀察，其輸入值爲「right_
　　　only」；若是輸入「both」則在兩個 DataFrame 中都可以觀察到合併值。

　　在使用函式 **merge()** 處理「資料合併：從資料標籤合併」的概念，主要是使
用者想要對 2 筆資料透過增加行標籤的方式合併。首先，使用者可以先讀取原始
資料 1（mergeleft.csv 檔案）並指派原始變數 1 爲「mergeleft」，且讀取原始資
料 2（mergeright.csv 檔案）並指派原始變數 2 爲「mergeright」。輸出檢視這二
個變數內容（圖 4-29）。

```
mergeleft = pd.read_csv('mergeleft.csv')
mergeright = pd.read_csv('mergeright.csv')
print(' 原始變數 1:\n', mergeleft)
print('===')
print(' 原始變數 2:\n', mergeright)
```

```
mergeleft = pd.read_csv('mergeleft.csv')
mergeright = pd.read_csv('mergeright.csv')
print('原始變數1:\n', mergeleft)
print('===')
print('原始變數2:\n', mergeright)
```

原始變數1:

	NO	gender	yearsold	prefer	cm
0	1	male	18	adidas	168
1	2	female	22	nike	166
2	3	female	21	adidas	164
3	4	female	21	puma	168
4	5	male	23	nike	170
5	6	male	22	nike	175
6	7	female	21	puma	168
7	8	male	23	puma	170
8	9	male	22	nike	175
9	10	female	20	adidas	164

===

原始變數2:

	NO	times	wt	size
0	1	7	70	L
1	2	6	63	L
2	3	5	55	M
3	4	6	60	L
4	5	4	70	L
5	6	5	72	XLL
6	7	4	60	L
7	8	4	70	L
8	9	3	72	XL
9	10	5	52	M

圖 4-29　輸出 merge 原始變數

接下來，使用者將合併資料結果指派變數為「merge_df1」，且如果使用者沒有特別需求，可以將資料合併函式作簡化，使用資料合併函式為：

指派變數 = pd.merge(原始變數 1, 原始變數 2, on = 'NO', how = 'outer')

使用者套用該函式的概念，即是針對原始變數 1 的「mergeleft」與原始變數 2 的「mergeright」作資料合併，資料合併的方式為「並集」（outer），再輸出檢視變數。其中，該函式寫法與 **pd.merge(原始變數 1, 原始變數 2, left_index = False, right_index = False, how = 'outer')** 相同（如圖 4-30）。

```
merge_df1 = pd.merge(mergeleft, mergeright, on = 'NO', how = 'outer')
print(merge_df1)
```

```
merge_df1 = pd.merge(mergeleft, mergeright, on = 'NO', how = 'outer')
print(merge_df1)

   NO  gender  yearsold  prefer   cm  times  wt  size
0   1    male        18  adidas  168      7  70     L
1   2  female        22    nike  166      6  63     L
2   3  female        21  adidas  164      5  55     M
3   4  female        21    puma  168      6  60     L
4   5    male        23    nike  170      4  70     L
5   6    male        22    nike  175      5  72   XLL
6   7  female        21    puma  168      4  60     L
7   8    male        23    puma  170      4  70     L
8   9    male        22    nike  175      3  72    XL
9  10  female        20  adidas  164      5  52     M
```

圖 4-30   輸出從資料標籤合併資料

具體而言，函式 **merge()** 的使用時機是針對連接值來考量，此一連接值可以是行標籤，也可以是列索引。但是，在實際應用函式 **merge()** 時一定要注意的是，原始變數 1 與原始變數 2 中的連接值盡量不要重複，以便簡化函式參數的寫法。

更多資料合併相關資訊，可以參考 Pandas 中介紹資料合併的官方網址（https://pandas.pydata.org/docs/user_guide/merging.html#），以進一步瞭解各項應用。

🔔4.5　Pandas 資料統計

資料統計使用描述統計函式 **describe()**，可以得到資料框（DataFrame）資料的「總和、平均數、標準差、最大值、最小值…… 」等資料內容訊息。當然，也可以分別使用常見的函式 **max()**（最大值）、**min()**（最小值）、**sum()**（總和）、**mean()**（平均數）與 **median()**（中位數）等統計函式來針對變數資料進行處理。統計函式寫法為：

指派變數 [' 行標籤 ']. 統計函式 ()

1. 描述統計

使用者採用「**py01nsc2011.csv**」檔案，採用行標籤函式「變數 .columns」檢視，可以檢閱該變數的行標籤有「NO、Gender、Bornyear、Race、Player、Sportyear、Bestpride、Income、PrantEdu、PersonalEdu、WantJob，其他有 SS01~SS20、CB01~CB08、CD01~CD10」等 49 行，總資料筆數為 1,423 筆（如圖 4-31）。

```
import pandas as pd
df = pd.read_csv('py01nsc2011.csv')
print(df.columns)
```

```
import pandas as pd
df = pd.read_csv('py01nsc2011.csv')
print(df.columns)

Index(['NO', 'Gender', 'Bornyear', 'Race', 'Player', 'Sportyear', 'Bestpride',
       'Income', 'PrantEdu', 'PersonalEdu', 'WantJob', 'SS01', 'SS02', 'SS03',
       'SS04', 'SS05', 'SS06', 'SS07', 'SS08', 'SS09', 'SS10', 'SS11', 'SS12',
       'SS13', 'SS14', 'SS15', 'SS16', 'SS17', 'SS18', 'SS19', 'SS20', 'CB01',
       'CB02', 'CB03', 'CB04', 'CB05', 'CB06', 'CB07', 'CB08', 'CD01', 'CD02',
       'CD03', 'CD04', 'CD05', 'CD06', 'CD07', 'CD08', 'CD09', 'CD10'],
      dtype='object')
```

圖 4-31　輸出變數行標籤

(1) 特定描述統計函式

使用者想要瞭解某一行標籤的資訊，例如：想知道資料中樣本的「Sportyear」（運動年資）的最大值、最小值、平均數、標準差、次數等的描述統計。

使用函式為最大值（**變數 [' 行標籤 '].max()]**）、最小值（**變數 [' 行標籤 '].min()]**）、平均數（**變數 [' 行標籤 '].mean()]**）、標準差（**變數 [' 行標籤 '].std()]**）、次數（**變數 .value_counts([' 行標籤 '])]**）等（如圖 4-32）。

```
print(' 最大值 ', df['Sportyear'].max())
print(' 最小值 ', df['Sportyear'].min())
print(' 平均數 ', df['Sportyear'].mean())
print(' 標準差 ', df['Sportyear'].std())
print(' 次數 ', df.value_counts(['Sportyear']))
```

```
print('最大值', df['Sportyear'].max())
print('最小值', df['Sportyear'].min())
print('平均數', df['Sportyear'].mean())
print('標準差', df['Sportyear'].std())
print('次數', df.value_counts(['Sportyear']))
```

```
最大值 20.0
最小值 0.0
平均數 7.501766784452297
標準差 3.347004147459472
次數 Sportyear
6.0      210
10.0     176
8.0      160
5.0      141
3.0      138
7.0      114
9.0      108
12.0      87
4.0       78
11.0      54
13.0      48
0.0       32
14.0      30
15.0      14
2.0        6
1.0        6
16.0       5
17.0       2
18.0       2
20.0       2
0.5        1
13.5       1
dtype: int64
```

圖 4-32　輸出特定描述統計

(2) 使用描述統計函式

　　而使用者若要獲得某一行標籤的描述統計，可以使用描述統計函式 **describe()**。例如：針對「Gender」與「Sportyear」作描述統計，獲得個數、平均數、標準差、最小值、25% 位數（第 1 四分位數）、50% 位數（第 2 四分位數）、75% 位數（第 3 四分位數）、最大值等資訊（如圖 4-33）。

```
print(df['Gender'].describe())
print('===')
print(df['Sportyear'].describe())
```

```
print(df['Gender'].describe())
print('===')
print(df['Sportyear'].describe())
count         1423
unique           2
top           male
freq           942
Name: Gender, dtype: object
===
count    1415.000000
mean        7.501767
std         3.347004
min         0.000000
25%         5.000000
50%         7.000000
75%        10.000000
max        20.000000
Name: Sportyear, dtype: float64
```

圖 4-33　輸出描述統計函式

　　從輸出內容可以發現，行標籤「Gender」中總共有 1,423 筆資料，有 2 個獨立的鍵入值，「male」鍵入值有 942 筆，資料類型為字串。而行標籤「Sportyear」共有 1,415 筆資料，平均數為 7.50、標準差為 3.35、最小值為 0.00、第 1 四分位數為 5.00、第 2 四分位數為 7.00、第 3 四分位數為 10.00、最大值為 20.00。

(3) 全部行標籤描述統計

　　除了單獨取得某些特定行標籤的描述統計之外，使用者也可以一次針對所有行標籤作描述統計，選擇全部行標籤資料函式（**df[:]**）作描述統計（**describe()**），以獲得次數、平均數、標準差、最小值、25% 位數、50% 位數、75% 位數、最大值等資訊。

　　其中，輸出畫面的「\」表示接續後面資料，「…」表示省略資料未顯示，最下方「8 rows×48 columns」表示輸出 8 列 48 行（如圖 4-34）。

```
print(df[:].describe())
```

```
print(df[:].describe())
                NO     Bornyear         Race       Player    Sportyear  \
count  1423.000000  1423.000000  1371.000000  1423.000000  1415.000000
mean  15219.482783    79.621223     1.333333     0.229093     7.501767
std    4994.366801     2.161034     0.658835     2.645660     3.347004
min   10001.000000    66.000000     1.000000     0.000000     0.000000
25%   10356.500000    78.000000     1.000000     0.000000     5.000000
50%   10712.000000    81.000000     1.000000     0.000000     7.000000
75%   20336.500000    82.000000     1.000000     0.000000    10.000000
max   20692.000000    84.000000     3.000000    99.000000    20.000000

         Bestpride       Income     PrantEdu  PersonalEdu      WantJob ... \
count  1423.000000  1423.000000  1423.000000  1423.000000  1423.000000 ...
mean      2.169361     2.682361     4.063949     3.324666     0.949403 ...
std       5.187089     9.968249     9.184818     8.860697     5.228691 ...
min       1.000000     1.000000     1.000000     1.000000     0.000000 ...
25%       1.000000     1.000000     3.000000     2.000000     0.000000 ...
50%       2.000000     2.000000     3.000000     2.000000     1.000000 ...
75%       2.000000     2.000000     4.000000     3.000000     1.000000 ...
max      99.000000    99.000000    99.000000    99.000000    99.000000 ...

              CD01         CD02         CD03         CD04         CD05  \
count  1423.000000  1423.000000  1423.000000  1423.000000  1423.000000
mean      4.072382     3.950808     3.857344     3.843992     3.836261
std       0.673773     0.686701     0.764931     0.766458     0.767138
min       1.000000     1.000000     1.000000     1.000000     1.000000
25%       4.000000     4.000000     3.000000     3.000000     3.000000
50%       4.000000     4.000000     4.000000     4.000000     4.000000
75%       4.000000     4.000000     4.000000     4.000000     4.000000
max       5.000000     5.000000     5.000000     5.000000     5.000000

              CD06         CD07         CD08         CD09         CD10
count  1423.000000  1423.000000  1423.000000  1423.000000  1423.000000
mean      3.687280     3.574842     3.682361     3.594519     3.691497
std       0.858416     0.906989     0.878893     0.891055     0.835048
min       1.000000     1.000000     1.000000     1.000000     1.000000
25%       3.000000     3.000000     3.000000     3.000000     3.000000
50%       4.000000     4.000000     4.000000     4.000000     4.000000
75%       4.000000     4.000000     4.000000     4.000000     4.000000
max       5.000000     5.000000     5.000000     5.000000     5.000000

[8 rows x 48 columns]
```

圖 4-34　輸出全部行標籤描述統計

2. 新增行標籤資料

　　使用者需要針對某些行標籤內的值進行數值計算，並將計算結果新增到數據資料框中，透過想要加總的各行標籤來指派爲某一變數「X」，再將此一指派變數「X」加總後的結果，新增一行標籤名稱「Y」，新增一行標籤的函式爲（**axis = 'columns'**）或寫爲（**axis = 1**）。加總行標籤函式爲：

變數 [加總行標籤變數].sum(axis = 'columns')

　　若是需要新增行標籤函式爲：

變數 [' 新增行標籤 ']

　　例如：使用者需要將「SS01~SS04」等 4 行標籤作加總計算，先將此 4 個行標籤指派變數爲「x1」，再將該指派變數「x1」作加總後，並把此加總結果新增爲一個新的行標籤到原 DataFrame 中，命名爲行標籤「SST1」。寫入函式爲：

df['SST1'] = df[x1].sum(axis = 'columns')

　　亦即加總指派變數後新增一行標籤，且輸出該新增行標籤資料的描述統計。

　　可以發現，行標籤「SST1」共有 1,423 筆資料，平均數爲 14.84、標準差爲 3.01、最小值爲 4.00、第 1 四分位數爲 13.00、第 2 四分位數爲 15.00、第 3 四分位數爲 17.00、最大值爲 20.00，資料類型爲浮點數（如圖 4-35）。

```
x1 = ['SS01', 'SS02', 'SS03', 'SS04']
df['SST1'] = df[x1].sum(axis = 'columns')
print(df['SST1'].describe())
```

```
x1 = ['SS01', 'SS02', 'SS03', 'SS04']
df['SST1'] = df[x1].sum(axis = 'columns')
print(df['SST1'].describe())
```

```
count     1423.000000
mean        14.841181
std          3.013578
min          4.000000
25%         13.000000
50%         15.000000
75%         17.000000
max         20.000000
Name: SST1, dtype: float64
```

圖 4-35　輸出新增一行標籤資料

　　另外，使用者爲了後續分析需要，則先將指派變數「x1」的各行標籤進行平均數的計算，並另外新增一行標籤命名爲「SST1M」的行標籤平均數。新增行標籤函式：

變數 [' 新增行標籤 ']

　　亦即，使用者透過取得指派變數的平均數並新增一行標籤，且輸出該新增行標籤資料的描述統計。

　　可以發現，行標籤「x1」中是「SS01、SS02、SS03、SS04」的組合，其平均數分別爲 3.18、3.96、4.01、3.70。而輸出行標籤「SST1」共有 1,423 筆資料，平均數爲 3.71、標準差爲 0.75、最小值爲 1.00、第 1 四分位數爲 3.25、第 2 四分位數爲 3.75、第 3 四分位數爲 4.25、最大值爲 5.00，資料類型爲浮點數（如圖 4-36）。

```
print(df[x1].mean())
df['SST1M'] = df[x1].mean(axis = 1)
print(' 輸出 SST1 平均 :', df['SST1M'].mean())
print('===')
print(df['SST1M'].describe())
```

```
print(df[x1].mean())
df['SST1M'] = df[x1].mean(axis = 1)
print('輸出SST1平均:', df['SST1M'].mean())
print('===')
print(df['SST1M'].describe())
```

```
SS01     3.176388
SS02     3.955727
SS03     4.014055
SS04     3.695011
dtype: float64
輸出SST1平均: 3.710295151089248
===
count    1423.000000
mean        3.710295
std         0.753394
min         1.000000
25%         3.250000
50%         3.750000
75%         4.250000
max         5.000000
Name: SST1M, dtype: float64
```

圖 4-36 輸出新增行標籤平均數與描述統計

🔔 4.6 Pandas 匯出儲存檔案

使用者將資料框經過整理之後，可能有新增部分資料，也有可能會刪除部分資料，因而建議保留一個原始資料檔案以因應後續分析使用。因此，變數資料整理之後需要進行保留時，則建議匯出儲存成一個新檔案或是覆蓋原本存在的檔案（建議保留一個未經處理過的原始檔案，以作為備份！）。

此時，可以使用資料儲存函式：

to_csv(' 檔案名稱 .csv')

執行該一資料儲存後，可以從 Python 專用資料夾中看到該一儲存檔案，若要檢視內容則可以使用讀入檔案及輸出檔案來檢視資料。

示範檔案以上一節中，經過整理的指派變數「df」，在新增了行標籤「SST1」與「SST1M」之後，將此一變數「df」透過資料儲存函式：

df.to_csv('py01nsc2011_1.csv')

執行之後，即可以將資料儲存為「'py01nsc2011_1.csv'」檔案。接下來也可以透過讀取「**py01nsc2011_1.csv**」檔案並指派變數為「**df1**」，且輸出該變數的行標籤，來檢視資料儲存的情形。從輸出的內容可以發現，新增的行標籤「SST1」與「SST1M」已經在該變數之中，且能夠順利讀取該檔案資料，表示已經順利儲存資料檔案（如圖 4-37）。

```
df.to_csv('py01nsc2011_1.csv')
df1 = pd.read_csv('py01nsc2011_1.csv')
print(df1.columns)
```

```
df.to_csv('py01nsc2011_1.csv')
df1 = pd.read_csv('py01nsc2011_1.csv')
print(df1.columns)

Index(['Unnamed: 0', 'NO', 'Gender', 'Bornyear', 'Race', 'Player', 'Sportyear',
       'Bestpride', 'Income', 'PrantEdu', 'PersonalEdu', 'WantJob', 'SS01',
       'SS02', 'SS03', 'SS04', 'SS05', 'SS06', 'SS07', 'SS08', 'SS09', 'SS10',
       'SS11', 'SS12', 'SS13', 'SS14', 'SS15', 'SS16', 'SS17', 'SS18', 'SS19',
       'SS20', 'CB01', 'CB02', 'CB03', 'CB04', 'CB05', 'CB06', 'CB07', 'CB08',
       'CD01', 'CD02', 'CD03', 'CD04', 'CD05', 'CD06', 'CD07', 'CD08', 'CD09',
       'CD10', 'SST1', 'SST1M'],
      dtype='object')
```

圖 4-37　輸出匯出儲存的檔案資料

　　另外，資料儲存也可以匯出儲存爲不同檔案類型的資料。例如：常見的 CSV、HTML、EXCEL、JSON 儲存檔案類型與函式如下（如表 4-2）：

表 4-2　Pandas 儲存常用檔案類型與函式

檔案類型	儲存函式
CSV	df.to_csv(' 檔案名 .csv')
HTML	pd.read_html(' 檔案名 .html')
EXCEL	pd.read_excel(' 檔案名 .xls')
JSON	pd.read_json(' 檔案名 .json')

🖥 Python 手把手教學 04：數值計算與新增行標籤

　　使用者讀取資料「**hellopython3.csv**」檔案，指派變數爲「**df**」，並輸出行標籤。在資料中，有行標籤「cm」（身高公分）和「wt」（體重）的資料，若要計算每個樣本的「身體質量指數」（body mass index, BMI）指數，其計算公式爲

「BMI = 體重（公斤）/ 身高（公尺）的平方（國際單位 kg/m²）」（如圖 4-38）。

```
import pandas as pd
df = pd.read_csv('hellopython3.csv')
print(df.columns)
```

```
import pandas as pd
df = pd.read_csv('hellopython3.csv')
print(df.columns)

Index(['NO', 'gender', 'yearsold', 'prefer', 'cm', 'wt', 'size'], dtype='object')
```

圖 4-38　輸出變數行標籤

1. 取得 BMI 作法一

按照 BMI 的公式，檢視資料中的數據，使用者看到「cm」（身高公分）可以先增加一行新的行標籤為「mheight」（身高公尺），新增行標籤函式為：

df[' 新的行標籤 '] = 變數

使用者採用新增一行標籤「mheight」（身高公尺）之後，再透過公式計算結果，指派新增一行標籤「BMI01」（BMI 指數 1）（如圖 4-39）。

```
df['mheight'] = df['cm']/100
print(df.columns)
df['BMI01'] = df['wt']/df['mheight']**2
print(df)
```

```
df['mheight'] = df['cm']/100
print(df.columns)
df['BMI01'] = df['wt']/df['mheight']**2
print(df)

Index(['NO', 'gender', 'yearsold', 'prefer', 'cm', 'wt', 'size', 'mheight'], dtype='object')
   NO  gender  yearsold  prefer   cm  wt size  mheight      BMI01
0   1    male        18  adidas  168  70    L     1.68  24.801587
1   2  female        22    nike  166  63    L     1.66  22.862534
2   3  female        21  adidas  164  55    M     1.64  20.449137
3   4  female        21    puma  168  60    L     1.68  21.258503
4   5    male        23    nike  170  70    L     1.70  24.221453
5   6    male        22    nike  175  72  XLL     1.75  23.510204
6   7  female        21    puma  168  60    L     1.68  21.258503
7   8    male        23    puma  170  70    L     1.70  24.221453
8   9    male        22    nike  175  72   XL     1.75  23.510204
9  10  female        20  adidas  164  52    M     1.64  19.333730
```

圖 4-39　輸出新增 BMI01 系列內容

2. 取得 BMI 作法二

　　使用者可以再簡化前述語法，直接計算變數之後，再另外指派新增一行標籤「BMI02」（BMI 指數 2）（如圖 4-40）。

```
df['BMI02'] = df['wt']/(df['cm']/100)**2
print(df)
```

```
df['BMI02'] = df['wt']/(df['cm']/100)**2
print(df)
```

	NO	gender	yearsold	prefer	cm	wt	size	mheight	BMI01	BMI02
0	1	male	18	adidas	168	70	L	1.68	24.801587	24.801587
1	2	female	22	nike	166	63	L	1.66	22.862534	22.862534
2	3	female	21	adidas	164	55	M	1.64	20.449137	20.449137
3	4	female	21	puma	168	60	L	1.68	21.258503	21.258503
4	5	male	23	nike	170	70	L	1.70	24.221453	24.221453
5	6	male	22	nike	175	72	XLL	1.75	23.510204	23.510204
6	7	female	21	puma	168	60	L	1.68	21.258503	21.258503
7	8	male	23	puma	170	70	L	1.70	24.221453	24.221453
8	9	male	22	nike	175	72	XL	1.75	23.510204	23.510204
9	10	female	20	adidas	164	52	M	1.64	19.333730	19.333730

圖 4-40　輸出新增 BMI01-02 系列內容

3. 取得 BMI 作法三

因爲需要對每個樣本進行操作，使用者建議使用「**自定義函式**」來撰寫函式，並搭配函式 **apply()** 來操作。

自定義函式由使用者按照需求撰寫函式，根據 BMI 的公式將變數中的資料代入公式計算，搭配 apply() 且參數設置 axis = 1 的方式來操作新增行標籤（axis = 0 則表示操作新增列索引），最後輸出結果指派新增一行標籤「BMI03」（BMI 指數 3）（如圖 4-41）。

上述三個作法皆可以獲得 BMI 指數，使用者可以按照需求採用。

```
def BMI(s):
    wt = s['wt']
    m = s['cm']/100
    BMI03 = wt/m**2
    return BMI03
df['BMI03'] = df.apply(BMI, axis = 1)
print(df[['BMI01', 'BMI02', 'BMI03']] )
```

```
def BMI(s):
    wt = s['wt']
    m = s['cm']/100
    BMI03 = wt/m**2
    return BMI03
df['BMI03'] = df.apply(BMI, axis = 1)
print(df[['BMI01', 'BMI02', 'BMI03']] )
        BMI01      BMI02      BMI03
0    24.801587  24.801587  24.801587
1    22.862534  22.862534  22.862534
2    20.449137  20.449137  20.449137
3    21.258503  21.258503  21.258503
4    24.221453  24.221453  24.221453
5    23.510204  23.510204  23.510204
6    21.258503  21.258503  21.258503
7    24.221453  24.221453  24.221453
8    23.510204  23.510204  23.510204
9    19.333730  19.333730  19.333730
```

圖 4-41　輸出新增 BMI01-03 系列內容

(1) 自定義函式

Python 中使用者可以透過「自定義函式」進行操作，其有相關特點如下（阮敬，2017）：

a. 第一列自定義函式程式碼區域以「def」語句作開始。

b. def 後方空格依序寫出函式名稱、左括弧、參數（多個參數用「,」隔開）、右括弧與「:」。

c. 第二列函式的語句可以選擇使用字串來存放函式說明，之後使用者可以透過「doc__」方式來查看（該列字串也可以省略！）。

d. 在內縮區塊中編寫程式，這些程式稱爲函式體。

e. 函式的返回值採用「return」語句返回，可以返回多個值。

f. 如果到達函式末尾時沒有寫出 return 語句，則系統默認 return 返回 None。

一般自定義函式形式爲：

```
def    函式名稱 ( 參數 ):
    ' 函式 _ 文檔字串 '
    函式體
    return [ 表達式 ]
```

其中，第一列中的「def」是自定義的關鍵字，「函式名稱」一般使用英文字小寫，並用底線作區隔單字，而括弧中的「參數」則是部分可以由使用者自行指定代碼，以用來接收外部資料。第二列中的「' 函式 _ 文檔字串 '」可以作爲使用者的筆記備註說明；而第三列的「函式體」內容則是這個函式所要執行的任務，注意應該以內縮區塊作爲編寫的方式，此函式體區塊包含 return 語句，若函式體結尾沒有寫 return 語句，則系統默認返回 None。

(2) 函式 apply()

Pandas 的 apply 指令應用層面廣泛，在使用 apply 指令時，使用者需要準備一個爲這個 apply 量身定做的自定義函式，此一函式功能在讀取資料框的列索引時，可以在資料框中輸出一個新的行標籤。亦即，這個自定義函式傳入的參數根據 axis 而定，當 axis = 1 時就會把一行標籤資料作爲 Series 的資料結構傳入給自定義函式中，使用者在自定義函式中實現對 Series 不同屬性之間的計算，進而返回一個結果。

因而，當使用者需要在 DataFrame 新增新的一行標籤（column）的時候，則 apply 這個指令在整合（transform）數據資料時非常受用。例如：apply 指令可以讀取某一行標籤 1（column1）和某一行標籤 2（column2）中的各個列（row）中的值，並在一個新的行標籤中輸出總和值或計算值。

尤其重要的是，apply 函式可以應用在 Series 或是 DataFrame 中，主要功能是可以針對系列或資料框中每一個元素運行的指定函式，最後將所有結果組合成一個行標籤的系列（series）資料結構並返回。根據 Pandas 官方網站說明「pandas.DataFrame.apply」的內容，函式 apply 主要是沿著軸（axis）應用的函式，可以讀取列索引（axis = 0）和行標籤（axis = 1），其中，其返回的資料結果類型（result_type）只有在 axis = 1 時才運作，系統結果類型默認爲 None，結果類型主要還是根據函式傳遞的類型而定。函式 apply() 爲：

DataFrame.apply(func, axis=0, raw=False, result_type=None, args=(), **kwargs)

其中，參數中內容摘要爲：

func：指的是函式。

axis：指的是軸，axis=0 爲列索引（row）、axis=1 爲行標籤，參數默認爲 axis=0。

raw：布林值（bool），用於確定行或列是否作爲系列（series）或多元陣列（ndarray）對象傳遞，參數默認爲 False。若爲 False，則會將每一行或每

一列作爲一個系列傳遞給函數。若爲 True，則傳遞的函式將接收 ndarray 對象。

result_type：此參數僅在 axis=1 時起作用，內建有「'expand'、'reduce'、'broadcast'、None」等 4 類，參數默認爲 None。

'expand'：類似列表的結果將變成行。

'reduce'：如果可能，返回一個系列而不是擴展類似列表的結果，這與 'expand' 相反。

'broadcast'：結果將被廣播到 DataFrame 的原始形式，原始列索引和行標籤將被保留。

參數默認爲 None 取決於應用函數的返回值：類似列表的結果將作爲一系列結果返回。但是，如果 apply 函數返回一個系列，這些將擴展爲行。

args: tuple：除了數組／系列之外，還要傳遞給函式的位置參數。

**kwargs：要作爲關鍵字參數傳遞給函式的其他關鍵字參數。

數值資料分析與視覺化：NumPy 及 matplotlib

　　資料視覺化（data visualization）主要是採用圖表、統計圖形來呈現數值資料，其主要目標是讓資料更容易被理解。其中，NumPy（Numerical Python）與 matplotlib 兩個模組套件有其重要性，NumPy 套件可以協助處理數據，而 matplotlib 套件則是搭配處理視覺化。NumPy 與 matplotlib 兩個模組套件在 Anaconda 中已經安裝，使用時可以直接在 Jupyter Notebook 載入。NumPy 可以處理數據資料，而 matplotlib 則可以發揮資料視覺化的特色。

　　NumPy 與 matplotlib 兩個模組套件的執行內容，以下使用內政部統計報告（https://www.moi.gov.tw/cl.aspx?n=4412）所抓取的資料作範例。

　　內政部統計報告的統計月報／1 戶政、2 民政／1-2- 現住人口出生、死亡、結婚、離婚登記的獲取資料中，從 2011 年至 2020 年的「粗出生率」（crude birth rate）百分比（%）分別為「8.48、9.86、8.53、8.99、9.10、8.86、8.23、7.70、7.53、7.01」，透過 NumPy 與 matplotlib 進行折線圖繪圖，寫法與輸出非常簡易（圖 5-1）。

```
import numpy as np
import matplotlib.pyplot as plt
birth = np.array([8.48, 9.86, 8.53, 8.99, 9.10,
                  8.86, 8.23, 7.70, 7.53, 7.01])
plt.plot(birth)
plt.show()
```

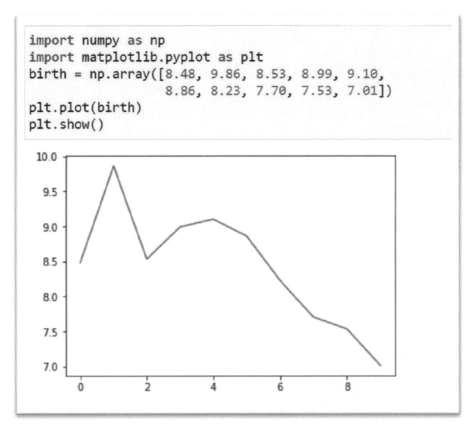

```
import numpy as np
import matplotlib.pyplot as plt
birth = np.array([8.48, 9.86, 8.53, 8.99, 9.10,
                  8.86, 8.23, 7.70, 7.53, 7.01])
plt.plot(birth)
plt.show()
```

圖 5-1　輸出 matplotlib 繪製 2011 ～ 2020 年粗出生率

　　當然，要讓圖示輸出更多資訊，則需要針對 X 軸、Y 軸命名或者是刻度等作調整，第 3 行增加 X 軸標籤、Y 軸標籤、X 軸刻度等。而若要更為細緻的作刻度、角度、線條、顏色等其他調整，則需要藉由其他參數作應用。參數可以混合搭配並同時使用，若參數省略不寫會以預設值繪製（如圖 5-2）。

```
import numpy as np
import matplotlib.pyplot as plt
```

```
x=['2011','2012','2013','2014','2015','2016','2017','2018','2019','2020']
birth = np.array([8.48,9.86,8.53,8.99,9.10,8.86,8.23,7.70,7.53,7.01])
plt.xlabel('years')
plt.ylabel('%')
plt.plot(x,birth)
plt.show()
```

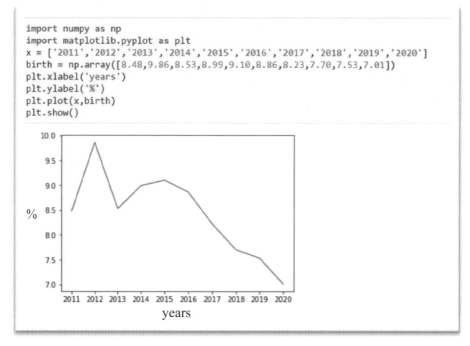

圖 5-2　輸出 2011 ～ 2020 年粗出生率加上標籤

　　具體來說，善用視覺化圖示可以讓資料的呈現更容易被理解，且相關資料來源可以從網站上的報表抓取與複製貼上，不僅可以即時檢視最新資訊，也可以善用資料視覺化處理讓資料解讀更方便。

🔔5.1　為什麼需要資料視覺化？

　　一般常見的繪圖也都可以在 Google 試算表、MS Excel 等進行簡單製作，這些相關軟體也都有良好的呈現，網路上也有許多繪圖資源可以使用，因而，對於資料視覺化的認識不太陌生。但是，好的資料視覺化可以提升資料理解的效率。因為，當原始資料透過資料視覺化處理之後，就能夠清楚的檢視數值之間的對比、趨勢、規律、關聯等，有助於理解資料並從事進一步的分析。

　　在 Python 中，內建使用函式 plot() 來處理資料基本繪圖。常見的圖示類型包含折線圖（line chart）、長條圖（bar/barh chart）、圓餅圖（pie chart）、直方圖（histogram）、散布圖（scatter chart）等。

　　折線圖是由折線或曲線構成的圖形；長條圖是用來描述分類變數本身的分布狀況；圓餅圖是一種用來描述定性資料頻率或百分比的圖形；直方圖是根據變數取值而展示其頻率分布的圖形；散布圖是用於觀察兩個變數之間的關係。

　　不同圖示有不同功能與使用時機，各個圖示類型的偏重重點不一，且各有其基本的功能與使用時機，理解之後可以避免誤用圖表，例如：將性別使用直方圖來呈現實在不太合適，因為直方圖大部分是用來呈現連續資料的發展趨勢。茲將常用圖示類型的功能說明如下（如表 5-1）：

表 5-1　圖示類型與功能

圖示類型	功能	使用時機
折線圖 （line chart）	間斷、分類資料的變化	適合用曲線或面積來展示，目的在瞭解數據隨著時間變化的趨勢發展。例如：歷年黃金價格趨勢。
長條圖 （bar chart）	間斷、分類資料的比較	長條圖雖然是以次數的呈現為主，但其分類組距之間彼此「不」相連，也不一定有順序性。例如：各店銷售額、區域人口數。
圓餅圖 （pie chart）	資料的比例、面積的比較	適合用於描述量、頻率或百分比之間的相對關係，在圓餅圖中，每個扇形區的弧長（以及圓心角和面積）大小為其所表示的數量的比例。例如：家庭各項收／支占比等，但是建議資料分類不宜過多，以避免不易辨識。

表 5-1 圖示類型與功能（續）

圖示類型	功能	使用時機
直方圖（histogram）	連續資料的次數分布、集中與發展趨勢	直方圖可以檢視中位數、眾數的大概位置，且分類組距之間有連續性。例如：年齡、身高、體重分組。
散布圖（scatter chart）	連續資料分布與相關情形	散布圖中的資料會用許多的點來表示，每個點表示一個資料，而其在水平座標軸及垂直座標軸上的座標，分別對應該資料的變數。例如：檢視冰品銷售量與氣溫高低的關聯性。

5.2 NumPy 的基礎 ndarry 陣列與運算

在 Python 預設的程式語言中，有 list（串列）指令來一次儲存許多元素，但是不包括 array（陣列）資料型態。而「array」是 Python 另個套件 NumPy 中所內含資料型態。

雖然 array 一樣是多數據處理的指令，但是與 list 指令相比，兩者在電腦記憶體中的儲存方式存在差異。當使用 list 指令時，其中每一個元素可以是不同的資料型態，因此這些資料在記憶體中的儲存位置是很難以預測的。而使用 array 則規定每一個元素都必須是相同的資料型態，它們在記憶體上的儲存位置會完全排在一起，因此 array 的存取速度會比 list 快速。

另外，Python 的 list 是一種指針的概念，保存資料的存放位址，並非實質資料，這樣使得儲存一個 list 就比較複雜且佔據電腦記憶體，例如：list = [2, 4, 6, a, b] 時，需要 5 個指標和 5 個資料，會增加儲存空間和消耗記憶體。但是，NumPy 的 array 則有強大功能，裡面存放的都是相同資料類別。而 NumPy 的 array() 函式建立的 ndarray（n-dimensional array）即是一個多維度陣列資料，其具有大規模資料運算能力，且具有執行速度快和節省空間的特點。

1. npdarray 與 list 差異

　　NumPy 的 ndarray 和 Python 的 list 差異，也可以從輸出看出差異。例如：透過載入 NumPy 並建立一組 ndarray 資料，也建立一組 list 資料，輸出之後可以發現，ndarray 的資料之間沒有逗號（,），而 list 資料之間則有逗號（如圖 5-3）。

```
import numpy as np
npdata = np.array([10, 20, 30, 40, 50])
pydata = [10, 20, 30, 40, 50]
print('ndarray:', npdata)
print('pydata: ', pydata)
```

```
import numpy as np
npdata = np.array([10, 20, 30, 40, 50])
pydata = [10, 20, 30, 40, 50]
print('ndarray:', npdata)
print('pydata: ', pydata)

ndarray: [10 20 30 40 50]
pydata:  [10, 20, 30, 40, 50]
```

圖 5-3　輸出 ndarray 與 list 資料

2. ndarray 的運算與統計

由於 ndarray 是資料儲存的類型，可以直接對元素作運算，但是串列則無法進行運算。而 ndarray 除了運算之外，也可以直接使用函式進行相關統計操作。例如：使用本章引言中的粗出生率進行陣列的運算與描述統計。

(1) ndarray 的運算

NumPy 的 ndarray 可以直接進行數學運算，可以直接進行加減乘除（如圖 5-4）。

```
print(birth)
print(birth + 1)
print(birth -1)
print(birth * 2)
```

```
print(birth)
print(birth + 1)
print(birth -1)
print(birth * 2)

[8.48 9.86 8.53 8.99 9.1  8.86 8.23 7.7  7.53 7.01]
[ 9.48 10.86  9.53  9.99 10.1   9.86  9.23  8.7   8.53  8.01]
[7.48 8.86 7.53 7.99 8.1  7.86 7.23 6.7  6.53 6.01]
[16.96 19.72 17.06 17.98 18.2  17.72 16.46 15.4  15.06 14.02]
```

圖 5-4　輸出 ndarray 的運算

(2) ndarray 的統計量數

NumPy 的 ndarray 也可以進行統計量數，包含：變數 .size（長度）、變數 .sum()（元素總和）、變數 .min()（最小值）、變數 .max()（最大值）、變數 .ptp()（全距）、變數 .mean()（平均數）、變數 .var()（變異數）、變數 .std()（標準差）、median(變數)（中位數）、percentile(變數 , 25)（第 1 四分位數）、percentile(變數 , 50)（第 2 四分位數）、percentile(變數 , 75)（第 3 四分位數）等（如圖 5-5）。

```
print(birth.size)
print(birth.sum())
print(birth.min())
print(birth.max())
print(birth.ptp())
print('===')
print(birth.mean())
print(birth.var())
print(birth.std())
print('===')
print(np.median(birth))
print(np.percentile(birth, 25))
print(np.percentile(birth, 50))
print(np.percentile(birth, 75))
```

```
print(birth.size)
print(birth.sum())
print(birth.min())
print(birth.max())
print(birth.ptp())
print('===')
print(birth.mean())
print(birth.var())
print(birth.std())
print('===')
print(np.median(birth))
print(np.percentile(birth, 25))
print(np.percentile(birth, 50))
print(np.percentile(birth, 75))
```

```
10
84.29
7.01
9.86
2.8499999999999996
===
8.429
0.6404089999999997
0.8002555841729564
===
8.504999999999999
7.8325000000000005
8.504999999999999
8.9575
```

圖 5-5　輸出 ndarray 的描述統計量數

進一步資訊可以參考 NumPy 官網（https://numpy.org/）。

5.3　matplotlib 視覺化套件應用

Python 中有許多繪圖和視覺化套件庫，可以展現數據資料圖形和視覺化。雖然，Pandas 也內建函式進行繪圖，然而，matplotlib 則是 Python 的基本繪圖庫之一，能夠跟 Python 緊密結合。因而，主要針對 matplotlib 套件庫作介紹，並輔以 Pandas 繪圖函式作介紹。

在 matplotlib 中向 plot 提供單個列表或陣列，matplotlib 會假定它是 y 值序列，並自動生成 x 值序列。且由於 Python 範圍從 0 開始，則系統會默認 x 與 y 向量具有相同長度，但為從 0 開始，因此 x 標籤是 [0, 1, 2, 3]。另外，plot 是多功能函式，可接受任意參數。

1. 常見 matplotlib 圖形繪製

載入 pandas、numpy、matplotlib 套件庫（import pandas as pd, import numpy as np, import matplotlib.pyplot as plt），並讀取資料「python2011nsc.csv」指派變數為 df 之後，進行折線圖、長條圖、圓餅圖、直方圖、散布圖等常見圖形繪製。

```
import numpy as np
import matplotlib.pyplot as plt
import pandas as pd
df = pd.read_csv('python2011nsc.csv')
```

用 matplotlib 繪圖函式為「指派變數名稱 .plt. 圖形樣式 (參數)」。而 Pandas 繪圖函式為「指派變數名稱 .plot(參數)」，其中，常見參數有 linewidth（線條寬度）、linestyle（線條樣式）、title（標題文字）、color（線條顏色）等，

參數可以混合搭配並同時使用，若參數省略不寫會以預設值繪製。

(1) **折線圖**（line chart）

用 matplotlib 繪製折線圖函式為「指派變數 .plt.plot(參數)」。而 Pandas 則是「指派變數名稱 .plot()」，則也可以獲得同樣的變數折線圖（如圖 5-6）。

```
plt.plot(df['Grade'])
plt.show
```

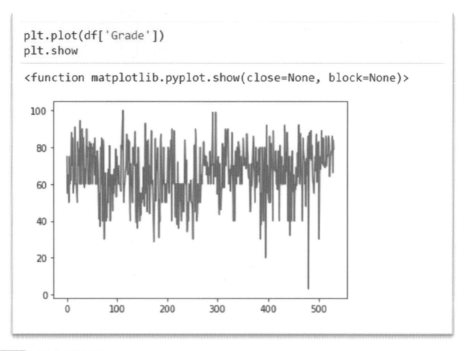

圖 5-6　輸出折線圖

(2) **長條圖**（bar/barh chart）

透過 matplotlib 繪製長條圖時比較複雜，但是較為簡單的方式是採用二階段，先計算出繪製變數的次數後再進行繪圖。例如：先使用計次函式**變數 [' 行標籤 '].value_counts()**，寫入 df['Gender'].value_counts() 計算出變數數值 1 有 389 次數、2 有 141 次數，再進行繪製。繪製長條圖函式使用 plt.bar(數據 , [' 數據名稱 1', ' 數據名稱 2'])，設定 X 軸刻度使用函式 plt.xticks()（如圖 5-7）。

```python
x=[1, 0]
gender=[389, 141]
plt.bar(x, gender, color = 'b')
plt.xticks(x, ['male', 'female'])
plt.show()
```

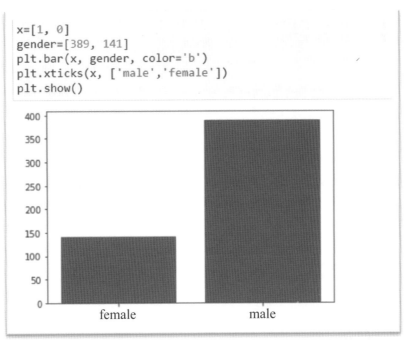

圖 5-7 輸出 matplotlib 長條圖

　　另外，長條圖使用 pandas 的 plot 會較為簡單一些，使用計次函式 value_counts()，與繪製長條圖函式「變數 .plot.bar()」（如圖 5-8）。

```
df['Gender'].value_counts().plot.bar(rot=0, colormap='summer')
```

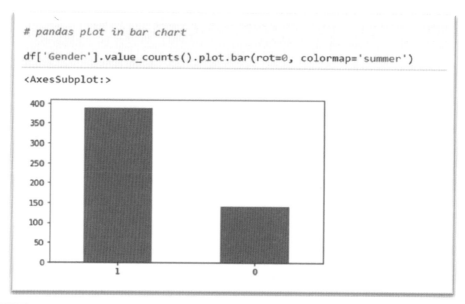

圖 5-8　輸出 pandas 的 plot 長條圖

(3) 圓餅圖（pie chart）

　　先設定圓餅圖數值次數，使用函式 **value_counts()** 計算個數並指派為變數 size，接著設定圓餅圖類別標籤 labels；使用「**matplotlib**」模組中的圓餅圖**函式 plt.pie()**，在參數 autopct = '%.2f%%' 設定自動計算數值百分比且保留小數點以下第 2 位（"引號中第一個 % 是指起始字元，.2 是小數點顯示到第 2 位數值，f 是可顯示小數數值，%% 是顯示 % 符號，若是 % 則不顯示 % 符號），接著使用函式 **plt.axis**（**'equal'**）讓圓餅圖比例相等（如圖 5-9）。

```
size = df['Gender'].value_counts()
labels = ['male', 'female']
plt.pie(size, labels = labels, autopct = '%.2f%%')
plt.axis('equal')
plt.show()
```

```
# pie chart
# 設定類別軸標籤，autopct設到小數第一位，'equal'讓圓餅圖比例一致

size = df['Gender'].value_counts()
labels = ['male', 'female']
plt.pie(size, labels = labels, autopct = '%.2f%%')
plt.axis('equal')
plt.show()
```

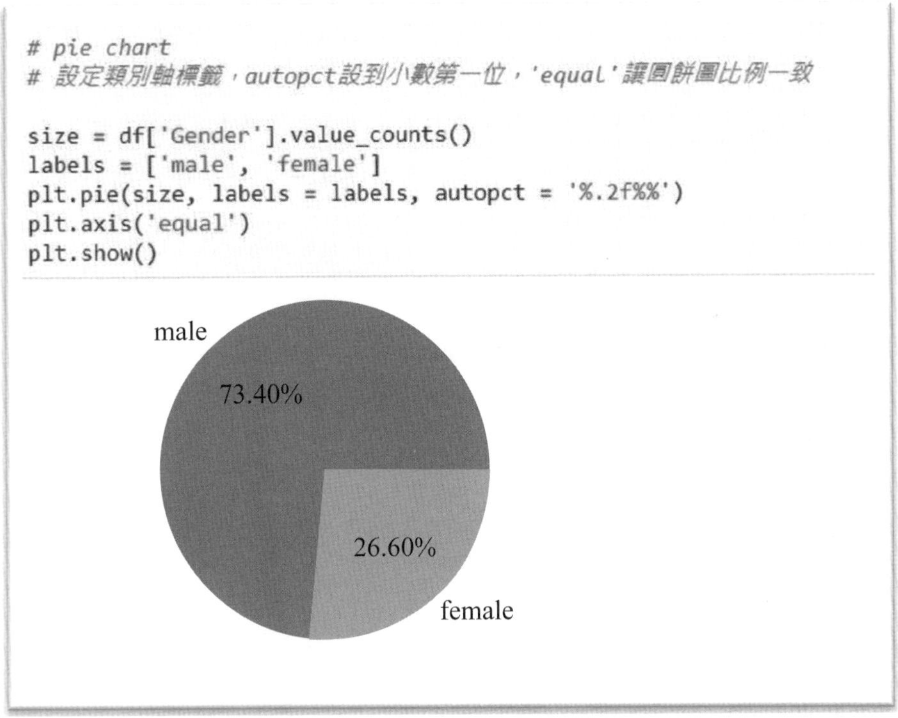

圖 5-9　輸出 matplotlib 圓餅圖

(4) **直方圖**（histogram）

使用者用「**matplotlib**」模組繪製直方圖函式為 **plt.hist(變數 , 分組數量)**（如圖 5-10）。而「**pandas**」模組繪製直方圖函式則是「**變數 .plot.hist()**」，也可以獲得同樣的變數圖形。

```
plt.hist(df['Grade'], 10)
plt.show()
```

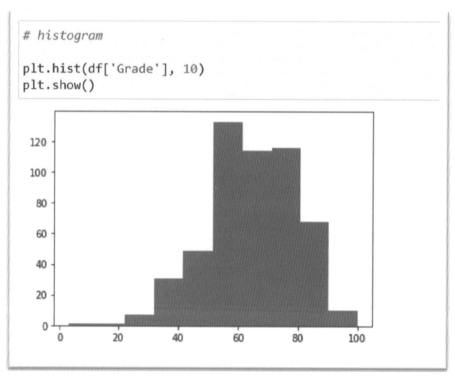

圖 5-10　輸出 matplotlib 直方圖

(5) 散布圖（scatter chart）

用 matplotlib 繪製散布圖函式為 plt.scatter(變數 1, 變數 2, c=' 顏色 ', alpha=.4)（如圖 5-11）。而 pandas 散布圖函式則是「變數 .plot.scatter(x=' 變數 1', y=' 變數 2')」，也可以獲得同樣的變數圖形。

```
plt.scatter(df['ss'], df['achievement'], c='darkblue', alpha=.4)
plt.show()
```

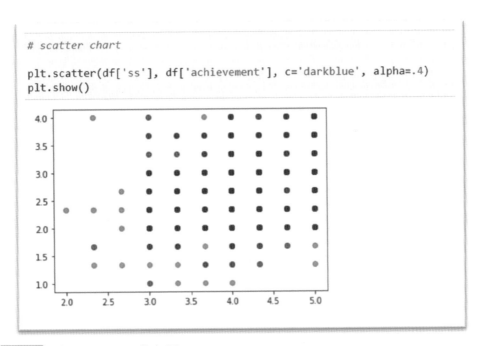

圖 5-11　輸出 matplotlib 散布圖

2. 圖示調整

(1) 圖示標籤與圖示儲存

　　繪圖時需要呈現基本的軸標籤名稱、圖示標題名稱、儲存匯出圖片等，可以在繪製圖示時一起作業。採用散布圖作軸標籤、圖名稱、儲存等基本介紹。使用函式為（如圖 5-12）：

　　X 軸標籤名稱：plt.xlabel('x 軸標籤名稱 ')

　　Y 軸標籤名稱：plt.ylabel('y 軸標籤名稱 ')

　　圖示名稱：plt.title(' 圖示名稱 ')

　　儲存匯出圖示：plt.savefig(' 儲存圖示名稱 ')

```
plt.xlabel('social support')
plt.ylabel('achievement')
plt.title('Scatter of ss and achive')
plt.scatter(df['ss'], df['achievement'], c='darkblue', alpha=.4)
plt.savefig('scatter of ss and achive')
plt.show()
```

```
plt.xlabel('social support')
plt.ylabel('achievement')
plt.title('Scatter of ss and achive')
plt.scatter(df['ss'], df['achievement'], c='darkblue', alpha=.4)
plt.savefig('scatter of ss and achive')
plt.show()
```

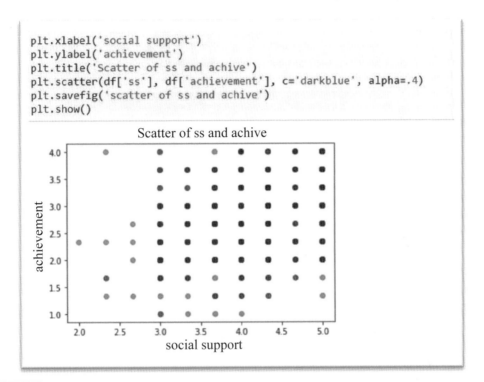

圖 5-12　輸出 matplotlib 圖示標籤調整

(2) 標號（marker）

Matplotlib 標號用於 plot()、scatter()、pyplot() 等，其款式多元可以參考官方網站（https://matplotlib.org/stable/api/markers_api.html）（如圖 5-13）。

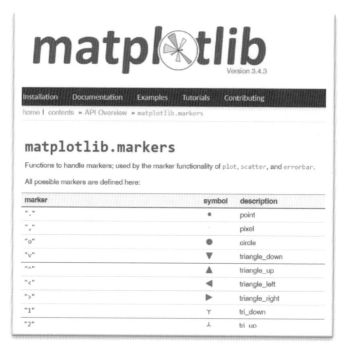

圖 5-13　Matplotlib 官網介紹標號

例如：輸出標號為 o 的樣式，則使用 plot(maker = 'o')（如圖 5-14）。

```
plt.plot([0, 1, 4], [1, 4, 7], marker='o')
plt.show()
```

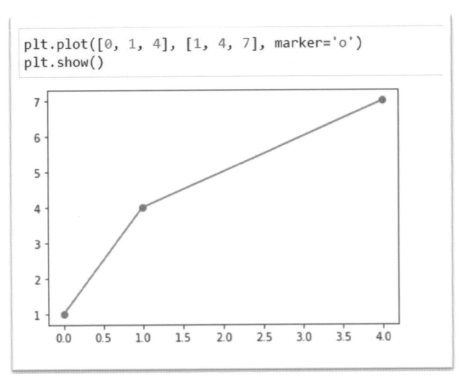

```
plt.plot([0, 1, 4], [1, 4, 7], marker='o')
plt.show()
```

圖 5-14　輸出標號調整

(3) 線的樣式（linestyle）

線的樣式多元，包含實線、虛線各種款式（如表 5-2）。

表 5-2　圖示線的樣式

線的樣式	效果
'-' or 'solid'	實線
'—' or 'dashed'	虛線
'-.' or 'dashdot'	標準虛線
': ' or 'dotted'	點虛線
'None' or ' '	什麼也沒有

圖示採用繪製一個有單軸三圖的圖例（subplot），並分別使用線的樣式作呈現（如圖 5-15）。

```
fig, ax = plt.subplots(1, 3)
ax[0].plot([1, 3, 5, 7], [2, 4, 3, 5])
ax[1].plot([1, 3, 5, 7], [2, 4, 3, 5], linestyle='--')
ax[2].plot([1, 3, 5, 7], [2, 4, 3, 5], linestyle=':')
```

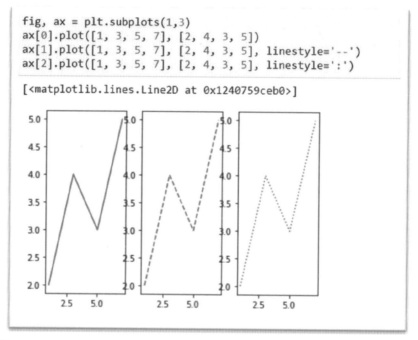

圖 5-15　輸出圖示線條樣式

(4) **線寬**（linewidth）

　　線的寬度調整，只能在折線圖中使用。圖示採用繪製一個有單軸二圖的圖例，並分別使用調整線寬作呈現（如圖 5-16）。

```
fig, ax = plt.subplots(1, 2)
ax[0].plot([1, 2, 3, 4], [2, 4, 2, 4])
ax[1].plot([1, 2, 3, 4], [2, 4, 2, 4], linewidth=10)
```

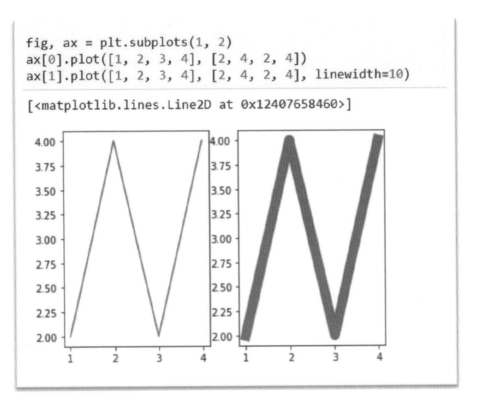

圖 5-16　輸出圖示線寬調整

(5) 標籤（label）

在圖示中呈現圖例，製作標籤與命名，再使用函式 legend() 作呈現（如圖 5-17）。

```
fig, ax = plt.subplots(1)
ax.plot([1, 3, 5, 7], [2, 5, 2, 4], label = 'line1')
ax.plot([1, 2, 4, 8], [3, 7, 5, 2], label = 'line2', linestyle='--')
ax.legend()
```

```
fig, ax = plt.subplots(1)
ax.plot([1, 3, 5, 7], [2, 5, 2, 4], label = 'line1')
ax.plot([1, 2, 4, 8], [3, 7, 5, 2], label = 'line2', linestyle='--')
ax.legend()
```

<matplotlib.legend.Legend at 0x2217acc7d30>

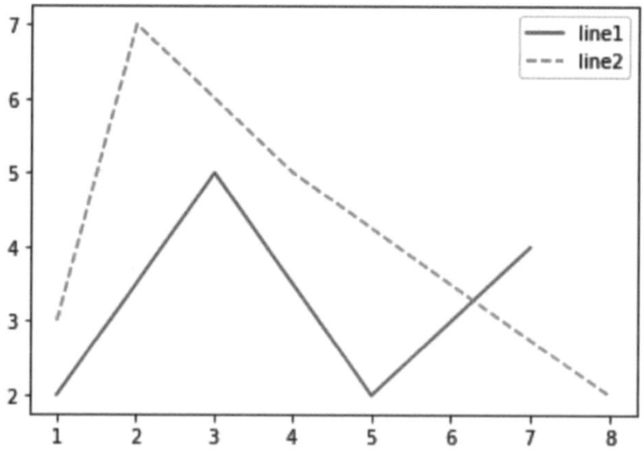

圖 5-17 輸出圖例標籤

(6) 透明度（alpha）

圖示繪製一個有單軸二圖的圖例，並分別使用調整透明度呈現（如圖 5-18）。

fig, ax = plt.subplots(1, 2)

ax[0].plot([1, 3, 5, 7], [1, 3, 2, 4])

ax[1].plot([1, 3, 5, 7], [5, 6, 4, 1], alpha = 0.5)

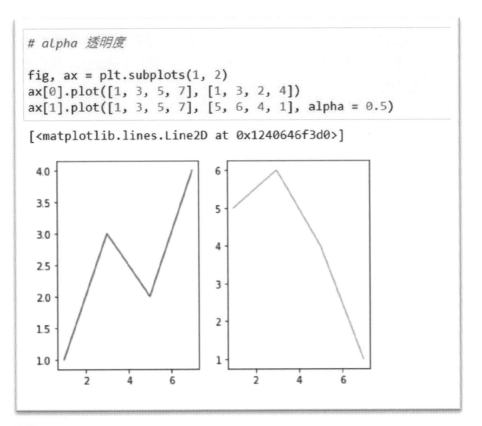

圖 5-18　輸出圖例透明度調整

　　另外，爲了呈現繪圖視覺化的效果，仍有許多標籤、圖例、線條、風格、變化、顏色、儲存等需求，因此在作業上就會需要比較精細，則可以參考 matplotlib 官方網站介紹（https://matplotlib.org/）。

🖥 Python 手把手教學 05：資料視覺化

　　使用者至「政府資料開放平臺」（https://data.gov.tw）中「資料集服務分類」的公共資訊／篩選／中央機關／行政院／教育部／教育部體育署，找到「中華職棒大聯盟歷年現場觀眾總人次、平均單場人次」之後（或透過關鍵字搜尋「職棒」）（https://data.gov.tw/dataset/11284），下載資料檔案儲存至專案資料夾中。

　　使用者將檔案名稱更改爲「**cpbl2021.csv**」，並載入「**pandas**」模組來讀取資料並指派變數爲「df」，以作爲後續處理。

1. 讀取資料指派變數

　　載入「pandas」模組並讀取資料後指派變數爲「df」，並輸出變數前 5 筆資料（如圖 5-19）。

```
import pandas as pd
df = pd.read_csv('cpbl2021.csv')
print(df.head())
```

```
import pandas as pd
df = pd.read_csv('cpbl2021.csv')
print(df.head())
```

```
     年度      職棒年       觀眾總人次 平均單場觀眾人次
0    109    戳次31戳      857,435      3,573
1    108    戳次30戳    1,398,243      5,826
2    107    戳次29戳    1,309,879      5,458
3    106    戳次28戳    1,318,275      5,493
4    105    戳次27戳    1,409,312      5,872
```

圖 5-19　輸出指派變數內容

　　可以發現，輸出的行標籤有「年度、職棒年、觀眾總人次、平均單場觀眾人次」等 4 行。但是，在行標籤中的數值有千位分隔符的逗號，這會導致系統無法讀取數值，需要調整。解決方式之一，可以在讀取資料時，加入刪除千位分隔符的函式：「thousands=','」，接著加入該函式重新讀取資料，以利後續資料分析處理（如圖 5-20）。

df = pd.read_csv('cpbl2021.csv', thousands=',')

print(df.head())

```
df = pd.read_csv('cpbl2021.csv', thousands=',')
print(df.head())

     年度      職棒年     觀眾總人次   平均單場觀眾人次
0    109   戮次31回     857435        3573
1    108   戮次30回    1398243        5826
2    107   戮次29回    1309879        5458
3    106   戮次28回    1318275        5493
4    105   戮次27回    1409312        5872
```

圖 5-20　輸出刪除千位分隔符的指派變數

2. 新增行標籤名稱

　　由於原行標籤「年度」為民國年，為了轉換為西元年，則新增行標籤「years」（西元年），並使用算符「++」（加號）加上「1911」來得到西元年（如圖 5-21）。

df['years'] = df[' 年度 '] ++ 1911

print(df.head())

```
df['years'] = df['年度'] ++ 1911
print(df.head())

     年度      職棒年     觀眾總人次   平均單場觀眾人次   years
0    109   戮次31回     857435        3573     2020
1    108   戮次30回    1398243        5826     2019
2    107   戮次29回    1309879        5458     2018
3    106   戮次28回    1318275        5493     2017
4    105   戮次27回    1409312        5872     2016
```

圖 5-21　輸出新增行標籤

3. 清理資料

為了保留欲繪製的行標籤變數，刪除行標籤「年度、職棒年、觀眾總人次」等，並另外指派變數為「df_1」（如圖 5-22）。

```
df_1 = df.drop([' 年度 ', ' 職棒年 ', ' 觀眾總人次 '], axis=1)
print(df_1.head())
```

```
df_1 = df.drop(['年度', '職棒年', '觀眾總人次'], axis=1)
print(df_1.head())

   平均單場觀眾人次  years
0        3573   2020
1        5826   2019
2        5458   2018
3        5493   2017
4        5872   2016
```

圖 5-22　輸出清理資料後的變數

4. 變更行標籤名稱

由於原本行標籤「平均單場觀眾人次」較長，為了讓版面檢視與行標籤變數使用，使用**更名函式 rename()** 將其更名為「fans」（如圖 5-23）。

```
df_1.rename(columns={' 平均單場觀眾人次 ':'fans'}, inplace=True)
print(df_1.head())
```

```
df_1.rename(columns={'平均單場觀眾人次':'fans'}, inplace=True)
print(df_1.head())

   fans  years
0  3573   2020
1  5826   2019
2  5458   2018
3  5493   2017
4  5872   2016
```

圖 5-23　輸出變更行標籤名稱變數

5. 繪製折線圖

　　使用者針對資料，採用「**matplotlib.pyplot**」模組，並簡寫為「plt」，如果系統中沒有該模組，仍需要先至終端機安裝（pip install matplotlib.pyplot）。先使用設定列索引函式指定「years」為列索引，並將繪製函式中的參數「title」（圖表標題）設為「CPBL Fans」、「xlabel」（X 軸說明文字）設為「Year」、「ylabel」（Y 軸說明文字）設為「Number of People」、「figsize」（圖表大小）設為「（10, 5）」，數值為寬度與高度，單位為英寸，預設為寬度 6.4 英寸與高度 4.8 英寸（如圖 5-24）。

```
import matplotlib.pyplot as plt
df_1.set_index('years', inplace=True)
chart = df_1.plot(title='CPBL Fans',
                  xlabel='Year',
                  ylabel='Number of People',
                  legend=False,
                  figsize=(10, 5))
plt.show()
```

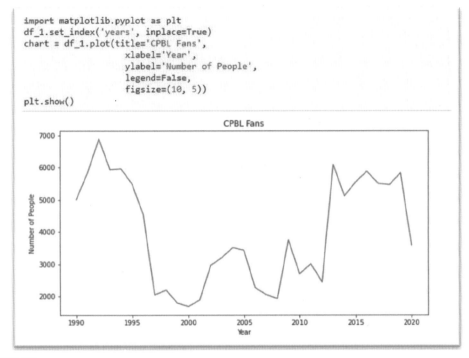

```
import matplotlib.pyplot as plt
df_1.set_index('years', inplace=True)
chart = df_1.plot(title='CPBL Fans',
                  xlabel='Year',
                  ylabel='Number of People',
                  legend=False,
                  figsize=(10, 5))
plt.show()
```

圖 5-24　輸出 matplotlib 折線圖

　　由於 matplotlib 無法顯示中文字問題，若要解決中文化的問題，具體有一些作法，其內容較為龐雜需要至官方網站參考相關設定，在此省略不贅。

Chapter

06

平均數檢定

Python 數據資料分析常見的模組包有 Pandas、NumPy、SciPy、researchpy 及 matplotlib 等，使用者需要載入相關模組包，以因應各項分析。

🔔 6.1 t 檢定的概念

平均數檢定常見有單一樣本 t 檢定、獨立樣本 t 檢定、成對樣本 t 檢定。在概念上有一些差異，茲說明如下：

1. 假設考驗的概念

「假設」（hypothesis）在概念上分成研究假設（research hypothesis）與統計假設（statistical hypothesis）兩類。其中，關於研究假設的概念，參考相關文獻（吳作樂、吳秉翰，2018；栗原伸一、丸山敦史，2019）指出，研究假設也被稱為科學假設，就是將科學中欲檢驗或考驗的議題，透過文字敘述表達的方式來作說明或呈現；而統計假設則是將欲檢定或考驗的議題，利用「數學符號」並執行數學運算的方式來說明或呈現。

統計假設中，分成虛無假設（null hypothesis）與對立假設（alternative hypothesis）兩種，虛無假設在統計上慣例記為 H_0，而對立假設記為 H_1 表示。值得注意的是，研究假設通常敘述內容即為對立假設，故理論上應該針對對立假設（H_1）進行考驗，以判斷對立假設（H_1）是否獲得支持；但是，統計運算過程中，卻是針對虛無假設（H_0）進行考驗，以判斷虛無假設（H_0）是否獲得支持。

當虛無假設（H_0）獲得支持，亦表示對立假設（H_1）未獲得支持，反之亦然。統計運算對虛無假設（H_0）的考驗，主是採用「顯著性」（以 p 值表示）作判斷。顯著性 p 值的範圍介於 0 至 1 之間，常見顯著性設為 5% 的錯誤機率，當顯著性 p < .05 時則拒絕虛無假設（H_0），而當顯著性 p > .05，則接受虛無假設（H_0）。顯著性的錯誤機率，往往會隨著檢定的目的而有所調整，例如：社會科學一般設為 0.05，更嚴謹的醫藥科學，則容許錯誤的機率則是愈低愈好，往往低

於 0.01、0.001 或者是更低，以提升符合檢定目的需求。

2. 單一樣本 t 檢定

自變數為單一組別所擁有的某一連續變數數值，其與某一數值進行平均數差異檢定，則使用單一樣本 t 檢定（one sample t test）。

例如：探討某校中學生平均每日運動量與教育部建議中學生每日運動量有無顯著差異。

3. 獨立樣本 t 檢定

自變數為二分間斷變數，依變數為連續變數，檢定平均差異，使用獨立樣本 t 檢定（independent sample t test）。

例如：探討 A、B 兩班學生的數學成績有無顯著差異。或是，探討不同性別學生的每日飲水量有無顯著差異。

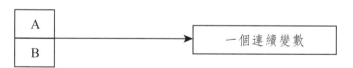

圖 6-1　獨立樣本 t 檢定使用時機

4. 成對樣本 t 檢定

當樣本不是獨立事件時，自變數本身有兩筆先後時序或是配對的資料，且該資料為連續變數時，檢定差異則使用成對樣本 t 檢定，或稱相依樣本 t 檢定（paired sample t test）。

例如：探討學生的期中考試成績與期末考試成績有沒有顯著差異。

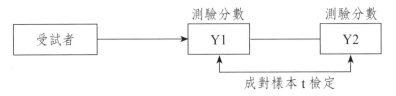

圖 6-2 成對樣本 t 檢定使用時機

5. t 檢定的基本假定

　　許多統計檢定都是基於常態分布的情況下才進行的，例如：獨立樣本 t 檢定、ANOVA 等都是如此。因而，對於要檢測的數據應該要呈現常態分布，也就是要求確認作爲依變數的連續變數要符合常態分布以適合作檢定。因爲，不同的樣本分布情形的統計檢定方式不同，必須運用相應的統計方式。

　　如果是以獨立樣本 t 檢定來說，其假定至少要有「依變數爲連續變數且符合常態分布」、「自變數的變異數要相等／同質」，以及「兩組樣本是各自獨立」。前兩項有關「常態性」與「變異數同質性」的假定，在實際檢定時常常遇到，若遇到無法滿足常態性與變異數同質性的情形，則一般會傾向使用無母數統計作因應處理，但是，有關樣本取樣屬於非各自獨立時，則即使應用無母數統計也無法修正。

　　在統計學中，「中央極限定理」（central limit theorem, CLT）指出在適當的條件下，不論總體之機率分配是什麼形式，從此一總體抽出夠多的獨立變量數目 n，則假使抽出的數量 n 夠大時，其樣本平均數的抽樣分配會趨近於常態分布（涌井良幸、涌井貞美，2015/2017）。一般來說，只要 n ≥ 30 就屬於大樣本，則按照中央極限定理來說，均值的抽樣分布會符合常態分布。

　　※ **提醒**：本章所涵蓋的內容中，爲了示範說明，不論是大樣本還是小樣本，都假設其均值抽樣分布符合常態分布。

6. t 檢定常見表格

執行 t 檢定是進行平均數的差異分析，因而，研究樣本的個數、平均數、標準差、t 值、p 值、* 值，以及各個表中出現需要在備註中說明呈現的內容，這些應該要呈現並讓閱讀者瞭解（如表 6-1）。

如果 t 檢定的 p 值達到顯著差異，則表示組別之間有顯著差異，再檢視兩者之間的平均數高低，則可以知道在兩組比較上的差異。基本上，在數值呈現的小數點以下位數，社會科學領域大概為小數點以下第 2 位，例如：m = 2.47；有時候，p 值或者是 α 值會建議可以呈現到小數點以下第 3 位，例如：p = 0.003；另外，如果某些數值不會超過 1，則小數點前面的數值可以省略不寫，例如：α 值、β 值、r 值等，例如：α = .892、β = .43、r = .56 等呈現方式。

表 6-1　t 檢定差異分析摘要表

構面	內容	個數	平均數	標準差	t 值
依變數 A	自變數 1				
	自變數 2				
依變數 B	自變數 1				
	自變數 2				

* $p < .05$

🔔 6.2　執行 t 檢定

執行 t 檢定方法視需求而定，有幾種常見的 t 檢定方法。原則上，使用者在進行 t 檢定時，檢定變數的要求為符合常態分布！常見的 t 檢定有 3 種，有單一樣本 t 檢定、獨立樣本 t 檢定、成對樣本 t 檢定等。

使用者採用「**python2011nsc.csv**」檔案，進行讀取檔案與指派變數、基本統計量檢視等，並依序針對 t 檢定方式作介紹說明。

1. 讀取檔案與指派變數

讀取資料並清理可以參考前面章節說明，這邊不具體說明。使用者讀取「**python2011nsc.csv**」檔案，並指派變數為「df」。輸出該檔案的詳細資訊檢視，得知該資料變數共有 530 筆、43 行標籤，資料類型為浮點數與整數（如圖 6-3）。

```
import pandas as pd
df = pd.read_csv('python2011nsc.csv')
print(df.info())
```

```
import pandas as pd
df = pd.read_csv('python2011nsc.csv')
print(df.info())

<class 'pandas.core.frame.DataFrame'>
RangeIndex: 530 entries, 0 to 529
Data columns (total 43 columns):
 #   Column       Non-Null Count  Dtype
---  ------       --------------  -----
 0   NO           530 non-null    int64
 1   Gender       530 non-null    int64
 2   DateOfBirth  530 non-null    int64
 3   Race         530 non-null    int64
 4   FaEdu        530 non-null    int64
 5   MomEdu       530 non-null    int64
 6   FaexpEdu     530 non-null    int64
 7   CoexpEdu     530 non-null    int64
 8   Income       530 non-null    int64
 9   Grade        530 non-null    float64
 10  Level        530 non-null    int64
 11  Sportyear    530 non-null    float64
 12  ExpectEdu    530 non-null    int64
 13  a1           530 non-null    int64
 14  a2           530 non-null    int64
 15  a3           530 non-null    int64
 16  a4           530 non-null    int64
 17  a5           530 non-null    int64
 18  a6           530 non-null    int64
 19  a7           530 non-null    int64
 20  b1           530 non-null    int64
 21  b2           530 non-null    int64
 22  b3           530 non-null    int64
 23  b4           530 non-null    int64
 24  b5           530 non-null    int64
 25  b6           530 non-null    int64
 26  c1           530 non-null    int64
 27  c2           530 non-null    int64
 28  c3           530 non-null    int64
 29  c4           530 non-null    int64
 30  c5           530 non-null    int64
 31  c6           530 non-null    int64
 32  c7           530 non-null    int64
 33  c8           530 non-null    int64
 34  c9           530 non-null    int64
 35  c10          530 non-null    int64
 36  pl           530 non-null    float64
 37  al           530 non-null    float64
 38  ss           530 non-null    float64
 39  tr           530 non-null    float64
 40  blue         530 non-null    float64
 41  achievement  530 non-null    float64
 42  alienance    530 non-null    float64
dtypes: float64(9), int64(34)
memory usage: 178.2 KB
None
```

圖 6-3 輸出變數資料詳細資訊

2. 基本統計量檢視

使用者針對變數資料的行標籤與基本統計量作檢視,包含平均數、變異數、最小值、最大值、四分位數統計量。使用統計函式:

變數 .describe()

輸出結果看到 count 為數值個數、mean 為平均數、std 為標準差、min 為最小值、第 1、2、3 四分位數,以及 max 為最大值。而圖示中的「\」為接下一列,「…」為省略的意思,最下方輸出(8 rows×43 columns)為資料有 8 列索引與 43 行標籤(如圖 6-4)。

```
print(df.columns)
print('===')
print(df.describe())
```

```
print(df.columns)
print('===')
print(df.describe())
```

```
Index(['NO', 'Gender', 'DateOfBirth', 'Race', 'FaEdu', 'MomEdu', 'FaexpEdu',
       'CoexpEdu', 'Income', 'Grade', 'Level', 'Sportyear', 'ExpectEdu', 'a1',
       'a2', 'a3', 'a4', 'a5', 'a6', 'a7', 'b1', 'b2', 'b3', 'b4', 'b5', 'b6',
       'c1', 'c2', 'c3', 'c4', 'c5', 'c6', 'c7', 'c8', 'c9', 'c10', 'pl', 'al',
       'ss', 'tr', 'blue', 'achievement', 'alienance'],
      dtype='object')
===
              NO      Gender  DateOfBirth        Race       FaEdu  \
count  530.000000  530.000000   530.000000  530.000000  530.000000
mean   265.500000    0.733962    83.550943    1.460377    3.022642
std    153.142091    0.442302     0.544997    0.774924    1.109955
min      1.000000    0.000000    82.000000    1.000000    1.000000
25%    133.250000    0.000000    83.000000    1.000000    2.000000
50%    265.500000    1.000000    84.000000    1.000000    3.000000
75%    397.750000    1.000000    84.000000    2.000000    3.000000
max    530.000000    1.000000    85.000000    3.000000    7.000000

           MomEdu    FaexpEdu    CoexpEdu      Income       Grade ...  \
count  530.000000  530.000000  530.000000  530.000000  530.000000 ...
mean     3.067925    2.145283    2.203774    4.837736   65.792830 ...
std      1.069914    0.553069    0.586542    3.475555   14.354129 ...
min      1.000000    1.000000    1.000000    1.000000    3.000000 ...
25%      2.000000    2.000000    2.000000    2.000000   59.250000 ...
50%      3.000000    2.000000    2.000000    4.000000   66.000000 ...
75%      3.000000    2.000000    2.000000    6.000000   76.000000 ...
max      7.000000    4.000000    4.000000   21.000000  100.000000 ...

               c8          c9         c10          pl          al          ss  \
count  530.000000  530.000000  530.000000  530.000000  530.000000  530.000000
mean     1.624528    1.618868    1.679245    3.947799    3.249528    4.052201
std      0.725294    0.715757    0.772240    0.675431    0.572590    0.655867
min      1.000000    1.000000    1.000000    2.000000    1.250000    2.000000
25%      1.000000    1.000000    1.000000    3.666667    3.000000    3.666667
50%      1.000000    1.000000    2.000000    4.000000    3.250000    4.000000
75%      2.000000    2.000000    2.000000    4.333333    3.500000    4.666667
max      4.000000    4.000000    4.000000    5.000000    5.000000    5.000000

               tr        blue  achievement   alienance
count  530.000000  530.000000   530.000000  530.000000
mean     2.065409    2.212736     2.743396    1.640881
std      0.772015    0.690130     0.680992    0.644207
min      1.000000    1.000000     1.000000    1.000000
25%      1.666667    1.750000     2.333333    1.000000
50%      2.000000    2.250000     2.666667    1.666667
75%      2.333333    2.750000     3.333333    2.000000
max      5.000000    4.000000     4.000000    4.000000

[8 rows x 43 columns]
```

圖 6-4 輸出變數行標籤與基本統計量

　　使用者如果只是要檢視特定變數的部分資料，則可以直接針對行標籤作檢視。例如：針對行標籤「pl」（靜態休閒）與行標籤「al」（動態休閒）進行統計資訊檢視。在函式中的參數，提取多行標籤資料記得要使用兩個中括號（如圖6-5）。

```
print(df[['pl', 'al']].describe())
```

```
print(df[['pl', 'al']].describe())
                 pl             al
count   530.000000     530.000000
mean      3.947799       3.249528
std       0.675431       0.572590
min       2.000000       1.250000
25%       3.666667       3.000000
50%       4.000000       3.250000
75%       4.333333       3.500000
max       5.000000       5.000000
```

圖 6-5　輸出特定變數基本統計量

3. 單一樣本 t 檢定

　　單一樣本 t 檢定（one sample t-test）常見用於檢定變數的平均數與指定的某一數值或效標值相同與否的差異檢定。例如：運動員每日的飲水量建議為3,000ml，調查某一運動代表隊運動員的飲水量與建議值比較有無顯著差異？又

例如：某工廠生產的運動飲料容量每瓶應為 800ml，品管部門從生產的產品中抽取 10 瓶來檢定與標示的容量有沒有顯著差異？

範例中以受訪者上學期的學業平均成績，檢定其與期待學生的學業成績和理想值為 70 分有沒有差異（如圖 6-6）？

```
from scipy import stats
print(df['Grade'].mean(), df['Grade'].std())
stats.ttest_1samp(df['Grade'], 70)
```

```
#  單一樣本t檢定

from scipy import stats
print(df['Grade'].mean(), df['Grade'].std())
stats.ttest_1samp(df['Grade'], 70)

65.79283018867925 14.35412857326295

Ttest_1sampResult(statistic=-6.74762819609411, pvalue=3.955441706945321e-11)
```

圖 6-6　輸出單一樣本 t 檢定結果

輸出統計量 t 值為 -6.75，p 值為 3.95e-11 小於 0.05（例如：e-3 表示數值要乘上 -10 的 3 次方），顯示學生的學業成績與期待成績理想值有顯著差異，由於是樣本變數的平均數減去指定值，而統計量的 t 值為負，表示受訪者實際成績顯著低於成績理想值。從變數「Grade」（成績）的平均數與標準差為 65.79 ± 14.35，也可以協助瞭解受訪者的成績情形。

4. 獨立樣本 t 檢定

獨立樣本 t 檢定：這種檢定方法是用於檢測兩個樣本之間的差異。例如：兩個班級的數學成績的差異比較、兩個縣市新生兒男女比的差異比較、甲乙組選手運動訓練量的差異比較，都可以使用該方式作比較。

(1) 安裝使用模組

首先，從開始／所有程式／ Anaconda3（64-bit）／ Anaconda Prompt
（anaconda3）啟動 Prompt 管理模組，並安裝「researchpy」模組，寫入 **pip
install researchpy**（如圖 6-7）。

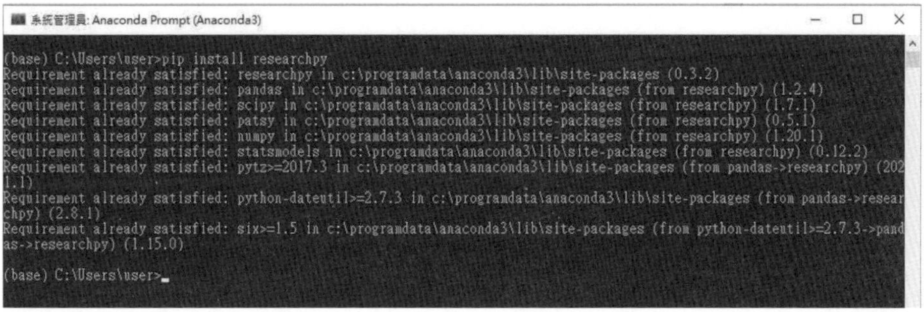

圖 6-7　安裝 researchpy 模組

```
import pandas as pd
import researchpy as rp
import scipy.stats as stats
```

(2) 變異數同質性檢定

假設之一是兩組的變異數相等。檢定這一假設的一種方法是 Levene 變異數
同質性檢定。可以使用「**scipy.stats**」模組中的 Levene 函式 **stats.levene()** 方法完
成。範例說明中以自變數「Gender」（性別）中的二組獨立變數（1 為男性、0
為女性）對依變數「pl」（靜態休閒參與）進行 Levene 變異數同質性檢定（如
圖 6-8）。

```
import scipy.stats as stats
stats.levene(df['pl'][df['Gender'] == 1],
            df['pl'][df['Gender'] == 0],
            center= 'mean')
```

```
#  Levene 同質性檢定

import scipy.stats as stats
stats.levene(df['pl'][df['Gender'] == 1],
            df['pl'][df['Gender'] == 0],
            center= 'mean')

LeveneResult(statistic=1.2108435532605806, pvalue=0.2716665405781743)
```

圖 6-8　Levene 變異數同質性檢定

　　Levene 檢定輸出為 LeveneResult(statistic=1.2108435532605806, pvalue=0.2716665405781743)，其中，statistic 為統計量，pvalue 為 p 值。得到 p 值為 0.27 大於 0.05，表示性別中男性與女性二組在靜態休閒參與上的變異數相等。

　　※ **提醒**：參數中的「center」（中心點）設定內容取決於資料分布型態，若資料符合常態分布，則中心點設定為「mean（平均值）」；反之，若資料不是常態分布，則中心點設定為「median（中位數）」。

(3) 執行獨立樣本 t 檢定

a. 使用 scipy.stats 模組的函式 ttest_ind()

　　使用者採用「**scipy.stats**」模組中的 t 檢定函式 **ttest_ind**() 進行獨立樣本 t 檢定，獨立樣本 t 檢定函式為：

stats.ttest_ind(A, B, equal_var=True)

參數中的最後一個引數「equal_var」為判斷兩個樣本的變異數是否相同，相同則 equal_var 設為 True，反之，如果不同則 equal_var 設為 False 來進行獨立樣本 t 檢定。

參數中指派「Gender」中數值為 1 的是 group1，並對依變數「pl」作檢定：

group1= df['pl'][df['Gender'] == 1]

參數中指派「Gender」中數值為 0 的是 group2，並對依變數「pl」作檢定：

group2= df['pl'][df['Gender'] == 0]

因為，二組符合變異數同質，因而使用函式 stats.ttest_ind() 比較兩組並設定變異數同質為「真」（如圖 6-9）：

stats.ttest_ind(group1, group2, equal_var=True)

```
import scipy.stats as stats
group1= df['pl'][df['Gender'] == 1]
group2= df['pl'][df['Gender'] == 0]
print(group1.count(), group1.mean(), group1.std())
print(group2.count(), group2.mean(), group2.std())
stats.ttest_ind(group1, group2, equal_var=True)
```

```
import scipy.stats as stats
group1= df['pl'][df['Gender'] == 1]
group2= df['pl'][df['Gender'] == 0]
print(group1.count(), group1.mean(), group1.std())
print(group2.count(), group2.mean(), group2.std())
stats.ttest_ind(group1, group2, equal_var=True)

389 3.993144815778922 0.6579837202340688
141 3.822695035489362 0.708847926790696

Ttest_indResult(statistic=2.5809127413833, pvalue=0.010122649096104946)
```

圖 6-9　輸出 scipy.stats.ttest_ind 結果

　　使用函式 **stats.ttest_ind()** 執行獨立樣本 t 檢定（變異數相等爲眞），結果顯示 t 值統計量爲 2.58，p 值爲 0.010 小於 0.05 達到顯著差異，表示拒絕虛無假設，亦即男性與女性在「靜態休閒參與」（pl）的得分有顯著差異。然而，自變數在依變數上的個數、平均數、標準差等資訊，需要另外使用函式來獲得相關資訊，在使用上需要較爲詳細的撰寫以利後續報表製作。

　　b. 使用 researchpy 模組的函式 rp.ttest()

　　使用者也可以採用「**researchpy**」模組以利獲得詳細分析資料內容，並透過獨立樣本 t 檢定函式 **rp.ttest()** 來執行，以利獲得詳細內容來製作報表（如圖 6-10）。

```
import researchpy as rp
rp.ttest(group1= df['pl'][df['Gender'] == 1], group1_name= 'Male',
        group2= df['pl'][df['Gender'] == 0], group2_name= 'Female')
```

```
import researchpy as rp
rp.ttest(group1= df['pl'][df['Gender'] == 1], group1_name= 'Male',
         group2= df['pl'][df['Gender'] == 0], group2_name= 'Female')

(   Variable      N      Mean        SD        SE  95% Conf.  Interval
0       Male  389.0  3.993145  0.657984  0.033361   3.927554  4.058736
1     Female  141.0  3.822695  0.708848  0.059696   3.704673  3.940717
2   combined  530.0  3.947799  0.675431  0.029339   3.890164  4.005434,
                  Independent t-test    results
0  Difference (Male - Female) =      0.1704
1            Degrees of freedom =    528.0000
2                           t =        2.5809
3       Two side test p value =        0.0101
4       Difference < 0 p value =       0.9949
5       Difference > 0 p value =       0.0051
6                   Cohen's d =        0.2537
7                   Hedge's g =        0.2533
8               Glass's delta =        0.2590
9                 Pearson's r =        0.1116)
```

圖 6-10　輸出 rp.ttest 結果

　　使用函式 **rp.ttest()** 執行獨立樣本 t 檢定結果，可以看到 t 值為 2.58，雙尾檢定 p 值為 0.010 小於 0.05，表示拒絕虛無假設，亦即男性與女性在「靜態休閒參與」（pl）的得分有顯著差異。

　　另外，可以看到輸出圖示中也有顯示「Variable」（變數）、「N」（個數）、「Mean」（平均數）、「SD」（標準差）、「SE」（標準誤）、「95% Conf. Interval」（95% 信賴區間）等資訊可以參考。

(4) 獨立樣本 t 檢定報表製作

　　一般來說，報表製作應該包含變數、個數、平均數、標準差、t 值、顯著性等。結果說明與表例（如表 6-2）如下：

　　不同性別在靜態休閒參與有顯著差異（t = 2.58, p < .05），其中，男性在靜態休閒參與上顯著高於女性（可以檢視樣本在依變數上的得分平均數）。

表 6-2　不同性別在靜態休閒參與的差異分析摘要表

變數	個數	平均數	標準差	t 值
男性	389	3.99	0.66	2.58*
女性	141	3.82	0.71	

* $p < .05$

5. 成對樣本 t 檢定

　　針對同一樣本擁有不同時序的 2 份資料，或樣本不是獨立事件時，並針對樣本的平均數進行差異比較時使用成對樣本 t 檢定。例如：使用者要比較某樣本在某一個變數上的前測與後測資料有無顯著差異，使用成對樣本 t 檢定，或稱相依樣本 t 檢定。

　　使用者欲瞭解學生在介入某項活動實施前後，對於他們的團體凝聚力有沒有改善，因而在活動實施前後分別給予實施團體凝聚力的前測與後測。示範檔案採用「**TPRMOE2018.csv**」檔案，讀取資料檔案並指派變數為「df1」，檢視該檔案內容有「cohnesion1」前測與「cohnesion2」後測資料（如圖 6-11）。

```
import pandas as pd
df1 = pd.read_csv('TPRMOE2018.csv')
print(df1.info())
```

```
import pandas as pd
df1 = pd.read_csv('TPRMOE2018.csv')
print(df1.info())

<class 'pandas.core.frame.DataFrame'>
RangeIndex: 38 entries, 0 to 37
Data columns (total 32 columns):
 #   Column       Non-Null Count   Dtype
---  ------       --------------   -----
 0   No           38 non-null      int64
 1   feedback     38 non-null      int64
 2   gender       38 non-null      int64
 3   age          38 non-null      int64
 4   sportyear    38 non-null      int64
 5   cohnesion1   38 non-null      float64
 6   cohnesion2   38 non-null      float64
```

圖 6-11 輸出讀取檔案資料

使用者從「**scipy.stats**」模組載入成對樣本 t 檢定**函式 ttest_rel**，並將欲分析資料（團體凝聚力前測與後測）分別指派變數為「co1」與「co2」，並輸出其平均數、標準差，且使用函式比較該 2 份資料的差異（如圖 6-12）。

```
from scipy.stats import ttest_rel
co1 = df1['cohnesion1']
co2 = df1['cohnesion2']
print(co1.mean(), co2.mean())
print(co1.std(), co2.std())
ttest_rel(co1, co2)
```

```
from scipy.stats import ttest_rel
co1 = df1['cohnesion1']
co2 = df1['cohnesion2']
print(co1.mean(), co2.mean())
print(co1.std(), co2.std())
ttest_rel(co1, co2)

3.704678362684211 4.3742690058421045
0.4094938694120689 0.5819100627657381

Ttest_relResult(statistic=-7.45406213187764, pvalue=7.099520598704417e-09)
```

圖 6-12　輸出成對樣本 t 檢定結果

　　成對樣本 t 檢定結果顯示，「cohnesion1」前測的平均數與標準差為 3.70 ± 0.41；「cohnesion2」後測的平均數與標準差為 4.37 ± 0.58，t 值為 -7.45，p 值為 7.099e-09 小於 0.05，顯示前測與後測有顯著差異，再從團體凝聚力的前後測平均數發現，後測平均數高於前測，亦即，介入活動實施之後，學生們的團體凝聚力有顯著改善。

　　整理成報表包含變數、個數、前後測平均數與標準差、t 值、顯著性（＊）等。結果說明與表格範例（如表 6-3）如下：

　　樣本在凝聚力的前測與後測有顯著差異（t = -7.45, p < .05），其中，後測顯著高於前測。顯示，樣本在參與活動後其凝聚力有顯著進步。

表 6-3　凝聚力成對樣本差異分析摘要表

變數	個數	前測 M±SD	後測 M±SD	t 值
凝聚力	38	3.70 ± 0.41	4.37 ± 0.58	-7.45*

* $p < .05$

　　※ **提醒**：上述報表呈現方式提供參考，內容能夠愈仔細愈好，但是仍然要確保簡明的原則。一般來說，表格呈現若受限於期刊或格式限制而無法呈現太多資訊或者是無法呈現表格，在說明時至少也應該呈現 t 值與顯著性。

🖥 Python 手把手教學 06：獨立樣本 t 檢定

使用者採用「**python2011nsc.csv**」檔案，載入「pandas」模組簡寫為「pd」（import pandas as pd），並寫入「df = pd.read_csv('python2011nsc.csv')」來讀取檔案與指派變數為「df」，緊接著透過「print(df.columns)」檢視所有行標籤等，並依序針對 t 檢定方式作介紹說明。

有一項針對高中學生的休閒參與行為、社會關係及心理幸福的關係調查中，如果使用者想要知道不同「性別」（行標籤為 Gender）的學生在「成就感」（行標籤為 achievement）上有沒有顯著差異？且如果變數符合常態分布、大樣本、變數符合同質性等的基礎上，則因為自變數是二個分組的獨立變數，依變數是連續變數，探討差異可以採用獨立樣本 t 檢定作分析。

1. 使用 scipy.stats 模組的函式 ttest_ind()

使用者採用「**scipy.stats**」模組中的 t 檢定函式 ttest_ind() 進行獨立樣本 t 檢定（如圖 6-13），獨立樣本 t 檢定函式：

stats.ttest_ind(A, B, equal_var=True)

```
import scipy.stats as stats
group1= df['achievement'][df['Gender'] == 1]
group2= df['achievement'][df['Gender'] == 0]
print(group1.count(), group1.mean(), group1.std())
print(group2.count(), group2.mean(), group2.std())
stats.ttest_ind(group1, group2, equal_var=True)
```

```
import scipy.stats as stats
group1= df['achievement'][df['Gender'] == 1]
group2= df['achievement'][df['Gender'] == 0]
print(group1.count(), group1.mean(), group1.std())
print(group2.count(), group2.mean(), group2.std())
stats.ttest_ind(group1, group2, equal_var=True)

389 2.8097686375424162 0.6889127498110778
141 2.560283687943262 0.6252861553900684

Ttest_indResult(statistic=3.773248382025228, pvalue=0.00017938564839063177)
```

圖 6-13　輸出 scipy 的獨立樣本 t 檢定

2. 使用 researchpy 模組的函式 rp.ttest()

　　使用者也可以採用「researchpy」模組以利獲得詳細分析資料內容，並透過獨立樣本 t 檢定函式 rp.ttest() 來執行，以利獲得詳細內容來製作報表（如圖 6-14）。

```
import researchpy as rp

rp.ttest(group1= df['achievement'][df['Gender'] == 1], group1_name= 'Male',
        group2= df['achievement'][df['Gender'] == 0], group2_name= 'Female')
```

```
import researchpy as rp
rp.ttest(group1= df['achievement'][df['Gender'] == 1], group1_name= 'Male',
         group2= df['achievement'][df['Gender'] == 0], group2_name= 'Female')

(    Variable     N      Mean        SD        SE   95% Conf.   Interval
0      Male   389.0  2.809769  0.688913  0.034929   2.741094   2.878443
1    Female   141.0  2.560284  0.625286  0.052659   2.456175   2.664393
2  combined   530.0  2.743396  0.680992  0.029580   2.685287   2.801506,
              Independent t-test    results
0  Difference (Male - Female) =       0.2495
1          Degrees of freedom =     528.0000
2                           t =       3.7732
3      Two side test p value =       0.0002
4      Difference < 0 p value =       0.9999
5      Difference > 0 p value =       0.0001
6                  Cohen's d =       0.3709
7                  Hedge's g =       0.3704
8              Glass's delta =       0.3621
9                Pearson's r =       0.1620)
```

圖 6-14　輸出 researchpy 獨立樣本 t 檢定

3. 獨立樣本 t 檢定報表製作

從獨立樣本 t 檢定結果得知（如表 6-4），不同性別高中學生在成就感上有顯著差異（t = 3.77, p < .05），其中，男性高中學生在成就感上顯著高於女性（可以檢視樣本在依變數上的得分平均數）。

表 6-4　不同性別在成就感的差異分析摘要表

變數	個數	平均數	標準差	t 值
男性	389	2.81	0.69	3.77*
女性	141	2.56	0.63	

*p < .05

Chapter

07

變異數分析

🔔 7.1 變異數分析的概念

變異數分析（analysis of variance, ANOVA）又稱方差分析，用於分析自變數（independent variable）爲包含 3 個分組以上的間斷變數（discrete variables）對依變數（dependent variable）爲連續變數（continuous variable）的影響。在 ANOVA 架構中，自變數有時又稱爲因子 / 因素（factor），而自變數或因子中的組數又稱爲水準（levels）來分別對依變數進行分組，並計算因子組間和組內的變異數，利用變異數比較的方法對各個分組所形成的總體進行平均數比較，從而對各總體平均數相等的假設進行檢驗。

值得注意的是，在多因子變異數分析中，至少有 2 個以上的自變數，而該自變數不一定都是名目尺度，其中某些自變數可以是名目尺度變數，而其他變數則是連續尺度變數，在這種情況下也可以將該分析稱爲共變異數分析（ANCOVA）。一般來說，使用 ANCOVA 的方法與 N 因子 ANOVA 沒有太大不同，但是 ANCOVA 有其表示方式。

理想情況下，在進行 N 因子變異數分析之前，應該先熟悉進行和解釋單因子變異數分析。然而，在分析包含 2 個以上因子的模型時，分析則可能會變得較爲複雜。

茲將變異數分析有關的重要概念與常見方式，摘要說明如下：

1. 變異數分析基本假定

變異數分析的基本假定有三（吳明隆、涂金堂，2006；邱皓政，2019）：

(1) **常態分布（normal distribution）**：總體都應該服從常態分布。

(2) **變異數同質性（homogeneity variance）**：各個總體變異數必須相等或具有同質性。

(3) **獨立性（independence）**：每個樣本資料都是來自不同處理的獨立樣本。

其中，值得注意的是，變異數分析對於獨立性要求較高，若獨立性得不到滿

足，變異數分析結果往往受到較大的影響。而變異數分析對常態分布與變異數同質性要求，相較於獨立性要求則較為寬鬆一些，當常態分布得不到滿足和變異數略有不相等時，對結果的影響則相對較小。有此一情形，則建議使用非參數單因子變異數分析（non-parametric one-way ANOVA）進行相對應的考驗檢定。

　　※ **提醒**：本章所涵蓋的內容中，為了示範說明，不論是大樣本還是小樣本，都假設其均值抽樣分布符合常態分布，且變異數符合同質性。

2. 單因子重複量數變異數分析

　　單因子重複量數變異數分析（one-way repeated measurement ANOVA）指的是自變數為單一組別，本身有 3 筆先後時序的非獨立樣本資料或重複量測的資料，且該變數資料為連續變數時，檢定差異則使用單因子重複量數變異數分析。

3. 單因子變異數分析

　　單因子變異數分析（one-way ANOVA）自變數為三分間斷變數，依變數為連續變數，檢定變異數差異，使用單因子變異數分析。

4. 二因子或多因子變異數分析

　　二因子或多因子變異數分析（two-way or N-way ANOVA）指的是 2 個以上自變數，依變數為連續變數，檢定變異數差異時使用二因子或多因子變異數分析。

　　然而，因為牽涉到 2 個因子以上的自變數，需要考量自變數之間的交互作用效應。基本概念是自變數之間交互作用顯著與否的思維，當交互作用顯著，表示某一自變數對依變數的影響，應該考量另一自變數的作用。然而，變異數分析檢定之後，若自變數之間交互作用不顯著時，則只需考量個別自變數的主要效果（main effect）影響；反之，若自變數之間交互作用顯著時，則需要針對各個自變數進一步執行單純主要效果（simple main effect）檢定，以瞭解自變數對依變數的影響情形。

5. 事後比較分析

事後比較分析（post-hoc analysis）中的多重檢定（multiple test）用於分析變數之間的顯著差異，釐清哪些變數之間均值不相等的方式。然而，執行多重比較會產生多重檢定的問題，亦即針對相同資料組重複檢定數次，會提高犯型一錯誤的機率，也就是會以高出原本設定的顯著水準作檢定（栗原伸一、丸山敦史，2019）。如果資料來自同一樣本，用配對 t 檢定兩兩比較，如果資料來自不同樣本，則用獨立樣本 t 檢定兩兩比較，當然，也可以使用綜合的方法。

雖然，採用事後比較分析方式，往往需要考量保守性、最優化、方便性、強韌性等因素，並在變異數同質性或不同質作適合檢定方式的選擇（吳明隆、涂金堂，2006；邱皓政，2019；栗原伸一、丸山敦史，2019）。但是，在變異數同質性考量情形下的各個檢定方式又各有所長。原則上，不論採用哪個方式，這些檢定方式都有經過改良，以便在檢定力下降時仍可使用，可以選擇檢定力較高者優先使用（栗原伸一、丸山敦史，2019）。另外，在變異數不同質的情形下，一般則常見採用 Games-Howell 事後比較檢定。

6. 假設檢定

一般來說，使用 Python 相關模組在執行假設檢定作 F 檢定與 t 檢定時類似，返回值一般都有 2 個數值，前一個數值是統計量（statistics），後一個數值是 p 值（p value）。假設檢定時，針對雙尾來說，當 p 值 >= 0.05 的時候，則 H_0 虛無假設成立並接受 H_0，即認為 2 個樣本之間沒有顯著差異；而當 p 值 < 0.05 時，H_1 對立假設成立並拒絕 H_0，即認為 2 個樣本之間存在有顯著差異。

7.2　單因子重複量數變異數分析

單因子重複量數變異數分析（one-way repeated measures ANOVA）使用時機為比較多組（三組以上資料）相依樣本平均數差異。當同一樣本有重複測量（repeated measurement）資料，且資料有 3 筆以上的平均數比較則建議採用。

例如：測量參與登山健行活動者在登山健行前的耗氧量（耗氧量 1 測）、登山健行中的耗氧量（耗氧量 2 測）、登山健行完成的耗氧量（耗氧量 3 測），並比較登山健行者在三個時期的耗氧量有無差異情形。此時，因為每位登山健行者有三份耗氧量的資料，則使用單因子重複量數變異數分析。

範例使用一份調查學生在參與活動前、中、後的團體凝聚力資料，分別在學生參與活動前、中、後各蒐集 3 次的測驗資料，想瞭解大學生在參與活動過程對團體凝聚力的影響。

首先，載入「**pandas**」模組簡寫為 pd 與載入「**pingouin**」模組縮寫為 pg，再讀取「**TPRMOE2018.csv**」檔案資料並指派變數為「df」，輸出變數詳細資訊作初步檢視內容，得知有 3 次測驗的團體凝聚力資料，分別為行標籤「cohnesion1、cohnesion2、cohnesion3」等，且共有 38 筆資料（如圖 7-1）。

```
import pandas as pd
import pingouin as pg
df = pd.read_csv('TPRMOE2018.csv')
print(df.info())
```

```
import pandas as pd
import pingouin as pg
df = pd.read_csv('TPRMOE2018.csv')
print(df.info())
```

```
<class 'pandas.core.frame.DataFrame'>
RangeIndex: 38 entries, 0 to 37
Data columns (total 32 columns):
 #   Column        Non-Null Count   Dtype
---  ------        --------------   -----
 0   No            38 non-null      int64
 1   feedback      38 non-null      int64
 2   gender        38 non-null      int64
 3   age           38 non-null      int64
 4   sportyear     38 non-null      int64
 5   cohnesion1    38 non-null      float64
 6   cohnesion2    38 non-null      float64
 7   cohnesion3    38 non-null      float64
```

圖 7-1　輸出資料變數資訊內容（部分結果）

1. 轉置資料為長格式數據集

使用者進行單因子重複量數變異數分析時，「pingouin」模組雖然可以使用寬格式數據集（wide-format dataset）與長格式數據集（long-format dataset），但是，該模組在使用長格式數據集的輸出報表比較容易理解，且可以直接獲得變異數分析的資訊內容。

因而，使用者需要使用**轉置函式 pd.melt()** 進行數據集轉換。一般來說，可以先指派要進行分析的資料爲寬格式數據集。

首先，使用者先將想要分析的行標籤資料提取出來，並先指派變數爲「wide_format」，再將此指派變數「wide_fortmat」以行標籤「No」（編號）作

排序，僅輸出前 10 筆資料（如圖 7-2）。

```
wide_format = df[['No', 'cohnesion1', 'cohnesion2', 'cohnesion3']]
wide_format.sort_values('No').head(10)
```

```
wide_format = df[['No', 'cohnesion1', 'cohnesion2', 'cohnesion3']]
wide_format.sort_values('No').head(10)
```

	No	cohnesion1	cohnesion2	cohnesion3
0	1	3.555556	5.000000	5.000000
1	2	3.777778	4.333333	4.777778
2	3	4.000000	5.000000	4.555556
3	4	3.222222	4.888889	4.888889
4	5	4.000000	4.000000	3.777778
5	6	3.888889	4.222222	4.000000
6	7	3.777778	4.333333	3.777778
7	9	4.000000	5.000000	5.000000
8	10	3.777778	4.333333	4.555556
9	11	3.000000	3.777778	3.777778

圖 7-2　輸出寬格式數據集內容（部分結果）

接下來，將轉換後的寬格式數據集轉換為長格式數據集，使用**轉置函式 pd.melt()** 處理：

pandas.melt(frame, id_vars = None, value_vars = None, var_name = None, value_name = 'value', col_level = None, ignore_index = True)

※ **函式中的參數說明：**
id_vars：可以是元組、列表或多元陣列，行標籤用來定義變數。

value_vars：可以是元組、列表或多元陣列，要取消旋轉的行標籤，如果未指定，則使用所有未設置爲 id_vars 的行標籤。

var_name：用於「變數」的行標籤。如果設定爲 None，則會使用「frame.columns.name 或 variable」。

value_name：參數默認爲「值」，用於「值」的行標籤。

col_level：可以選爲整數（int）或字串（str），如果行標籤是屬於多元索引（multiindex），則使用此參數來融合。

ignore_index：布林值，參數默認爲 True，如果爲 True 則忽略原始索引，如果爲 False 則保留原始索引。索引標籤將根據需要重複。

轉換時，函式的參數中主要有資料來源（frame）、「id_vars」爲原寬格式行標籤轉換爲長格式行標籤中的編號（id）、「value_vars」爲原寬格式行標籤轉換爲長格式行標籤中的鍵入數值（key）、「var_name」爲將轉換爲長格式後給予新命名的行標籤名稱、「value_name」爲原寬格式中各數值在轉換爲長格式後數值的行標籤名稱。

範例操作程序爲：

(1) 帶出資料爲原始數據集「wide_format」。

(2) 指定長格式數據集裡面的行標籤名稱，分別爲：

　　a.「id_vars」（編號變數）是由寬格式中的行標籤「No」而來，並作爲長格式的「行標籤名稱 1」（id_vars = ' 行標籤名稱 1'）。

　　b.「value_vars」（數值變數）是由寬格式中的行標籤「cohnesion1、cohnesion2、cohnesion3」而來（value_vars = ['cohnesion1', 'cohnesion2', 'cohnesion3']）。

　　c.「var_name」（行標籤名稱變數）任意給定，亦即將上一程序中的數值變數作行標籤命名，即作爲長格式中變數名稱的「行標籤名稱 2」（var_name='cohnesion'）。

　　d.「value_name」（數值變數的行標籤名稱）是將原寬格式中的原始變

數數值轉換為長格式數值後，給予新命名的「行標籤名稱 3」（value_name='cohnvalue'）。

最後，輸出長格式數據集可以看到將原本寬格式數據集的資料，轉換為長格式數據集的內容。

使用者在範例中，採用行標籤「No」設定為未旋轉的行標籤，但是將原本「'cohnesion1', ' cohnesion2', ' cohnesion3'」置入新的行標籤為「'cohnesion'」，而原數值置入新的行標籤為「'cohnvalue'」中（如圖 7-3）。

```python
long_format = pd.melt(wide_format,   id_vars='No',
                value_vars=['cohnesion1', 'cohnesion2', 'cohnesion3'],
                var_name='cohnesion', value_name='cohnvalue')
long_format.sort_values('No').head(10)
```

```python
long_format = pd.melt(wide_format, id_vars='No',
                value_vars=['cohnesion1', 'cohnesion2', 'cohnesion3'],
                var_name='cohnesion', value_name='cohnvalue')
long_format.sort_values('No').head(10)
```

	No	cohnesion	cohnvalue
0	1	cohnesion1	3.555556
76	1	cohnesion3	5.000000
38	1	cohnesion2	5.000000
1	2	cohnesion1	3.777778
77	2	cohnesion3	4.777778
39	2	cohnesion2	4.333333
2	3	cohnesion1	4.000000
78	3	cohnesion3	4.555556
40	3	cohnesion2	5.000000
3	4	cohnesion1	3.222222

圖 7-3　輸出長格式數據集內容

接下來，使用「**pingouin**」模組讀取長格式數據集執行單因子重複量數變異數分析（如圖 7-4），採用函式 **pg.rm_anova()**：

pingouin.rm_anova(dv='依變數', within='重複量數行標籤名稱', subject='字串', correction='auto', data= 變數 , detailed=False, effsize='np2')

※ **函式中的參數說明：**

「dv」指依變數（dependent variable）爲尺度變數。

「within」指含有因子的自變數行標籤名稱（name of column containing the within factor），如果是長格式資料才需要。

「subject」指含有主題識別碼的行標籤名稱（name of column containing the subject identifier），如果是長格式資料才需要。

「correction」指校正，如果爲眞（True），會返回 Greenhouse-Geisser 校正的 p 值。單因子設計（one-way design）時，會默認值是計算 Mauchly 的球形檢驗以確定是否需要校正 p 值。二因子設計（two-way design）時，會默認值是返回未校正和 Greenhouse-Geisser 校正的 p 值。然而，pingouin 目前未針對二因子設計有球形檢驗。

「data」是「name of the dataframe」資料框變數名稱。

「detailed」設爲「True」，指的是檢視結果爲資料框格式。

「effsize」指的是效果值，必須是 'np2'（偏／部分 eta 平方）、'n2'（eta 平方）或 'ng2'（廣義 eta 平方）其中之一。請注意，對於單因子重複量數變異數分析，部分 eta 平方與 eta 平方相同。

```
rmaov = pg.rm_anova(dv='cohnvalue', within='cohnesion',
                    subject='No', correction=False, data=long_format,
                    detailed=True, effsize='ng2')
rmaov
```

```
rmaov = pg.rm_anova(dv='cohnvalue', within='cohnesion',
                    subject='No', correction=False, data=long_format,
                    detailed=True, effsize='ng2')
rmaov
```

	Source	SS	DF	MS	F	p-unc	ng2	eps
0	cohnesion	11.308859	2	5.654429	35.627128	1.454808e-11	0.26942	0.993492
1	Error	11.744639	74	0.158711	NaN	NaN	NaN	NaN

圖 7-4　輸出單因子重複量數變異數分析

※ **返回結果說明：**

'Source'：組內因素的名稱

'ddof1'：自由度（組間）

'ddof2'：自由度（組內）

'F'：F 值

'p-unc'：未校正的 p 值

'np2'：偏 eta-square 效應大小

'eps'：Greenhouse-Geisser epsilon 因子（＝球形度指數）

'p-GG-corr'：Greenhouse-Geisser 校正的 p 值

'W-spher'：球形度檢驗統計量

'p-spher'：球形度檢驗的 p 值

'sphericity'：數據的球形度

　　單因子重複量數變異數分析結果顯示，F 值為 35.63，p 值為 1.45e-11 小於 0.05 達到顯著水準，因而在組內至少有二組平均數存在差異，為了釐清則再執行事後比較分析。

　　另外，針對相依樣本資料進行變數指派、描述統計（平均數、標準差），並針對重複量數樣本資料進行兩兩比較，以瞭解重複量數的差異情形（如圖 7-5）。

```
import researchpy as rp
from scipy.stats import ttest_rel
co1 = df['cohnesion1']
co2 = df['cohnesion2']
co3 = df['cohnesion3']
t1 = ttest_rel(co1, co2)
t2 = ttest_rel(co1, co3)
t3 = ttest_rel(co2, co3)
print(rp.summary_cont(df[['cohnesion1', 'cohnesion2', 'cohnesion3']]).round(3))
print(t1)
print(t2)
print(t3)
```

```
import researchpy as rp
from scipy.stats import ttest_rel
co1 = df['cohnesion1']
co2 = df['cohnesion2']
co3 = df['cohnesion3']
t1 = ttest_rel(co1, co2)
t2 = ttest_rel(co1, co3)
t3 = ttest_rel(co2, co3)
print(rp.summary_cont(df[['cohnesion1', 'cohnesion2', 'cohnesion3']]).round(3))
print(t1)
print(t2)
print(t3)
```

```
      Variable    N    Mean    SD      SE    95% Conf.  Interval
0   cohnesion1  38.0   3.705  0.410  0.066      3.570     3.839
1   cohnesion2  38.0   4.374  0.582  0.094      4.183     4.566
2   cohnesion3  38.0   4.371  0.568  0.092      4.185     4.558
Ttest_relResult(statistic=-7.45406213187764, pvalue=7.099520598704417e-09)
Ttest_relResult(statistic=-7.016933381391582, pvalue=2.6912524821927253e-08)
Ttest_relResult(statistic=0.03276511589459661, pvalue=0.974038014397416)
```

圖 7-5　輸出事後比較情形

　　輸出結果顯示，第 1 測 cohnesion1 的平均數與標準差為 3.71 ± 0.41；第 2 測 cohnesion2 的平均數與標準差為 4.37 ± 0.58；第 3 測 cohnesion3 的平均數與標準差為 4.37 ± 0.57。事後比較部分，輸出結果倒數第三列，第 1 測與第 2 測比較 t 值為 -7.45，p 值為 7.09e-09 小於 0.05，達到顯著差異，因為 t 值為負，顯示第 1 測的分數減第 2 測的分數為負，因而第 2 測顯著高於第 1 測；輸出結果倒數第二列，第 1 測與第 3 測比較 t 值為 -7.02，p 值為 2.69e-08 小於 0.05，達到顯著差異，因為 t 值為負，顯示第 1 測的分數減第 3 測的分數為負，因而第 3 測顯著高於第 1 測；輸出結果倒數第一列，第 2 測與第 3 測比較 t 值為 0.03，p 值為 0.97 大於 0.05，未達顯著差異。

　　報表製作應該包含變數、個數、平均數、標準差、SS、df、MS、F 值含顯著性及事後比較等。結果說明與表例如下：

　　結果顯示，相依樣本在凝聚力的 3 次測驗有顯著差異（F = 20.47, p < .05），因而在組內至少有二組平均數存在差異，為了釐清則再執行事後比較分析。經由事後比較分析發現，凝聚力的第 2 測顯著高於第 1 測，且第 3 測顯著高於第 1 測（如表 7-1、7-2）。

表 7-1　凝聚力相依樣本差異分析摘要表

變數	個數	平均數	標準差	F	事後比較
凝聚力 1	38	3.70	0.41	35.63*	3, 2 > 1
凝聚力 2	38	4.37	0.58		
凝聚力 3	38	4.37	0.57		

* $p < .05$

表 7-2　凝聚力重複量數變異數分析摘要表

	離均差平方和（SS）	自由度（df）	平均平方和（MS）	F	事後比較
組間	11.31	2	5.65	35.63*	3, 2 > 1
組內	11.74	74	0.16		

* $p < .05$，1. 凝聚力 1 測，2. 凝聚力 2 測，3. 凝聚力 3 測

※ **提醒**：上述 2 個表格呈現方式提供參考，內容能夠愈仔細愈好，若受限於期刊或格式限制而無法呈現太多資訊，至少也應該呈現 F 值與顯著性。

7.3　單因子變異數分析

單因子變異數分析使用時機，當自變數為 3 種分類以上的名目尺度變數，依變數為一個連續變數，使用該分析進行差異比較並獲得 F 值，又稱 F 檢定或變異數檢定。

1. 安裝使用模組

首先，從開始 / 所有程式 / Anaconda3（64-bit）/ Anaconda Prompt（anaconda3）啟動 Prompt 管理模組，並安裝「pingouin」模組，寫入 pip install pingouin。

2. 載入模組並指派變數

載入相關模組（pingouin, researchpy, pandas, pairwise_ttests），並讀取檔案指派變數為 df。習慣上，使用者輸出變數行標籤、詳細資訊作檢視，概略觀察一下行標籤、總筆數等，再接著進行分析（如圖 7-6）。

```
import pingouin as pg
from pingouin import pairwise_ttests
import researchpy as rp
import pandas as pd
df = pd.read_csv('python2011nsc.csv')
print(df.columns)
print(df.info())
```

```
import pingouin as pg
from pingouin import pairwise_ttests
import researchpy as rp
import pandas as pd
df = pd.read_csv('python2011nsc.csv')
print(df.columns)
print(df.info())

Index(['NO', 'Gender', 'DateOfBirth', 'Race', 'FaEdu', 'MomEdu', 'FaexpEdu',
       'CoexpEdu', 'Income', 'Grade', 'Level', 'Sportyear', 'ExpectEdu', 'a1',
       'a2', 'a3', 'a4', 'a5', 'a6', 'a7', 'b1', 'b2', 'b3', 'b4', 'b5', 'b6',
       'c1', 'c2', 'c3', 'c4', 'c5', 'c6', 'c7', 'c8', 'c9', 'c10', 'pl', 'al',
       'ss', 'tr', 'blue', 'achievement', 'alienance'],
      dtype='object')
<class 'pandas.core.frame.DataFrame'>
RangeIndex: 530 entries, 0 to 529
Data columns (total 43 columns):
```

圖 7-6　載入模組並指派變數

3. 執行單因子變異數分析

　　執行單因子變異數分析有幾種方式，使用者可以利用「**researchpy**」或「**scipy.stats**」模組，並瞭解各個模組的分析方式的特點，以作為分析時的參考。

(1) 採用 researchpy 模組作單因子變異數分析

a. 取得變數的描述統計

　　首先，對於分析變數的描述統計（個數、平均數與標準差）先作初步瞭解，可以採用「**researchpy**」模組進行資料內容摘要，並使用分組函式 **groupby()** 將指派變數作分組，且為精簡輸出以函式 **round(3)** 呈現小數點以下到第 3 位（如圖 7-7）。而為了將指派變數透過某變數分組，groupby 分組函式：

依變數 .groupby(自變數)

```
rp.summary_cont(df['pl'].groupby(df['Race'])).round(3)
```

```
rp.summary_cont(df['pl'].groupby(df['Race'])).round(3)
```

	N	Mean	SD	SE	95% Conf.	Interval
Race						
1	379	3.989	0.647	0.033	3.923	4.054
2	58	4.035	0.595	0.078	3.878	4.191
3	93	3.728	0.789	0.082	3.565	3.890

圖 7-7　輸出變數的描述統計內容

　　從輸出內容，可以看到族群（Race）各組別的個數分別為 1 有 379 個、2 有 58 個、3 有 93 個，而在靜態休閒參與（pl）的平均數與標準差，族群編號 1 為 3.99 ±0.65、編號 2 為 4.04 ± 0.60、編號 3 為 3.73 ± 0.79。

b. 變數的變異數同質性檢定

　　變異數同質性檢定可以使用「**scipy.stats**」模組中的 Levene 函式 **stats.levene()** 方法完成。範例說明中以自變數「Race」（族群）中的三組獨立變數（1 為本省閩南、2 為客家、3 為原住民）對依變數「pl」（靜態休閒參與）進行 Levene 變異數同質性檢定（如圖 7-8）。

```
import scipy.stats as stats
stats.levene(df['pl'][df['Race'] == 1],
            df['pl'][df['Race'] == 2],
            df['pl'][df['Race'] == 3],
            center = 'mean')
```

```
import scipy.stats as stats
stats.levene(df['pl'][df['Race'] == 1],
             df['pl'][df['Race'] == 2],
             df['pl'][df['Race'] == 3],
             center = 'mean')

LeveneResult(statistic=4.717269339493504, pvalue=0.009320476578738789)
```

圖 7-8　輸出 Levene 變異數同質性檢定

　　Levene 檢定輸出為 LeveneResult（statistic=4.72, pvalue=0.009），其中，statistic 為統計量，pvalue 為 p 值。得到 p 值為 0.009 小於 0.05，表示族群中的本省閩南、客家、原住民三組在靜態休閒參與上的變異數同質性不相等。

　　※ **提醒**：本章所涵蓋的內容中，為了示範說明，不論是大樣本還是小樣本，都假設其均值抽樣分布符合常態分布，且變異數符合同質。然而，若結果違反變異數同質性的假設，則應該採用 Brown-Forsythe 或 Welch 統計量，來檢定平均數（Robust Tests of Equality of Means）。這兩個統計量都服從 F 分配，且不需變異數同質性假設，當顯著時，同樣再進行事後比較（post-hoc）。該 2 種統計檢定方法將於後續介紹。

c. 執行單因子變異數分析

　　使用者採用「**pingouin**」模組中的 **anova 函式**來執行單因子變異數分析：

pg.anova(dv = ' 依變數 ', between = ' 自變數 ', data = 資料框變數 , detailed = True)

　　※ **函式中的參數說明**：

　　「dv」指依變數（dependent variable），為尺度變數。

　　「between」指自變數，為名目尺度變數（nominal variables）。

　　「data」是「name of the dataframe」資料框變數名稱。

　　「detailed」設為「True」，指的是要檢視結果為資料框格式。

指派變數「aov」，使用函式 pg.anova() 將參數中選擇自變數為族群（本省閩南、客家、原住民）對依變數「靜態休閒參與」（pl）作單因子變異數分析（如圖 7-9）。

```
aov = pg.anova(dv = 'pl', between = 'Race', data = df, detailed = True).round(3)
aov
```

```
aov = pg.anova(dv = 'pl', between = 'Race', data = df, detailed = True).round(3)
aov
```

	Source	SS	DF	MS	F	p-unc	np2
0	Race	5.575	2	2.788	6.231	0.002	0.023
1	Within	235.758	527	0.447	NaN	NaN	NaN

圖 7-9　輸出 pingouin 執行 ANOVA 分析詳細內容

另外，再從變異數分析輸出結果看到「Source」是因子名稱（factor names），這邊是來自組間「Race」與組內（Within），「SS」是離均差平方和（sums of square, SS）、「DF」是自由度（degrees of freedom, DF）、「MS」是平均平方和（mean square, MS）、「F」是 F 值（F-value）、「p-unc」是 p 值（uncorrected p-value）、「np2」是 eta square 效果值（partial eta-square effect sizes）。

最後，從輸出結果看到 F 值為 6.23，p 值為 0.002 小於 0.05 達到顯著水準，表示不同族群樣本在「靜態休閒參與」（pl）至少有兩組之間存在差異，達顯著水準表示具有統計意義。因為 F 值達到顯著水準，為了瞭解是哪些組別有差異，則需要進一步執行事後比較分析（post-hoc analysis）。

(2) 採用 scipy.stats 模組作單因子變異數分析

※ **提醒**：上述執行範例是採用「**researchpy**」、「**pingouin**」模組，也可以採用「**scipy.stats**」模組的 **f_oneway 函式**來獲得 F 值與 p 值。

a. 變數分組與變異數同質性檢定

由於 scipy 中並不會如某些統計軟體對資料進行分組，需要使用者自行對資料分組，可以透過下列程式碼對指定變數作分組，並將分組完成的資料儲存在可供 scipy 使用的序列中（如圖 7-10）。

備註說明：# G 用於統計變數 Race 的像素屬性

　　　　　　# 清單 args 用於儲存不同像素屬性的依變數資料

```
G = df['Race'].unique()
args = []
for i in list(G):
    args.append(df[df['Race'] == i]['pl'])
```

```
G = df['Race'].unique()
args = []
for i in list(G):
    args.append(df[df['Race'] == i]['pl'])
```

圖 7-10　使用 scipy 作資料分組

接著，使用 Levene 進行單因子變異數的同質性檢定，並使用「**scipy.stats**」模組中的 f_oneway 函式輸出 F 值與 p 值。輸出 F 值為 4.86，p 值為 0.008 小於 0.05，表示樣本變異數不同質（如圖 7-11）。

```
from scipy import stats
stats.levene(*args)
```

```
from scipy import stats
stats.levene(*args)

LeveneResult(statistic=4.864967757524489, pvalue=0.008061929546969488)
```

圖 7-11　輸出 Levene 變異數同質性檢定

　　※ **提醒**：本章所涵蓋的內容中，為了示範說明，不論是大樣本還是小樣本，都假設其均值抽樣分布符合常態分布，且變異數符合同質。然而，若結果違反變異數同質性的假設，則應該採用 Brown-Forsythe 或 Welch 統計量，來檢定平均數（Robust Tests of Equality of Means）。這兩個統計量都服從 F 分配，且不需變異數同質性假設，當顯著時，同樣再進行事後比較（post-hoc）。該 2 種統計檢定方法將於後續介紹。

　　b. 執行單因子變異數分析

　　接下來，採用「**scipy.stats**」模組的單因子變異數分析函式：

stats.f_oneway()

　　執行函式來獲得 F 值與 p 值。單因子變異數分析後輸出 F 值為 6.23，p 值為 0.002 小於 0.05，表示樣本中至少兩組存在差異，可以進行事後比較分析（如圖 7-12）。

```
from scipy import stats
stats.f_oneway(*args)
```

```
from scipy import stats
stats.f_oneway(*args)

F_onewayResult(statistic=6.231133175983131, pvalue=0.002115214833399516)
```

圖 7-12　輸出 scipy 執行 ANOVA 分析

　　另外，為了要得到詳細計算結果可以使用「**statsmodels**」模組中的函式 **anova_lm()**，並配合參數估計方式的「最小平方法」（ordinary least square）的函式 **ols()** 進行 ANOVA 操作。其中，ols 括弧中的兩個參數中，第 1 個參數表示模型，第 2 個參數表示指定分析資料變數；而 fit 方法表示對模型進行擬合或估計（如圖 7-13）。

　　※ **提醒**：間斷變數的編碼方式有許多種，其中一種編碼方式是進行虛擬編碼（dummy-encoding），就是把一個 k 個水準的分組變數編碼成 k-1 個分組變數，在「**statsmodels**」模組中使用引數 C(變數) 實現。

```
from statsmodels.formula.api import ols
import statsmodels.api as sm
dfaov = sm.stats.anova_lm(ols('pl ~ C(Race)', df).fit())
print(dfaov)
```

```
from statsmodels.formula.api import ols
import statsmodels.api as sm
dfaov = sm.stats.anova_lm(ols('pl ~ C(Race)', df).fit())
print(dfaov)

             df      sum_sq    mean_sq         F     PR(>F)
C(Race)     2.0    5.575113   2.787556   6.231133   0.002115
Residual  527.0  235.758430   0.447359       NaN        NaN
```

圖 7-13　輸出 statsmodels 執行 ANOVA 分析詳細內容

4. 執行事後比較分析（post-hoc testing）

基本上，當變異數分析執行之後，組間的差異並無法馬上從描述統計資料得知，需要進行事後比較。而事後比較因為要各組之間重複進行雙樣本平均數差異的檢定，此時就導致多重比較或多重檢定，也就使得不犯型一錯誤的機率（1 – α）增加，例如：在單尾檢定的 α 值設為 0.05 的情況下，三組樣本的多重比較會使得 $\alpha = 1 - (1 - 0.05)^3 = 0.143$，增加了型一錯誤的機率而更容易拒絕虛無假設；此時，多重檢定為了不讓檢定統計量不容易進入到拒絕區，則會讓檢定使用嚴格的校正方法有「顯著水準校正型（代表性方法：Bonferroni 法）、檢定統計量校正型（代表性方法：Scheffé 法）、分配校正型（代表性方法：Tukey 法、Dunnett 法）」，各有其適用時機，但原則是選擇具有檢定力較高的方法或者是固定一種方式使用即可（栗原伸一、丸山敦史，2019）。

(1) pingouin 模組 pairwise 方式

執行單因子變異數分析之後，如果 F 值達到顯著，則表示組內至少有兩組以上存在差異。此時，就需要進一步進行事後比較分析（post-hoc analysis）。使用者採用「**pingouin**」模組中兩兩比較函式 **pairtwise_ttest()** 的「Bonferroni」方法來進行組內兩兩比較，並輸出小數點以下到第 3 位（如圖 7-14）。

```
import pingouin as pg
pg.pairwise_ttests(dv='pl', between='Race', padjust = 'bonf', data=df).round(3)
```

```
import pingouin as pg
pg.pairwise_ttests(dv='pl', between='Race', padjust = 'bonf', data=df).round(3)
```

	Contrast	A	B	Paired	Parametric	T	dof	alternative	p-unc	p-corr	p-adjust	BF10	hedges
0	Race	1	2	False	True	-0.541	79.142	two-sided	0.590	1.000	bonf	0.176	-0.072
1	Race	1	3	False	True	2.954	124.025	two-sided	0.004	0.011	bonf	8.007	0.385
2	Race	2	3	False	True	2.713	143.642	two-sided	0.007	0.022	bonf	4.979	0.423

圖 7-14　輸出 ANOVA 事後比較

輸出結果顯示，針對變數「Race」（族群）組內的兩兩比較說明如下：

第 0 列的組別 1 與組別 2 比較後 t 值為 -0.54，p 值為 0.590 大於 0.05，未達顯著差異。

第 1 列的組別 1 與組別 3 比較後 t 值為 2.95，p 值為 0.004 小於 0.05，達顯著差異，因為 t 值為正，顯示組別 1 的平均數減組別 3 的平均數為正，因而組別 1 在依變數「pl」（靜態休閒參與）得分平均數顯著高於組別 3。

第 2 列的組別 2 與組別 3 比較後 t 值為 2.71，p 值為 0.007 小於 0.05，達顯著差異，因為 t 值為正，顯示組別 2 的平均數減組別 3 的平均數為正，因而組別 2 在依變數「pl」（靜態休閒參與）得分平均數顯著高於組別 3。

亦即，組別 1 為本省閩南（3.99 ± 0.65）與組別 2 為客家族群（4.04 ± 0.60），在靜態休閒參與顯著高於組別 3 的原住民族群（3.73 ± 0.79）。

(2) statsmodels.stats 模組 multicomp 方式

Tukey HSD post-hoc 適合單因子變異數分析，也已被證明對於樣本大小不等的單因子變異數分析是較為保守的；但是，如果組間具有不同質的變異數，則它並不穩健，在這種情況下，Games-Howell 檢定更合適（Tukey, 1949）。值得注意的是，Tukey HSD 對重複測量變異數分析無效，僅支持單因子變異數分析設計。

a. Tukey 事後比較：Tukey's Honestly Significant Difference (HSD)

(a) pairwise_tukeyhsd 方式

使用者可以透過「**statsmodels.stats.multicomp**」模組中的函式 **pairwise_tukeyhsd()** 作 TukeyHSD 事後多重比較檢定（如圖 7-15）。

```
from statsmodels.stats.multicomp import pairwise_tukeyhsd
dfaovpost = pairwise_tukeyhsd(df['pl'], df['Race'], alpha = 0.05)
dfaovpost.summary()
```

```
from statsmodels.stats.multicomp import pairwise_tukeyhsd
dfaovpost = pairwise_tukeyhsd(df['pl'], df['Race'], alpha = 0.05)
dfaovpost.summary()
```

Multiple Comparison of Means - Tukey HSD, FWER=0.05

group1	group2	meandiff	p-adj	lower	upper	reject
1	2	0.0459	0.8654	-0.1757	0.2676	False
1	3	-0.261	0.0023	-0.4429	-0.079	True
2	3	-0.3069	0.0173	-0.5699	-0.0439	True

圖 7-15　輸出 pairwise_tukeyhsd 多重比較結果

　　輸出的表格中，系統會將自變數對依變數影響進行兩兩比較，並在「reject」（拒絕）行標籤中，針對各列比較給予差異拒絕為「眞」（True）或「假」（False）的檢定結果。結果表明，自變數中的組別 1 與組別 2 之間沒有差異（p = 0.865 小於 0.05）；組別 1 與組別 3 之間（p = 0.002 小於 0.05）有顯著差異；且組別 2 與組別 3 之間（p = 0.017）有顯著差異。

　　※ **提醒**：TukeyHSD 的 meandiff 是組均值的差值，是 group2 減 group1，在正負號觀察時應注意，建議仍以觀察組別的平均數為主。

(b) comp.tukeyhsd 方式

　　載入「**statsmodels.stats.multicomp**」模組並簡寫為 mc，並使用**函式 comp. tukeyhsd()** 作 TukeyHSD 事後多重比較檢定（如圖 7-16）。

```
import statsmodels.stats.multicomp as mc
comp = mc.MultiComparison(df['pl'], df['Race'])
post_hoc_res = comp.tukeyhsd()
post_hoc_res.summary()
```

```
import statsmodels.stats.multicomp as mc
comp = mc.MultiComparison(df['pl'], df['Race'])
post_hoc_res = comp.tukeyhsd()
post_hoc_res.summary()
```

Multiple Comparison of Means - Tukey HSD, FWER=0.05

group1	group2	meandiff	p-adj	lower	upper	reject
1	2	0.0459	0.8654	-0.1757	0.2676	False
1	3	-0.261	0.0023	-0.4429	-0.079	True
2	3	-0.3069	0.0173	-0.5699	-0.0439	True

圖 7-16　輸出 comp.tukeyhsd 多重比較結果

　　輸出結果內容第一列為：均值的多重比較 Tukey HSD，FWER=0.05，其中，FWER 是家庭錯誤率，即 α 值被設置和控制在 0.05。而 group1 和 group2 行標籤中是要比較的組別、meandiff 是組別平均值之間的差值、p-adj 是修正的 p 值，它考慮了正在進行的多重比較；lower 是信賴區間的下限、upper 是信賴區間的上限（在當前示例中，自 95% 水平的信賴區間 = 0.05）；reject 為拒絕與否是基於修正 p 值的決策規則。

　　※ **提醒**：TukeyHSD 的 meandiff 是組均值的差值，是 goroup2 減 group1，在正負號觀察時應注意，建議仍以觀察組別的平均數為主。

b. Bonferroni 事後比較

　　在進入程式碼函式之前，先看一下函式來理解這個方法。allpairtest（statistical_test_method, method="correction_method"）程式碼語法顯示需要為此方法提供統計測試方法，該方法可以是用戶定義的函式或來自另一個 Python 庫的函式，在這種情況下，將進行獨立樣本 t 檢定。且還必須說明要應用在 p 值

的校正方法，以針對發生的多重比較進行調整（如圖 7-17）。使用函式 **comp. allpairtest()**：

```
import statsmodels.stats.multicomp as mc
comp = mc.MultiComparison(df['pl'], df['Race'])
tbl, a1, a2 = comp.allpairtest(stats.ttest_ind, method= "bonf")
tbl
```

```
import statsmodels.stats.multicomp as mc
comp = mc.MultiComparison(df['pl'], df['Race'])
tbl, a1, a2 = comp.allpairtest(stats.ttest_ind, method= "bonf")
tbl
```

Test Multiple Comparison ttest_ind FWER=0.05
method=bonf alphacSidak=0.02, alphacBonf=0.017

group1	group2	stat	pval	pval_corr	reject
1	2	-0.5085	0.6114	1.0	False
1	3	3.3296	0.0009	0.0028	True
2	3	2.5436	0.012	0.036	True

圖 7-17　輸出 Bonferroni 事後比較

　　輸出結果的上方英文，說明均值的多重比較 ttest_ind，FWER=0.05，其中，FWER 是家庭錯誤率，即 α 值被設置和控制在 0.05。method 是應用於 p 值的校正方法，然後是調整後的 p 值對於 Sidak 和 Bonferroni 校正方法。group1 和 group2 行是要比較的組；stat 是檢定統計值，此一情況下它是 t 統計量；pval 提供 statistical_test_method 返回的未校正的 p 值；pval_corr 提供 correction_method 進行校正的校正後 p 值；reject 拒絕與否是基於修正 p 值的決策規則。

該一結果使用 Bonferroni 校正進行比較發現，有顯著差異的組別是 1 和 3，以及 2 和 3。

※ **提醒**：上述 one-way ANOVA 事後比較作法，若需要進一步資料可以參考「pythonfordatascience.org」官網介紹。

5. ANOVA 結果報表製作

報表製作應該包含變數、個數（N）、平均數（M）、標準差（SD）、離均差平方和（SS）、自由度（df）、平均平方和（MS）、F 值含顯著性，以及事後比較等。結果說明與表例如下（如表 7-3、7-4）：

不同族群在靜態休閒參與有顯著差異（F = 6.23, p < .05），經由事後比較分析發現，本省閩南、客家族群在靜態休閒參與上顯著高於原住民族群者。

表 7-3　族群對靜態休閒參與的差異分析摘要表

依變數	變數	個數	平均數	標準差	F	事後比較
	1. 本省閩南	379	3.99	0.65	6.23*	1, 2 > 3
靜態休閒參與	2. 客家	93	4.04	0.60		
	3. 原住民	58	3.73	0.79		

*p < .05

表 7-4　族群對靜態休閒參與的變異數分析摘要表

	離均差平方和（SS）	自由度（df）	平均平方和（MS）	F	事後比較
組間	5.58	2	2.79	6.23*	1, 2 > 3
組內	235.76	527	0.45		

*p < .05，1. 本省閩南，2. 客家，3. 原住民

※ **提醒**：上述兩個表格呈現方式提供參考，內容能夠愈仔細愈好，但是若受限於期刊或格式限制而無法呈現太多資訊，至少也應該呈現 F 值與顯著性。

🔔7.4　二因子變異數分析

執行二因子變異數分析時，應該考量的情形是二因子之間的交互作用情形，若因子之間沒有交互作用影響，則進行主要效果分析；然而，如果因子之間交互作用影響顯著，則應該針對樣本進行分組並進一步進行單純主要效果分析，以釐清因子之間的影響情形。

1. 二因子變異數分析：沒有交互作用情形

建議採用「**pingouin**」模組（import pingouin as pg），執行二因子變異數分析使用函式 **pingouin.anova()**：

pingouin.anova(data= 讀取指派變數 , dv=' 依變數 ', between=[' 自變數 1', ' 自變數 2'], ss_type=2, detailed=False, effsize='np2')

或是已經讀取資料框指派為變數，可以將函式寫為：

變數 .anova(dv = ' 依變數 ', between = [' 自變數 1', ' 自變數 2'], detailed = True)

範例檔案為一份針對高中學生休閒參與行為的調查中，使用者想要瞭解高中學生的「性別」與「族群」對於休閒參與行為的影響，其休閒參與行為會不會有來自性別與族群的交互作用影響。

首先，載入「**pingouin**」、「**pandas**」、「**researchpy**」模組並分別簡寫為 pg、pd、rp，且使用者採用「**python2011nsc.csv**」檔案，並讀取資料指派變數為「**df**」，並依序針對自變數「Gender」（性別）、「Race」（族群）等二因子先取得自變數在依變數上的描述統計資料，分別獲得自變數「Gender」、「Race」在依變數「pl」（靜態休閒參與）的個數、平均數與標準差等資料（如圖7-18）。

```
import pingouin as pg
import pandas as pd
import researchpy as rp
cont1 = rp.summary_cont(df['pl'].groupby(df['Gender'])).round(3)
print(cont1)
print('===')
cont2 = rp.summary_cont(df['pl'].groupby(df['Race'])).round(3)
print(cont2)
```

```
import pingouin as pg
import pandas as pd
import researchpy as rp
cont1 = rp.summary_cont(df['pl'].groupby(df['Gender'])).round(3)
print(cont1)
print('===')
cont2 = rp.summary_cont(df['pl'].groupby(df['Race'])).round(3)
print(cont2)


          N    Mean     SD     SE  95% Conf.  Interval
Gender
0        141   3.823  0.709  0.060     3.705     3.941
1        389   3.993  0.658  0.033     3.928     4.059
===


          N    Mean     SD     SE  95% Conf.  Interval
Race
1        379   3.989  0.647  0.033     3.923     4.054
2         58   4.035  0.595  0.078     3.878     4.191
3         93   3.728  0.789  0.082     3.565     3.890
```

圖 7-18　輸出二因子的描述統計資料

緊接著，使用者再透過自變數二因子針對依變數休閒參與中的「pl」（靜態休閒參與）作變異數分析（如圖 7-19）。

```
df.anova(dv='pl', between=['Gender', 'Race']).round(3)
```

```
df.anova(dv='pl', between=['Gender', 'Race']).round(3)
```

	Source	SS	DF	MS	F	p-unc	np2
0	Gender	2.899	1.0	2.899	6.527	0.011	0.012
1	Race	5.468	2.0	2.734	6.154	0.002	0.023
2	Gender * Race	0.082	2.0	0.041	0.092	0.912	0.000
3	Residual	232.777	524.0	0.444	NaN	NaN	NaN

圖 7-19 輸出二因子變異數分析

結果顯示，二因子「Gender*Race」對依變數影響的 F 值為 0.09，p 值為 0.912 大於 0.05，表示二因子交互作用不顯著，而只看各因子的主要效果。這是因為交互作用不顯著，而是以各別因子的主要效果作為檢定參考。亦即，以各因子的單因子變異數結果作參考，若有 F 值顯著則進行事後比較即可。其中，自變數「Gender」對依變數「pl」分析的 F 值為 6.53，p 值為 0.011 小於 0.05，因為 Gender 有 2 個水準，直接視為 t 檢定比較平均數結果。而 Race 對 pl 分析的 F 值為 6.15，p 值為 0.002 小於 0.05，但是由於 Race 有 3 個水準（本省閩南、客家、原住民），則需要再進行事後比較以釐清各水準之間的差異情形。主要效果的事後比較則可參閱「單因子變異數分析」內容，在此省略不贅述。

　　另外，爲求報告的完整度，在執行靜態休閒參與之後，後續仍應該針對休閒參與中的「al」（動態休閒參與）另一因素進行分析，此處僅示範其中一個因素，另一因素可以參考前述作法執行。

　　※ **提醒**：取得變數的描述統計資料、變異數分析資料之後，以及另外一個變數的相關資料之後，即可以類似前述進行報表製作與說明，在此省略不述。

2. 二因子變異數分析：有交互作用情形

　　使用者採用載入「**pingouin**」、「**pandas**」、「**researchpy**」模組並分別簡寫爲 pg、pd、rp，且讀取「**python2011nsc.csv**」檔案資料指派變數爲「df」。並依序針對自變數「Race」（族群）、「ExpectEdu」（期望教育）等二因子先取得自變數在依變數上的描述統計資料，分別獲得自變數「Race」、「ExpectEdu」在依變數「pl」（靜態休閒參與）的個數、平均數與標準差等資料（如圖7-20）。

```
import pingouin as pg
import pandas as pd
import researchpy as rp
df = pd.read_csv('python2011nsc.csv')
cont3 = rp.summary_cont(df['pl'].groupby(df['Race'])).round(3)
print(cont3)
print('===')
cont4 = rp.summary_cont(df['pl'].groupby(df['ExpectEdu'])).round(3)
print(cont4)
```

```
import pingouin as pg
import pandas as pd
import researchpy as rp
df = pd.read_csv('python2011nsc.csv')
cont3 = rp.summary_cont(df['pl'].groupby(df['Race'])).round(3)
print(cont3)
print('===')
cont4 = rp.summary_cont(df['pl'].groupby(df['ExpectEdu'])).round(3)
print(cont4)
```

	N	Mean	SD	SE	95% Conf.	Interval
Race						
1	379	3.989	0.647	0.033	3.923	4.054
2	58	4.035	0.595	0.078	3.878	4.191
3	93	3.728	0.789	0.082	3.565	3.890
===						

	N	Mean	SD	SE	95% Conf.	Interval
ExpectEdu						
1	21	3.905	0.668	0.146	3.601	4.209
2	388	3.938	0.677	0.034	3.871	4.006
3	76	3.917	0.700	0.080	3.757	4.077
4	45	4.104	0.627	0.094	3.915	4.292

圖 7-20　輸出二因子的描述統計資料

接著，使用者採用「**pingouin**」模組並使用函式 **pg.anova()**，輸入函式為：

pg.anova(data=df, dv='pl', between=['Race', 'ExpectEdu'], ss_type=2, effsize='n2')

使用者採用變數的簡易語法也可以獲得相同結果（如圖 7-21），函式為：

df.anova(dv='pl', between=['Race', 'ExpectEdu'], effsize='n2')

```
df.anova(dv='pl', between=['Race', 'ExpectEdu'], effsize='n2')
```

```
df.anova(dv='pl', between=['Race', 'ExpectEdu'], effsize='n2')
```

	Source	SS	DF	MS	F	p-unc	n2
0	Race	7.829858	2.0	3.914929	8.934410	1.531568e-04	0.016445
1	ExpectEdu	202.495869	3.0	67.498623	154.041203	2.143993e-71	0.425311
2	Race * ExpectEdu	38.368271	6.0	6.394712	14.593618	1.998723e-15	0.080587
3	Residual	227.418279	519.0	0.438186	NaN	NaN	NaN

圖 7-21　輸出二因子變異數分析（有交互作用）

　　結果顯示，自變數「Race*ExpectEdu」的 F 值為 14.59，且 p 值為 1.99e-15 小於 0.05，顯示二因子之間具有交互作用效果顯著。因而，自變數「Race」或自變數「ExpectEdu」對依變數影響並非獨立存在，各個自變數對於依變數的影響會受到另個自變數的變化而有不同的效果。由於交互作用效果顯著，因而需要進一步執行**單純主要效果（simple main effect）**分析，來瞭解自變數對依變數的影響情形。

3. 單純主要效果

　　當使用到多因子變異數分析時，會考量自變數之間的交互作用效果。因而，多因子變異數分析之後，先檢視交互作用效果的顯著性，若不顯著則表示各個自變數對依變數的影響不會隨著其他自變數而改變，則檢視各個自變數對依變數的主要效果。反之，若交互作用效果顯著，則應該考量單純主要效果的影響。具體而言，其多因子變異數分析事後比較的概念如圖 7-22。

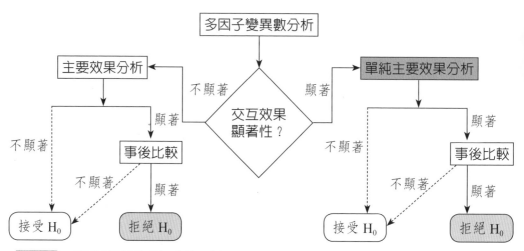

圖 7-22　多因子變異數分析事後比較

　　※ **提醒**：單純主要效果事後比較的方式有許多種，這邊介紹使用 statsmodels 模組檢驗交互作用差異的一種簡單方法，概念上是在資料框中創建一欄，表示重要交互作用變數的可能組別作合併使用，這並非是使用原本單純的分組。以下是切割分組的事後比較的簡單示範（如圖 7-23）。

	B1	B2	B3
A1	A1B1	A1B2	A1B3
A2	A2B2	A2B2	A2B3

圖 7-23　單純主要效果分析的切割分組概念

　　由於交互作用效果顯著，因而，需要考量自變數之間的交互作用並執行單純主要效果分析。舉例而言，以二因子變異數分析的 A、B 自變數對依變數影響來檢視，就 A 自變數而言，有 A1 與 A2 等 2 個橫列框；B 自變數則有 B1、B2、B3 等 3 個直行框。此時的資料切割分組則是切成 2 個橫列框資料與 3 個直行框資料的向度來進行事後比較。亦即，在 A1 資料框中，B1、B2、B3 兩兩比較為何？在 A2 資料框中，B1、B2、B3 兩兩比較為何？這就是考量 A 自變數的影響，B 自變數對依變數的影響情形。另外，在 B1 資料框中，A1、A2 兩兩比較為何？在 B2 資料框中，A1、A2 兩兩比較為何？在 B3 資料框中，A1、A2 兩兩比較為何？這就是考量 B 自變數的影響，A 自變數對依變數的影響情形。

　　使用「**statsmodels**」模組創建新的交互作用資料欄，並執行事後比較來瞭解切割分組後的分析內容（如圖 7-24）。

```
import statsmodels.stats.multicomp as mc
interaction_groups = 'Race_' + df.Race.astype(str)+ '&' + 'ExpectEdu_' +
                df.ExpectEdu.astype(str)
comp = mc.MultiComparison(df['pl'], interaction_groups)
post_hoc_res = comp.tukeyhsd()
post_hoc_res.summary()
```

```
import statsmodels.stats.multicomp as mc
interaction_groups = 'Race_' + df.Race.astype(str) + '&' + 'ExpectEdu_' + df.ExpectEdu.astype(str)
comp = mc.MultiComparison(df['pl'], interaction_groups)
post_hoc_res = comp.tukeyhsd()
post_hoc_res.summary()
```

Multiple Comparison of Means - Tukey HSD, FWER=0.05

group1	group2	meandiff	p-adj	lower	upper	reject
Race_1&ExpectEdu_1	Race_1&ExpectEdu_2	0.3488	0.6757	-0.2374	0.935	False
Race_1&ExpectEdu_1	Race_1&ExpectEdu_3	0.3176	0.8673	-0.3187	0.9539	False
Race_1&ExpectEdu_1	Race_1&ExpectEdu_4	0.5547	0.2818	-0.1502	1.2595	False
Race_1&ExpectEdu_1	Race_2&ExpectEdu_2	0.4426	0.5383	-0.2242	1.1094	False
Race_1&ExpectEdu_1	Race_2&ExpectEdu_3	0.2738	0.9	-0.5682	1.1158	False
Race_1&ExpectEdu_1	Race_2&ExpectEdu_4	0.3095	0.9	-0.6812	1.3003	False
Race_1&ExpectEdu_1	Race_3&ExpectEdu_1	0.7857	0.2707	-0.205	1.7764	False
Race_1&ExpectEdu_1	Race_3&ExpectEdu_2	-0.0	0.9	-0.6266	0.6266	False
Race_1&ExpectEdu_1	Race_3&ExpectEdu_3	-0.2429	0.9	-1.3579	0.8722	False
Race_1&ExpectEdu_1	Race_3&ExpectEdu_4	0.3268	0.9	-0.5355	1.1892	False
Race_1&ExpectEdu_2	Race_1&ExpectEdu_3	-0.0312	0.9	-0.3379	0.2755	False
Race_1&ExpectEdu_2	Race_1&ExpectEdu_4	0.2059	0.9	-0.2255	0.6373	False
Race_1&ExpectEdu_2	Race_2&ExpectEdu_2	0.0938	0.9	-0.272	0.4597	False
Race_1&ExpectEdu_2	Race_2&ExpectEdu_3	-0.075	0.9	-0.7059	0.556	False
Race_1&ExpectEdu_2	Race_2&ExpectEdu_4	-0.0393	0.9	-0.8583	0.7798	False
Race_1&ExpectEdu_2	Race_3&ExpectEdu_1	0.4369	0.7987	-0.3821	1.256	False
Race_1&ExpectEdu_2	Race_3&ExpectEdu_2	-0.3488	0.0044	-0.6349	-0.0627	True
Race_1&ExpectEdu_2	Race_3&ExpectEdu_3	-0.5916	0.6404	-1.5573	0.374	False

圖 7-24　輸出單純主要效果事後比較（部分結果）

　　可以發現，單純主要效果事後比較分析的分組非常多，可以理解為自變數 A 與自變數 B 的交互作用下，針對內容 A×B 因子作細分，其中，自變數「Race」（族群）的編碼有「本省閩南、客家、原住民」等 3 類；「ExpectEdu」（期望教育）的編碼有「高中、大學、碩士、博士」等 4 類。因而，其結果可以思考為關於 A 因子（族群）方面及 B 因子（期望教育）兩個大類面向。

(1) 關於 A 因子（年齡）方面

a. 在期望教育為高中（**B1**）時，不同族群對靜態休閒參與的影響，是否有顯著差異？

b. 在期望教育爲大學（**B2**）時，不同族群對靜態休閒參與的影響，是否有顯著差異？

c. 在期望教育爲碩士（**B3**）時，不同族群對靜態休閒參與的影響，是否有顯著差異？

d. 在期望教育爲博士（**B4**）時，不同族群對靜態休閒參與的影響，是否有顯著差異？

(2) **關於 B 因子（期望教育）方面**

a. 在族群爲本省閩南（**A1**）時，不同期望教育對靜態休閒參與的影響，是否有顯著差異？

b. 在族群爲客家（**A2**）時，不同期望教育對靜態休閒參與的影響，是否有顯著差異？

c. 在族群爲原住民（**A3**）時，不同期望教育對靜態休閒參與的影響，是否有顯著差異？

亦即，從單列與單行來思考時，直接思考爲在 A 或 B 因子方面對依變數的影響（如表 7-5）。例如：關於 B 因子（期望教育）方面對靜態休閒參與的影響，從 A1 這一列來看，可以針對 B1（高中）、B2（大學）、B3（碩士）、B4（博士）作比較，結果發現從 A1&B1 和 A1&B2 比較、A1&B1 和 A1&B3 比較、A1&B1 和 A1&B4 比較，p 值大於 0.05 未達顯著或是 reject 皆返回「False」表示沒有顯著差異。

而關於 A 因子（族群）方面對靜態休閒參與的影響，從 B2 這一行來看，若 A1&B2 和 A3&B2 比較後，p 值小於 0.05 達到顯著或是 reject 返回「True」表示有差異，則可以理解爲在 B2（期望教育爲大學時）資料框中，A1（本省閩南）與 A3（原住民）有顯著差異存在。因此，可以理解爲在 A1 資料框中，B1、B2、B3、B4 之間並沒有顯著差異。具體而言，針對交互作用的單純主要分析可以依序按照此一思維查找自變數之間的差異情形。雖然，輸出資料非常繁雜，但把握住此一概念之後，則也可以順利瞭解輸出結果。

表 7-5　二因子單純主要效果分析事後比較概念表

	B1 高中	B2 大學	B3 碩士	B4 博士
A1 本省閩南	A1B1	A1B2	A1B3	A1B4
A2 客家	A2B1	A2B2	A2B3	A2B4
A3 原住民	A3B1	A3B2	A3B3	A3B4

7.5　二因子變異數分析：混合設計

二因子混合設計變異數分析（two-way mixed-design ANOVA）是二個自變數 A 與 B，而其中一個自變數是獨立樣本、一個自變數是相依樣本，要分析二個自變數 A 與 B 對某個連續變數 Y 的影響效果。例如：「性別（A）對凝聚力（Y）的效果，要視活動實施（B）來決定。」在這個例子中，性別是獨立樣本變數、活動實施則是相依樣本變數，活動實施前（第 1 週測量）、中（第 6 週測量）、後（第 12 週測量）的對象有多個凝聚力分數。使用者想要瞭解，學生在介入探索教育活動實施之後，性別與活動實施對凝聚力的影響效果。

首先，使用者採用「**TPRMOE2018.csv**」檔案，讀取指派變數之後，先將要分析的變數由寬格式數據集轉換為長格式數據集（如圖 7-25）。

```
import pandas as pd
df = pd.read_csv('TPRMOE2018.csv')
print(df.info())
```

```
import pandas as pd
df = pd.read_csv('TPRMOE2018.csv')
print(df.info())

<class 'pandas.core.frame.DataFrame'>
RangeIndex: 38 entries, 0 to 37
Data columns (total 32 columns):
 #   Column      Non-Null Count  Dtype
---  ------      --------------  -----
 0   No          38 non-null     int64
 1   feedback    38 non-null     int64
 2   gender      38 non-null     int64
 3   age         38 non-null     int64
 4   sportyear   38 non-null     int64
 5   cohnesion1  38 non-null     float64
 6   cohnesion2  38 non-null     float64
 7   cohnesion3  38 non-null     float64
```

圖 7-25　輸出讀取指派變數資訊

1. 轉換資料為長格式數據集

　　將寬格式數據集轉換爲長格式數據集，先將要分析的變數行標籤「No、gender、cohnesion1、cohnesion2、cohnesion3」等資料，指派變數爲寬格式數據集，並輸出按照 No 排序的前 10 筆寬格式數據集資料（如圖 7-26）（轉換概念請參考單因子重複量數變異數分析乙節說明）。

```
wide_format = df[['No', 'gender', 'cohnesion1', 'cohnesion2', 'cohnesion3']]
wide_format.sort_values('No').head(10)
```

```
wide_format = df[['No','gender', 'cohnesion1', 'cohnesion2', 'cohnesion3']]
wide_format.sort_values('No').head(10)
```

	No	gender	cohnesion1	cohnesion2	cohnesion3
0	1	1	3.555556	5.000000	5.000000
1	2	0	3.777778	4.333333	4.777778
2	3	1	4.000000	5.000000	4.555556
3	4	1	3.222222	4.888889	4.888889
4	5	0	4.000000	4.000000	3.777778
5	6	1	3.888889	4.222222	4.000000
6	7	1	3.777778	4.333333	3.777778
7	9	0	4.000000	5.000000	5.000000
8	10	0	3.777778	4.333333	4.555556
9	11	0	3.000000	3.777778	3.777778

圖 7-26　輸出寬格式數據集資料

接著，利用將寬格式數據集轉置爲長格式數據集資料的轉置函式 **pd.melt()**，先指定長格式數據集的序號變數（與寬格式數據集一致的行標籤變數）爲「id_vars=' 行標籤名稱 1'、' 行標籤名稱 2'」，且將寬格式中的分析變數，轉換成長格式中的「變數值內容」（原寬格式數據集中的行標籤名稱）爲「value_vars=['cohnesion1', 'cohnesion2', 'cohnesion3']，以及任意給定該變數值的新增行標籤名稱爲「var_name 的 ' 行標籤名稱 2'」，與前述變數值所對應的數值轉換後的新增行標籤名稱爲「value_name 的 ' 行標籤名稱 3'」，並輸出按照 No 排序的前 10 筆寬格式數據集資料（如圖 7-27）。

```
long_format = pd.melt(wide_format, id_vars=['No', 'gender'],
                      value_vars=['cohnesion1', 'cohnesion2', 'cohnesion3'],
                      var_name='cohnesion', value_name='cohnvalue')
long_format.sort_values('No').head(10)
```

```
long_format = pd.melt(wide_format, id_vars=['No', 'gender'],
                      value_vars=['cohnesion1', 'cohnesion2', 'cohnesion3'],
                      var_name='cohnesion', value_name='cohnvalue')
long_format.sort_values('No').head(10)
```

	No	gender	cohnesion	cohnvalue
0	1	1	cohnesion1	3.555556
76	1	1	cohnesion3	5.000000
38	1	1	cohnesion2	5.000000
1	2	0	cohnesion1	3.777778
77	2	0	cohnesion3	4.777778
39	2	0	cohnesion2	4.333333
2	3	1	cohnesion1	4.000000
78	3	1	cohnesion3	4.555556
40	3	1	cohnesion2	5.000000
3	4	1	cohnesion1	3.222222

圖 7-27　輸出長格式數據集資料

2. 執行二因子混合設計變異數分析

　　執行二因子混合設計變異數分析時，採用「**pingouin**」模組使用函式 **pingouin.mixed_anova()**：

pingouin.mixed_anova(data= 讀取指派變數 , dv=' 依變數 ', within=' 自變數 2：重複量數行標籤名稱 ', subject=' 字串 ', between=' 自變數 1', correction='auto', effsize='np2')

```
import pingouin as pg
pg.mixed_anova(data=long_format, dv='cohnvalue',
               within='cohnesion', subject='No',
```

```
between='gender', correction='auto',
effsize='np2')
```

```
import pingouin as pg
pg.mixed_anova(data=long_format, dv='cohnvalue',
               within='cohnesion', subject='No',
               between='gender', correction='auto',
               effsize='np2')
```

	Source	SS	DF1	DF2	MS	F	p-unc	np2	eps
0	gender	0.069991	1	36	0.069991	0.133660	7.168064e-01	0.003699	NaN
1	cohnesion	11.308859	2	72	5.654429	35.117251	2.268775e-11	0.493794	0.993492
2	Interaction	0.151508	2	72	0.075754	0.470475	6.266120e-01	0.012900	NaN

圖 7-28　輸出二因子混合設計變異數分析

　　結果發現，自變數交互作用 F 值為 0.47，p 值為 6.26e-01，交互作用效果並未達顯著（p=6.26e-01=0.626 大於 0.05）。因而，各別自變數對依變數的影響，並不會受到另一自變數的變化而改變。而由於交互作用不顯著，則主要檢視各因子對依變數的主要效果，若 F 值達到顯著則針對該因子變異數分析進行事後比較。就結果檢視，因子「gender」的 F 值為 0.13，p 值為 7.17e-01 大於 0.05 未達顯著；而因子「cohnesion」的 F 值為 35.12，p 值為 2.27e-11 小於 0.05 達到顯著，表示應該針對「cohnesion」作事後比較分析以釐清因子間的差異情形（如圖 7-28）（建議參考事後比較分析乙節對長格式數據集進行分析）。執行事後比較結果顯示，凝聚力第 1 測（3.40 ± 0.41）與第 2 測（4.37 ± 0.58）有顯著差異，且第 1 測也與第 3 測（4.37 ± 0.57）有顯著差異，從平均數可以發現學生經過探索教育實施之後，在凝聚力部分有顯著提升，且 6 週之後即有良好的效果。

💻 Python 手把手教學 07：單因子變異數分析

有一份針對高中學生休閒參與行為的調查，探討不同期望教育學生在社會關係中的「社會支持」有沒有差異。

該份調查資料為「**python2011nsc.csv**」檔案，使用者先讀取資料並指派變數為「df」，在檢視變數的行標籤或詳細資訊之後（使用者輸出行標籤），進行議題的分析方式作選擇（如圖 7-29）。

```python
import pandas as pd
df = pd.read_csv('python2011nsc.csv')
print(df.columns)
```

```
import pandas as pd
df = pd.read_csv('python2011nsc.csv')
print(df.columns)

Index(['NO', 'Gender', 'DateOfBirth', 'Race', 'FaEdu', 'MomEdu', 'FaexpEdu',
       'CoexpEdu', 'Income', 'Grade', 'Level', 'Sportyear', 'ExpectEdu', 'a1',
       'a2', 'a3', 'a4', 'a5', 'a6', 'a7', 'b1', 'b2', 'b3', 'b4', 'b5', 'b6',
       'c1', 'c2', 'c3', 'c4', 'c5', 'c6', 'c7', 'c8', 'c9', 'c10', 'p1', 'al',
       'ss', 'tr', 'blue', 'achievement', 'alienance'],
      dtype='object')
```

圖 7-29　輸出變數所有行標籤

按照議題說明，使用者主要是要探討自變數「ExpectEdu」（期望教育）在依變數「ss」（社會支持）的差異情形，由於自變數「ExpectEdu」是屬於 4 個水準的間斷變數，依變數「ss」屬於連續變數，如果變數皆符合 ANOVA 假定的常態分布、變異數同質性、獨立性等規範，則建議可以採用單因子變異數分析進行差異檢定（本章假設各項 ANOVA 分析要求皆符合假定）。

1. 取得變數的描述統計

針對自變數「ExpectEdu」（期望教育）在依變數「ss」（社會支持）的描述統計資料，可以取得自變數「ExpectEdu」在依變數「ss」的個數、平均數與標準差等資料（如圖 7-30）。

建議使用「**researchpy**」模組並簡寫為 rp，且使用描述統計摘要內容函式：

researchpy.summary_cont(df[' 依變數 '].groupby(df[' 自變數 ']))

```
import researchpy as rp
rp.summary_cont(df['ss'].groupby(df['ExpectEdu']))
```

```
import researchpy as rp
rp.summary_cont(df['ss'].groupby(df['ExpectEdu']))
```

ExpectEdu	N	Mean	SD	SE	95% Conf.	Interval
1	21	3.7937	0.8786	0.1917	3.3937	4.1936
2	388	4.0223	0.6386	0.0324	3.9586	4.0861
3	76	4.2193	0.6123	0.0702	4.0794	4.3592
4	45	4.1481	0.7055	0.1052	3.9362	4.3601

圖 7-30 輸出分析變數的描述統計

從輸出結果得知，「ExpectEdu」（期望教育）中的 1 爲高中、2 爲大學、3 爲碩士、4 爲博士。其中，「ExpectEdu」（期望教育）爲高中樣本個數爲 21 個，在「ss」上的得分爲 3.79 ± 0.88；大學樣本個數爲 388 個，在「ss」上的得分爲 4.02 ± 0.64；碩士樣本個數爲 76 個，在「ss」上的得分爲 4.22 ± 0.61；博士樣本個數爲 45 個，在「ss」上的得分爲 4.15 ± 0.71（如圖 7-30）。

※ **提醒**：一般來說，根據中央極限定理來說，樣本數大於 30 則可以視爲大樣本，也就是樣本會趨近於常態分布。因而，如果分組的樣本數小於 30 則會建議併組，以避免產生較多誤差。

由於原始變數「ExpectEdu」中的某一分組樣本數小於 30，爲了避免分析時較大偏誤產生，使用者建議透過數值轉換函式 **map()** 建立新的行標籤與整併組別。因而，使用者建議將自變數的 4 個分組整併爲 3 個分組，考量原始變數中在期望教育爲高中的樣本不到 30，爲了符合各組樣本數大於 30，則作法採用建立新的行標籤變數爲「eduasp3」（期望教育）內的分組 1 爲「大學以下」、2 爲「碩士」、3 爲「博士」。使用者整併組別後建立新的行標籤變數，並透過描述統計呈現結果（數值轉換的重新編碼與建立新行標籤可以參考 Pandas 數據資料處理乙章內容）。

```
df['eduasp3'] = df['ExpectEdu'].map({1:1, 2:1, 3:2, 4:3})
rp.summary_cont(df['ss'].groupby(df['eduasp3']))
```

```
df['eduasp3'] = df['ExpectEdu'].map({1:1, 2:1, 3:2, 4:3})
rp.summary_cont(df['ss'].groupby(df['eduasp3']))
```

	N	Mean	SD	SE	95% Conf.	Interval
eduasp3						
1	409	4.0106	0.6536	0.0323	3.9471	4.0741
2	76	4.2193	0.6123	0.0702	4.0794	4.3592
3	45	4.1481	0.7055	0.1052	3.9362	4.3601

圖 7-31 輸出分析新變數的描述統計

　　從輸出結果得知（如圖 7-31），新指派變數「eduasp3」（期望教育）中的 1 為大學以下、2 為碩士、3 為博士。其中，「eduasp3」（期望教育）為大學以下樣本個數為 409 個，在「ss」上的得分為 4.01 ± 0.65；碩士樣本個數為 76 個，在「ss」上的得分為 4.22 ± 0.61；博士樣本個數為 45 個，在「ss」上的得分為 4.15 ± 0.71。

2. 執行單因子變異數分析

(1) 使用 pingouin 模組執行 ANOVA

　　使用者採用「**pingouin**」模組簡寫為 pg，並使用單因子變異數分析函式：

pg.anova(dv = ' 依變數 ', between = ' 自變數 ', data = myDf, detailed = True)

```
import pingouin as pg
aov = pg.anova(dv = 'ss', between = 'eduasp3' , data = df, detailed = True)
aov
```

```
import pingouin as pg
aov = pg.anova (dv = 'ss', between = 'eduasp3' , data = df, detailed = True)
aov
```

	Source	SS	DF	MS	F	p-unc	np2
0	eduasp3	3.244302	2	1.622151	3.8111	0.022736	0.014257
1	Within	224.311463	527	0.425638	NaN	NaN	NaN

圖 7-32　輸出 pingouin 變異數分析

　　從單因子變異數分析輸出的結果可知（如圖 7-32），「eduasp3」（期望教育）在「ss」（社會支持）的差異分析 F 值為 3.81，p 值為 0.02 小於 0.05 達到顯著差異。亦即，不同期望教育的學生在社會支持上有顯著差異。然而，由於自變數組內有 3 個分組，則需要進行事後比較來釐清自變數中的組內差異情形。

(2) 使用 statsmodels 模組執行 ANOVA

　　另外，執行 ANOVA 分析也可以使用「**statsmodels**」模組中變異數分析函式 **anova_lm()**，並配合參數估計的「普通最小平方法」函式 **ols()** 執行，ols() 的參數中為（' 依變數 ~ 自變數 ', data = 指派變數），若自變數為間斷變數則使用「虛擬編碼」（dummy-encoding）的引數 C(變數) 處理，茲提供程式碼作執行與輸出結果供參考。其輸出結果與上述結果相同，F 值為 3.81 達到顯著（p < 0.05）（如圖 7-33）。

```
import statsmodels.api as sm
from statsmodels.formula.api import ols
model = ols('ss ~ C(eduasp3)', data= df).fit()
aovRes= sm.stats.anova_lm(model)
aovRes
```

```
import statsmodels.api as sm
from statsmodels.formula.api import ols
model = ols('ss ~ C(eduasp3)', data= df).fit()
aovRes= sm.stats.anova_lm(model)
aovRes
```

	df	sum_sq	mean_sq	F	PR(>F)
C(eduasp3)	2.0	3.244302	1.622151	3.8111	0.022736
Residual	527.0	224.311463	0.425638	NaN	NaN

圖 7-33　輸出 statsmodels 變異數分析

3. 事後比較分析

　　若變異數分析 F 值達到顯著，表示自變數組內至少有兩組存在差異的情形。此時，則需要執行事後比較分析來釐清自變數組內的差異內容。使用者採用「**pingouin**」模組中函式 **pairwise_ttests()** 的「Bonferroni」方法進行自變數組內的兩兩比較。

```
import pingouin as pg
pg.pairwise_ttests(dv='ss', between='eduasp3', padjust='bonf', data=df,
correction=False)
```

```
import pingouin as pg
pg.pairwise_ttests(dv='ss', between='eduasp3', padjust='bonf', data=df, correction=False)
```

	Contrast	A	B	Paired	Parametric	T	dof	alternative	p-unc	p-corr	p-adjust	BF10	hedges
0	eduasp3	1	2	False	True	-2.580978	483.0	two-sided	0.010146	0.030438	bonf	3.182	-0.321893
1	eduasp3	1	3	False	True	-1.329361	452.0	two-sided	0.184399	0.553198	bonf	0.383	-0.208440
2	eduasp3	2	3	False	True	0.583418	119.0	two-sided	0.560716	1.000000	bonf	0.233	0.109046

圖 7-34　輸出 pingouin 的 ANOVA 事後比較

　　透過事後比較分析可知（如圖 7-34），在比較「eduasp3」（期望教育）組內差異的兩兩比較說明如下：

　　第 0 列的組別 1 與組別 2 比較後 t 值為 -2.58，p 值為 0.010 小於 0.05 達到顯著差異。因為 t 值為負，顯示組別 1 的平均數減組別 2 的平均數為負，因而組別 1 在依變數「ss」（社會支持）得分平均數顯著低於組別 2。

　　第 1 列的組別 1 與組別 3 比較後 t 值為 -1.33，p 值為 0.184 大於 0.05 未達顯著差異。

　　第 2 列的組別 2 與組別 3 比較後 t 值為 0.58，p 值為 0.561 大於 0.05 未達顯著差異。

　　亦即，高中學生的期望教育為碩士（4.22 ± 0.61），在社會支持的得分顯著高於期望教育為大學以下者（4.01 ± 0.65）。

4. 製作變異數分析報表

　　彙整相關結果並製作報表，報表中呈現可以納入自變數分組的個數、平均數、標準差、F 值與事後比較；或者是，藉由輸出結果納入離均差平方和（SS）、自由度（df）、平均平方和（MS）、F 值與事後比較的結果（如表 7-6）。

　　透過報表整理，可以得知不同期望教育高中學生在社會支持（F = 3.81, p < 0.05）上有顯著差異，且經由事後比較發現，高中學生的期望教育為碩士者在社會支持上顯著高於期望教育為大學以下者（如表 7-7）。

表 7-6　期望教育對社會支持的差異分析摘要表

依變數	變數	個數	平均數	標準差	F	事後比較
社會支持	1. 大學以下	409	4.01	0.65	3.81*	2 > 1
	2. 碩士	76	4.22	0.61		
	3. 博士	45	4.15	0.71		

* *p* < .05

表 7-7　期望教育對社會支持的變異數分析摘要表

	離均差平方和（SS）	自由度（df）	平均平方和（MS）	F	事後比較
組間	3.24	2	1.62	3.81*	2 > 1
組內	224.31	527	0.43		

* *p* < .05，1. 大學以下、2. 碩士、3. 博士

非參數檢定

🔔 8.1 非參數檢定的概念

一般常用的 t 檢定、F 檢定、Z 檢定，或 ANOVA 檢定獨立樣本在某些特徵的比較，都是針對具有常態分布的總體（population），其主要用的統計量是平均數及標準差。因而，這些檢定是基於總體符合常態分布的前提條件來執行，此時使用的檢定稱為參數檢定（parametric test）。而統計總體（statistic population）也稱母體或整體，指統計學中由許多具有某一共同性質或特徵組成的集合，且可以在此集合中選出樣本進行統計推論。

然而，在實際的調查資料中，有許多情況是總體分布未知的狀態，或者是樣本分布沒有符合常態分布，則 t 檢定、F 檢定、Z 檢定不適用，則此時為了檢定某些特徵就需要使用「非參數檢定」（non-parametric test）。而非參數檢定亦即不以「總體服從特定機率分配」為前提的統計方法總稱（栗原伸一、丸山敦史，2019）。而非參數檢定也稱為無母數檢定，其使用時機說明如下（吳明隆、涂金堂，2006；邱皓政，2019）：

1. 當觀察值不符合常態分布

當總體分布情況未明，或樣本觀察值不符合常態分布，且無適當的轉換方法，或者是轉換後的觀察值仍不符合常態時，為了盡量減少或不修改其建立之模型，採用非參數檢定會較具穩健特性。

2. 樣本數太小

樣本數若少於 30 人則屬於小樣本，或者是每組人數少於 10 人，可以採用非參數檢定較為簡便。

3. 違反變異數同質性檢定

執行 t 檢定與 ANOVA 檢定時，違反變異數同質性檢定，則也可以採用非參數檢定。

　　基本上，非參數檢定的方法適用範圍比較廣，因為無論樣本所處的總體分布形式，小樣本數或者是非精確測量的資料，還是等級資料都可以使用；然而，適合使用參數檢定的資料則不建議使用非參數檢定，以避免遺失某些資訊或導致檢驗效率下降的情形（栗原伸一、丸山敦史，2019）。

　　另外，來自不同總體不同類型的資料，有許多可以選擇的非參數檢定方法，且因應檢定目的不同，非參數檢定大致上可以分為對單一樣本的檢定、對兩個樣本的檢定，以及對多個樣本的檢定等，且這些眾多的檢定方法中，等級（rank）是非參數檢定中最常用的概念與方式（阮敬，2019）。而等級的概念就是將一組數據按照大小依序排列之後，每個數值所獲得的位置序號。

🔔 8.2　二組獨立樣本的非參數檢定

　　使用者以「**python2011nsc.csv**」檔案作範例，首先載入「**pandas**」模組並縮寫為「pd」（import pandas as pd），再讀取資料檔案指派變數為「df」（df = pd.read_csv('python2011nsc.csv')），該資料共有 530 筆資料，以執行後續資料分析。

1. 違反 t 檢定假設

　　使用者使用 t 檢定時應該要符合基本假設，然而，若依變數分布不符合常態分布時，或是樣本數少於 30，抑或變異數不同質時，則需要使用非參數檢定。

2. 常態分布檢定

　　檢定常態分布可以針對大、小樣本有不同的方式，建議如下：

(1) 樣本數小於 30（n ≤ 30），建議使用 shapiro 函式

　　先載入「**scipy**」模組（from scipy import stats），如果是小樣本數（n ≤ 30），建議使用函式 **shapiro()** 檢定常態分布。使用者透過「**pandas**」模組中隨

機抽樣的函式 **sample()**，先將指派變數「df」隨機抽取 25 份樣本並指派變數爲「**dfrandom**」作分析。

接下來，則針對變數「pl」（靜態休閒參與）作常態分布檢定（因爲是隨機抽取樣本，每次抽到的樣本不同也會有不同的結果）。

輸出統計結果顯示統計量爲 0.88，p 值爲 0.006 小於 0.05，表示變數不符合常態分布（如圖 8-1）。

```
from scipy import stats
dfrandom = df.sample(n = 25)
print(stats.shapiro(dfrandom['pl']))
```

```
from scipy import stats
dfrandom = df.sample(n = 25)
print(stats.shapiro(dfrandom['pl']))

ShapiroResult(statistic=0.8770109415054321, pvalue=0.005999485030770302)
```

圖 8-1　輸出小樣本常態分布檢定

(2) 樣本數大於 30（n > 30），建議使用 normaltest 函式

載入「**scipy**」模組（from scipy import stats），如果是大樣本數（n > 30），建議使用函式 **normaltest()** 檢定常態分布，使用者使用有 530 爲資料的指派變數「df」，且同樣針對變數「pl」（靜態休閒參與）作常態分布檢定（如圖 8-2）。

```
from scipy import stats
print(stats.normaltest(df['pl']))
```

```
from scipy import stats
print(stats.normaltest(df['pl']))

NormaltestResult(statistic=18.594946352243053, pvalue=9.165553651982427e-05)
```

圖 8-2　輸出大樣本常態分布檢定

　　此一範例中，兩種方式的常態分布檢定的輸出結果相同（因為資料筆數共
530筆），statistic 表示統計量，pvalue 表示p值，兩者的p值都小於0.05（例如：
e-3 表示數值要乘上 -10 的 3 次方），表示變數資料不符合常態分布假設。如果
變數檢定不符合常態分布，則建議使用非參數統計（nonparametric statistics）。

3. 變異數同質性檢定

　　使用者針對 t 檢定主要是針對自變數為 2 個分組的水準作探討，因而在樣
本的同質性檢定，採用行標籤「Gender」（性別）作說明。首先，載入「**scipy.
stats**」模組並簡寫為「stats」（import scipy.stats as stats），使用 Levene 變異數
同質性檢定，並假設自變數 2 個分組的樣本變異數相等，可以使用 scipy.stats 模
組中的函式 **levene()** 作檢定（如圖 8-3）。

```
import scipy.stats as stats
stats.levene(df['pl'][df['Gender'] == 1],
             df['pl'][df['Gender'] == 0],
             center= 'mean')
```

```
import scipy.stats as stats
stats.levene(df['pl'][df['Gender'] == 1],
             df['pl'][df['Gender'] == 0],
             center= 'mean')
```
```
LeveneResult(statistic=1.2108435532605806, pvalue=0.2716665405781743)
```

圖 8-3　Levene 變異數同質性檢定

　　從 Levene 變異數同質性檢定結果的統計量為 1.21，p 值為 0.27 大於 0.05，顯示兩組變異數的差異未達顯著，表示性別中的男生與女生在「靜態休閒參與」的變異數並沒有不同，也就是具有變異數同質性。

4. 獨立樣本中位數比較的等級檢定

(1) Wilcoxon 等級總和檢定

　　載入「**scipy.stats**」模組並簡寫為「stats」，並使用函式 **stats.ranksums** 可以進行 Wilcoxon 等級總和檢定（Wilcoxon rank-sum test），可以檢定近似常態分布及其雙尾檢定的 p 值。Wilcoxon 等級總和檢定函式：

stats.ranksums(df[df[' 自變數 ']== 鍵值 1][' 依變數 '],
　　　　　df[df[' 自變數 ']== 鍵值 2][' 依變數 '])

```
import scipy.stats as stats
stats.ranksums(df[df['Gender']==1]['pl'],
               df[df['Gender']==0]['pl'])
```

```
import scipy.stats as stats
stats.ranksums(df[df['Gender']==1]['pl'],
               df[df['Gender']==0]['pl'])
```
```
RanksumsResult(statistic=2.33550813713402, pvalue=0.019516891318122787)
```

圖 8-4　二組獨立樣本中位數 Wilcoxon 等級總和檢定

　　二組獨立樣本 Wilcoxon 等級總和檢定輸出結果統計量為 2.34，p 值為 0.020 小於 0.05，顯示二組獨立樣本中位數具有差異（如圖 8-4）。

(2) Mann-Whitney U 等級檢定

　　非參數檢定方法不受限資料分布的狀態，一樣可以用在比較二組獨立樣本的 Mann-Whitney U 檢定（two-sample Mann-Whitney U test），主要也是比較二組獨立樣本的中位數（median），同樣是將資料排序之後用排序的等級作統計分析。

　　使用者載入「**scipy.stats**」模組並簡寫為「stats」，並使用函式 **stats. mannwhitneyu()**，可以進行 Mann-Whitney U 等級檢定。

```
import scipy.stats as stats
dat1 = df[df['Gender']==1]['pl']
dat2 = df[df['Gender']==0]['pl']
stats.mannwhitneyu(dat1, dat2,
                   use_continuity = True,
                   alternative = 'two-sided')
```

```
import scipy.stats as stats
dat1 = df[df['Gender']==1]['pl']
dat2 = df[df['Gender']==0]['pl']
stats.mannwhitneyu(dat1, dat2,
                   use_continuity = True,
                   alternative = 'two-sided')
```
MannwhitneyuResult(statistic=31063.0, pvalue=0.018147137084085715)

圖 8-5　二組獨立樣本 Mann-Whitney U 等級檢定

　　二組獨立樣本 Mann-Whitney U 等級檢定輸出結果統計量為 31063.0，p 值為 0.018 小於 0.05，顯示二組獨立樣本中位數具有差異（如圖 8-5）。

🔔 8.3　多組樣本的非參數檢定

　　使用者以「**python2011nsc.csv**」檔案作範例，首先載入「**pandas**」模組並縮寫為「pd」（import pandas as pd），再讀取資料檔案指派變數為「df」（df = pd.read_csv('python2011nsc.csv')），該資料共有 530 筆資料，以執行後續資料分析。

1. 非參數單因子變異數分析（non-parametric one-way ANOVA）

　　為了使檢定樣本關聯的 p 值有效，ANOVA 檢定必須滿足重要假設為：「樣本是獨立的，或者是每個樣本都是來自常態分布的總體、各組的變異數都相等。」

　　如果樣本是符合常態分布且變異數相等時，經典變異數分析則有良好的檢定力。但是，如果樣本具有變異數不同質時，則建議使用 Welch ANOVA 或 Kruskal-Wallis ANOVA 來對型一錯誤作更好的控制（Liu, 2015）。

　　Welch 檢定是其創建者 Bernard Lewis Welch 的名字命名，是 Student's t 檢定的改編版本，當兩個樣本的變異數不相等或樣本大小不等時進行檢定更為可信。

(1) **使用** one way Welch ANOVA

非參數檢定的 Welch ANOVA 方式，可以載入「**pingouin**」模組並簡寫為「**pg**」，且使用模組中的**函式 pingouin.welch_anova()**：

pg.welch_anova(dv = ' 依變數 ', between = ' 自變數 ', data = 指派變數)

使用者想瞭解不同族群學生在靜態休閒參與的差異，則函式中採用依變數為「pl」（靜態休閒參與），自變數為「Race」（族群）進行分析。

```
import pandas as pd
import pingouin as pg
df = pd.read_csv('python2011nsc.csv')
pg.welch_anova(dv = 'pl', between = 'Race', data = df)
```

```
import pandas as pd
import pingouin as pg
df = pd.read_csv('python2011nsc.csv')
pg.welch_anova(dv = 'pl', between = 'Race', data = df)
```

	Source	ddof1	ddof2	F	p-unc	np2
0	Race	2	122.988928	4.824371	0.009615	0.023101

圖 8-6　輸出 Welch ANOVA 結果

從輸出分析結果可以得知，不同族群的學生在靜態休閒參與（$F = 4.82$, $p < 0.05$）上有顯著差異（如圖 8-6）。

(2) **使用** Kruskal-Wallis H-test for independent samples

使用者透過 Kruskal-Wallis H 檢定所有組別的總體中位數相等的原假設，它是 ANOVA 的非參數檢定版本。該測試適用於 2 個或更多獨立樣本，這些樣本可能具有不同的大小。由於假設 H 具有卡方分布，每組的樣本數一定不能太少，一個典型的規則是每個樣本必須至少有 5 次測量。

執行 Kruskal-Wallis H-test for independent samples 可以使用函式 **pingouin.kruskal()**：

pingouin.kruskal(dv = ' 依變數 ', between = ' 自變數 ', data = 指派資料變數 , detailed = False)

```
pg.kruskal(dv = 'pl', between = 'Race', data = df, detailed = False)
```

```
pg.kruskal(dv = 'pl', between = 'Race', data = df, detailed = False)
```

	Source	ddof1	H	p-unc
Kruskal	Race	2	8.167346	0.016845

圖 8-7　輸出 Kruskal ANOVA 結果

從輸出分析結果可以得知，不同族群的學生在靜態休閒參與（H = 8.17, p < 0.05）上有顯著差異（如圖 8-7）。

2. 變異數不同質的 Games-Howell 事後比較檢定

使用者遇到變異數不同質時，可以使用 Games-Howell 與 Tukey HSD 事後比較檢定非常相似，但前者對變異數異質性更加穩健（Games & Howell, 1976）。Tukey-HSD 事後比較檢定在經典的單因子變異數分析後是最佳的，而 Games-

Howell 在 Welch 變異數分析後則是最適合的。請注意，Games-Howell 對重複量數變異數分析無效，僅支援單因子變異數分析設計。

　　具體來說，如果各組的變異數不相等，則 Games-Howell 檢定更適合用來進行單因子變異數分析事後比較檢定。使用 Games-Howell 檢定函式：**pingouin.pairwise_gameshowell()**

```
pg.pairwise_gameshowell(data=df, dv='pl', between='Race')
```

```
pg.pairwise_gameshowell(data=df, dv='pl', between='Race')

    A  B   mean(A)    mean(B)      diff        se         T          df      pval      hedges
0   1  2  3.988566   4.034483  -0.045916  0.084858  -0.541099   79.142169  0.834660  -0.076161
1   1  3  3.988566   3.727599   0.260968  0.088343   2.954044  124.025461  0.010416   0.341297
2   2  3  4.034483   3.727599   0.306884  0.113117   2.712974  143.642196  0.020332   0.451631
```

圖 8-8　輸出 Games-Howell 事後比較檢定

　　從 Games-Howell 事後比較檢定輸出結果，可以看到編號第 0 列的組別 1 和組別 2 之間的 t 值為 -0.54，p 值為 0.83 未達顯著差異（$p > 0.05$）；編號第 1 列的組別 1 和組別 3 之間的 t 值為 2.95，p 值為 0.01 達到顯著差異（$p < 0.05$）；編號第 2 列的組別 2 和組別 3 之間的 t 值為 2.71，p 值為 0.02 達到顯著差異（$p < 0.05$）。因此，再透過檢視平均數則可以知道自變數中的組別 1（3.99）與組別 2（4.03）在依變數的得分顯著高於組別 3（3.73）（如圖 8-8）。

🖥 Python 手把手教學 08：非參數檢定

　　非參數檢定也稱為無母數檢定，在實際調查資料中的總體分布未知，或是樣本分布非常態、樣本太小、變異數不同質等情形，使得 t 檢定、F 檢定、Z 檢定

不適用時，可以考慮使用該一方式進行差異分析。

使用者以「**python2011nsc.csv**」檔案作範例，針對二組獨立樣本中位數比較的等級檢定分析。首先，載入「**pandas**」模組並縮寫為「pd」（import pandas as pd），再讀取資料檔案指派變數為「df」（df = pd.read_csv('python2011nsc.csv')），該資料共有 530 筆資料，以探討二組樣本與三組以上樣本的等級檢定分析。

1. 獨立樣本中位數比較的等級檢定

使用者透過非參數分析，比較不同性別學生在動態休閒參與的等級檢定，其中，自變數為「Gender」（性別），依變數為「blue」（憂鬱感）。

(1) Wilcoxon 等級總和檢定

載入「**scipy.stats**」模組並簡寫為「stats」，並使用函式 **stats.ranksums 執行** Wilcoxon 等級總和檢定（Wilcoxon rank-sum test），以檢定近似常態分布及其雙尾檢定的 p 值（如圖 8-9）。

```
import scipy.stats as stats
stats.ranksums(df[df['Gender']==1]['blue'],
               df[df['Gender']==0]['blue'])
```

```
import scipy.stats as stats
stats.ranksums(df[df['Gender']==1]['blue'],
               df[df['Gender']==0]['blue'])

RanksumsResult(statistic=-2.7328365793178757, pvalue=0.006279147876582592)
```

圖 8-9　二組獨立樣本中位數 Wilcoxon 等級總和檢定

　　二組獨立樣本 Wilcoxon 等級總和檢定輸出結果統計量為 -2.73，p 值為 0.006 小於 0.05，顯示二組獨立樣本中位數具有差異。亦即，不同性別學生的憂鬱感有顯著差異。

(2) Mann-Whitney U **等級檢定**

　　二組獨立樣本的 Mann-Whitney U 檢定（two-sample Mann-Whitney U test），主要也是比較二組獨立樣本的中位數（median），同樣是將資料排序之後用排序的等級作統計分析。

　　載入「**scipy.stats**」模組並簡寫為「**stats**」，並使用函式 **stats.mannwhitneyu()** 進行 Mann-Whitney U 等級檢定。

```
import scipy.stats as stats
dat1 = df[df['Gender']==1]['blue']
dat2 = df[df['Gender']==0]['blue']
stats.mannwhitneyu(dat1, dat2,
                   use_continuity = True,
                   alternative = 'two-sided')
```

```
import scipy.stats as stats
dat1 = df[df['Gender']==1]['blue']
dat2 = df[df['Gender']==0]['blue']
stats.mannwhitneyu(dat1, dat2,
                   use_continuity = True,
                   alternative = 'two-sided')

MannwhitneyuResult(statistic=23167.0, pvalue=0.005930884575354386)
```

圖 8-10　二組獨立樣本 Mann-Whitney U 等級檢定

二組獨立樣本 Mann-Whitney U 檢定輸出結果統計量爲 23167.0，p 值爲 0.006 小於 0.05，顯示二組獨立樣本中位數具有差異（如圖 8-10）。亦即，不同性別學生的憂鬱感有顯著差異。

2. 非參數單因子變異數分析（non-parametric one-way ANOVA）

對於樣本符合常態分布且變異數相等時，經典的變異數分析有良好的檢定力。反之，則建議使用 Welch ANOVA 或 Kruskal-Wallis ANOVA 來執行多樣本的比較。

(1) 使用 one-way Welch ANOVA

載入「**pingouin**」模組並簡寫爲「**pg**」，且使用非參數檢定的 Welch ANOVA 分析**函式 pingouin.welch_anova()**：

pg.welch_anova(dv = ' 依變數 ', between = ' 自變數 ', data = 指派變數)

使用者想比較不同族群學生在憂鬱感的差異，則函式中採用依變數爲「ss」（社會支持），自變數爲「ExpectEdu」（期望教育）進行分析（如圖 8-11）。

```
import pingouin as pg
pg.welch_anova(dv = 'ss', between = 'ExpectEdu', data = df)
```

```
import pingouin as pg
pg.welch_anova(dv = 'ss', between = 'ExpectEdu', data = df)
```

	Source	ddof1	ddof2	F	p-unc	np2
0	ExpectEdu	3	64.866799	2.978464	0.037833	0.018836

圖 8-11　輸出 Welch ANOVA 結果

　　從輸出分析結果可以得知，不同期望教育的學生在社會支持（F = 2.98, p < 0.05）上有顯著差異。

(2) **使用** Kruskal-Wallis H-test for independent samples

　　透過 Kruskal-Wallis H 檢定所有組別的總體中位數相等的原假設，它是 ANOVA 的非參數檢定版本。

```
import pingouin as pg
pg.kruskal(dv = 'ss', between = 'ExpectEdu', data = df, detailed = False)
```

```
import pingouin as pg
pg.kruskal(dv = 'ss', between = 'ExpectEdu', data = df, detailed = False)


             Source  ddof1      H     p-unc
Kruskal    ExpectEdu      3  8.680337  0.033857
```

圖 8-12　輸出 Kruskal ANOVA 結果

　　從輸出分析結果可以得知，不同期望教育的學生在社會支持（H = 8.68, p < 0.05）上有顯著差異（如圖 8-12）。

(3) **事後比較檢定**

　　使用者採用「**pingouin**」模組中兩兩比較函式 **pairwise_ttest()** 來進行組內兩兩比較，且設定為「非」參數分析（parametric = False）。

```
import pingouin as pg
pg.pairwise_ttests(dv='ss', between='ExpectEdu', data=df, parametric = False).
  round(3)
```

```
import pingouin as pg
pg.pairwise_ttests(dv='ss', between='ExpectEdu', data=df, parametric = False).round(3)
```

	Contrast	A	B	Paired	Parametric	U-val	alternative	p-unc	hedges
0	ExpectEdu	1	2	False	False	3486.5	two-sided	0.259	-0.350
1	ExpectEdu	1	3	False	False	567.0	two-sided	0.040	-0.624
2	ExpectEdu	1	4	False	False	357.5	two-sided	0.109	-0.459
3	ExpectEdu	2	3	False	False	12293.0	two-sided	0.020	-0.310
4	ExpectEdu	2	4	False	False	7551.0	two-sided	0.132	-0.194
5	ExpectEdu	3	4	False	False	1734.5	two-sided	0.895	0.109

圖 8-13　輸出 pairwise_ttest 事後比較

從輸出結果顯示，針對變數「ExpectEdu」（期望教育）組內的兩兩比較，有顯著者爲編號第 1、3 列。

編號第 1 列的組別 1 與組別 3 比較後 U 值爲 567（Mann-Whitney U 統計量），p 值爲 0.040 小於 0.05，達顯著差異；而編號第 3 列的組別 2 與組別 3 比較後 U 值爲 12293，p 值爲 0.020 小於 0.05，達顯著差異。顯示，期望教育編碼組別 1 的高中、組別 2 的大學及組別 3 的碩士之間有差異（如圖 8-13）。

進一步透過「**pandas**」模組的分組函式 **groupby()** 來檢視分組的平均數以利理解組間的差異。使用者將分組變數指派爲變數「g_expectedu」，並使用描述統計函式 **describe()** 輸出該變數的描述統計。

```
g_expectedu = df['ss'].groupby(df['ExpectEdu'])
print(g_expectedu.describe())
```

```
g_expectedu = df['ss'].groupby(df['ExpectEdu'])
print(g_expectedu.describe())
             count       mean       std       min       25%  50%       75%  max
ExpectEdu
1             21.0   3.793651  0.878611  2.000000  3.000000  4.0  4.666667  5.0
2            388.0   4.022337  0.638568  2.333333  3.666667  4.0  4.333333  5.0
3             76.0   4.219298  0.612349  2.333333  3.666667  4.0  5.000000  5.0
4             45.0   4.148148  0.705518  2.333333  4.000000  4.0  4.666667  5.0
```

圖 8-14 輸出分組變數的描述統計

　　亦即，組別 3 的期望教育爲碩士者（4.22 ± 0.61）在社會支持上顯著高於組別 1 的期望教育爲高中就好（3.79 ± 0.88）與組別 2 的期望教育爲大學（4.02 ± 0.64）的學生（如圖 8-14）。

　　※ **提醒**：當然，如果要取得分組的描述統計結果，使用者也建議透過「**researchpy**」模組的描述統計摘要內容的方式來取得類似的結果。程式碼可以寫成：

researchpy.summary_cont(df[' 依變數 '].groupby(df[' 自變數 ']))

相關與迴歸分析

🔔 9.1　相關分析的概念

很多事務之間存在有關聯，資料也是如此。更有趣的是，普羅大眾喜歡將事務作連結，例如：地震之後，許多人開始聯想到在地震之前有許多昆蟲大量出沒，或者是所謂的地震雲等，有些現象是科學可以解釋，但是有些現象則是有錯誤連結。數據資料分析也是如此，有一些資料之間具有關係，但是仍然需要有系統、有邏輯的思考，若貿然就資料呈現進行判斷或界定，而沒有經過嚴謹的文獻探討及思辨，就認為變數之間有關係則可能落入不正確的相關論述，而導致「虛假相關」（spurious correlation）的情形發生。

在謹慎考量某些因素關係或理論根據之後，可以嘗試透過相關分析（correlation analysis）來瞭解變數之間的相互關係，在統計上是否具有意義。然而，變數之間的關係檢定，仍應該有立論依據以避免出現具有統計意義，卻是風馬牛不相及的虛假關係結果出現。

1. 簡單相關分析

簡單相關分析（simple correlation analysis）或 Pearson 積差相關分析（Pearson product-moment correlation analysis）是檢定兩個連續變數之間的相互關係，是一種簡單線性關係（simple linear correlations）的概念，可以從主觀觀察和客觀觀察指標來衡量。主觀觀察主要是透過兩個連續變數之間的散布圖作分析，而客觀觀察指標則是透過統計分析方式計算相關係數的符號和數值大小，來作為判斷相關關係方向與強弱的參考。一般來說，若兩變數之間為正相關，當 X 增加時，則 Y 也會隨之增加；反之，若兩變數之間為負相關，當 X 增加時，則 Y 會隨之下降。

其中，相關係數（coefficient of correlation）是在描述兩變數之間關係屬於不獨立時（有相互關係），並呈現線性相關，而此一線性相關關聯性的一個測量值，用來表達正負向關係和關係強弱的數值，即為相關係數。相關係數

數值的範圍介於 -1 到 1 之間，若數值為 -1 則為完全負相關（perfect negative correlation）、數值為 0 是零相關（zero correlation）、數值為 1 是完全正相關（perfect positive correlation）。

2. 偏相關分析

偏相關分析（partial correlation analysis）也稱為淨相關或部分相關，指兩個變數之間的相關關係在移去與另一變數的共同解釋力部分之後，所得到的相關程度。因而，當使用者想要知道二個連續變數之間的關係在第三個變數出現時，該變數對於原先的二個變數會產生的變化情形，則可以使用偏相關分析。而對於第三個變數的影響，學術界通常對第三個變數的影響稱之為控制變數，也就是在控制其他變數的線性影響下，原先兩個連續變數的線性相關情形，且隨著納入的變數愈多，則需要控制變數的數量也會增加。

例如：觀察者站在街上看到「穿外套的人們」增加時，「火鍋店的生意」愈好，且兩者在執行相關分析之後有顯著相關。然而，穿外套的人數變多與火鍋店生意愈好可能與天氣變冷有關，若此時納入「氣溫」並加以控制之後，則分析後的相關係數降低且 p 值變大並大於 0.05 時，則可以發現原本穿外套的人數與火鍋店的生意關係並不明顯，也不再具有統計意義，因而，原本二個變數之間的關係有可能是與氣溫有關，後續則可以進一步探討。

3. 點二系列相關分析

點二系列相關分析（point-biserial correlation analysis）適用在兩個變數中，其中一個變數是來自常態總體的等距（interval scale）或等比（ratio scale）尺度的資料，另一個變數是來自真正二分組水準資料時的相關關係。

例如：數學成績與性別（男性、女性）的關係、可支配金額與婚姻（已婚、未婚）、工作請假時間與健康與否（生病、健康）的關係等。

4. 非參數相關分析（non-parament correlation analysis）

　　Pearson 積差相關分析是研究符合常態分布的變數之間的線性相關，然而，如果不能假設變數符合常態分布的變數之間關係，則需要使用非參數相關分析（non-parament correlation analysis），非參數相關分析常見有 Spearman 等級相關（Spearman rank order correlation）、Kendall 和諧係數（Kendall tau-b coefficient）等。

　　其中，Spearman 等級相關適用於兩變數皆為順序尺度，而 Kendall 和諧係數與 Spearman 等級相關同樣用於變數皆為順序尺度，但 Kendall 和諧係數可用於 k=3 即三個變數以上。

5. Pearson、Spearman 和 Kendall 相關係數之間的異同

　　一般來說，Pearson、Spearman 與 Kendall 三個相關性係數都可以反應變數之間的變化趨勢，且可以呈現關係的方向與程度，其值的範圍介於 -1 到 +1 之間，值為 0 表示兩個變數不具有相關關係，正值表示正相關關係，負值表示負相關關係，值愈大表示相關程度愈高。一般來說，r 值在 0.70 以上為高度相關；r 值在 0.40 以上未達 0.70 之間為中度相關；r 值未達 0.40 則是低度相關。然而，三者主要差別在於 Pearson 積差相關可以計算連續變數或是等距尺度變數之間的相關分析。但是，如果資料不符合常態分布或總體分布未知，抑或是原始資料使用等級表示時，則使用 Spearman 或 Kendall 相關為宜。

🔔 9.2　相關分析的執行

1. 簡單相關分析

(1) 相關係數與顯著性

　　檢視變數之間的關係，除了 r 值之外，還需要檢視 p 值，來確認變數之間的統計意義。雖然，「**pandas**」模組中也有相關係數函式 **corr()** 可以取得相關係

數，但是沒有返回 p 值。使用者將變數行標籤指派爲「x1」與「y1」，也可以直接使用變數行標籤。

```
import pandas as pd
df = pd.read_csv('python2011nsc.csv')
x1 = df['pl']
y1 = df['achievement']
result1 = x1.corr(y1)
result1
```

```
import pandas as pd
df = pd.read_csv('python2011nsc.csv')
x1 = df['pl']
y1 = df['achievement']
result1 = x1.corr(y1)
result1

0.20005867839411068
```

圖 9-1 輸出 pandas 的簡單相關分析

　　從輸出簡單相關分析結果，r 值爲 0.20（如圖 9-1）。由於「**pandas**」模組中的函式 **corr()** 只能計算相關係數 r，但是無法計算 p 值。因而，需要相關係數的總體顯著性檢定，建議使用「**scipy.stats**」模組提供的相關係數函式 **pearsonr()** 作檢定。輸出的相關係數爲 0.200，顯著性 p 值爲 3.45e-06 小於 0.05，顯示變數之間有顯著低相關（如圖 9-2）。

```
import scipy.stats as stats
result2 = stats.pearsonr(df['pl'], df['achievement'])
result2
```

```
import scipy.stats as stats
result2 = stats.pearsonr(df['pl'], df['achievement'])
result2

(0.20005867839411054, 3.4533790542028465e-06)
```

圖 9-2　輸出 scipy 的簡單相關分析

　　從輸出簡單相關分析結果，r 值為 0.20，p 值為 3.45e-06 小於 0.05 達到顯著，表示 2 個變數之間有低度正相關（如圖 9-2）。

(2) 相關分析的散布圖

　　執行相關分析時，常見兩種圖形協助觀察變數關係，一是散布圖（scatter plots），另一是熱力圖（heatmaps）。散布圖中可以看到各個數值的分布與趨勢，可以直觀地瞭解各個數據之間的關係，而缺點是較不適合大資料量，且若圖片太多不利於觀察；而熱力圖則更多從數值或顏色方面，來準確描述各個維度的關係，而缺點是其傳遞的資訊較少，但較適合大資料量。

　　繪製散布圖可以使用「**pandas**、**matplotlib**、**seaborn**」等模組中的函式，以下使用「**pandas**」模組作圖示：

```
df.plot.scatter(x='pl', y='achievement')
```

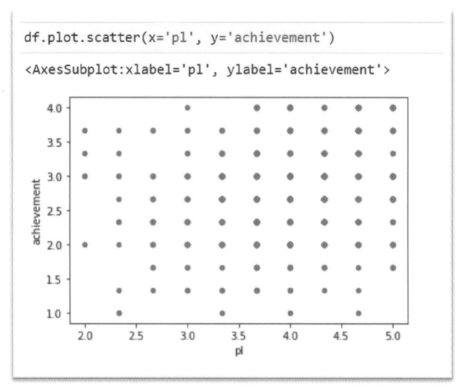

```
df.plot.scatter(x='pl', y='achievement')

<AxesSubplot:xlabel='pl', ylabel='achievement'>
```

圖 9-3　輸出相關分析散布圖

　　而若使用「**matplotlib**」模組繪製散布圖的函式為：

```
import matplotlib.pyplot as plt
plt.scatter(df['pl'], df['achievement'], c='darkblue', alpha=.5)
plt.show()
```

另若使用「**seaborn**」模組繪製散布圖的函式為：

```
import seaborn as sns
sns.scatterplot(x = 'pl', y = 'achievement', data = df)
```

以上兩種方式也可以獲得變數之間關係的散布圖。

(3) 相關分析的熱力圖

使用「**seaborn**」模組繪製熱力圖函式 **seaborn.heatmap(data, cmap=None, cbar=True, annot=None)**，其他詳細內容可參考「**seaborn**」模組官網介紹（https://seaborn.pydata.org/index.html）。

※ **函式中的參數說明**：

data：為指派數據資料。

cmap：為 color map 設定顏色。

cbar：為是否顯示 colorbar。

annot：是否添加注釋在每個格子裡，顯示對應的資料。

使用者先將要分析的變數指派為變數「df_cols」，輸出「**pandas**」模組中的變數之間相關矩陣，使用「**seaborn**」模組中的熱力圖函式 **sns.heatmap()**，參數中讀取變數、添加注釋、透過 vmin、vmax 界定顏色範圍（如圖 9-4）。

```
df_cols = df[['pl', 'achievement']]
print(df_cols.corr())
sns.heatmap(df_cols.corr(), annot=True, vmin=-1, vmax=1)
plt.show()
```

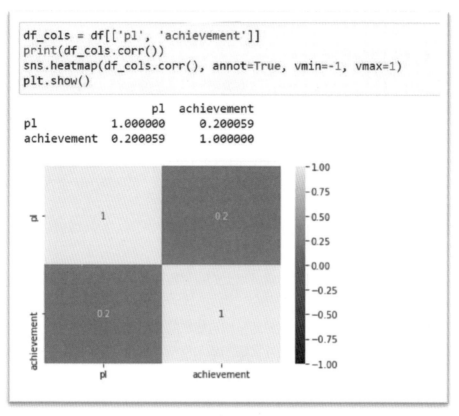

```
df_cols = df[['pl', 'achievement']]
print(df_cols.corr())
sns.heatmap(df_cols.corr(), annot=True, vmin=-1, vmax=1)
plt.show()
```

```
                    pl  achievement
pl           1.000000     0.200059
achievement  0.200059     1.000000
```

圖 9-4　輸出 seaborn 簡單相關分析熱力圖

🔔 9.3　線性迴歸分析的概念

　　線性迴歸（linear regression）與相關分析在概念上有一致性，如果變數之間沒有關係，則不會有迴歸模式的建立。亦即所謂的「有相關不一定有因果，有因果一定有相關！」。

　　迴歸分析（regression analysis）主要是透過線性概念來建立模型，在迴歸分析模型中，依據自變數的數量多寡又分為簡單線性迴歸分析（simple linear regression analysis）與多元線性迴歸分析（multiple linear regression analysis）。

1. 簡單線性迴歸分析

在迴歸分析模型中若只有一個自變數和另一個依變數時，兩者的關係趨近於比例關係（線性關係、直線關係）時，稱為簡單線性迴歸分析。簡單線性迴歸的迴歸模型常常用數學方程式 $Y = \alpha + \beta X + \varepsilon$ 作表示，其中，Y 為依變數、X 為自變數，而 α、β 稱為迴歸係數（coefficients of regression）的常數，α 是母體迴歸係數的截距、β 是母體迴歸係數的斜率，ε 是誤差項（吳明隆、涂金堂，2006；栗原伸一、丸山敦史，2019）。

2. 多元線性迴歸分析

在迴歸分析模型中若有超過兩個以上的自變數與一個依變數時，稱為多元迴歸分析或複迴歸分析。

多元線性迴歸是簡單線性迴歸到多個自變數的概括，以及一般線性模型的特例，僅限於一個依變數。多元線性迴歸的基本模型方程式：$Y_i = \beta_0 + \beta_1 X_{i1} + \beta_2 X_{i2} + \beta_3 X_{i3} + \cdots + \beta_p X_{ip} + \varepsilon$ 作表示。

在迴歸分析當中，最常用來估計 β（迴歸係數）的方法是普通最小平方法（ordinary least squares, OLS），它建基在誤差值之上（吳明隆、涂金堂，2006；栗原伸一、丸山敦史，2019）。另外，有一般線性模型（general linear model, GLM）又稱為「多變數線性迴歸」（multivariate linear regression, MLR），是整合各種資料型態、各種建構變數（如交互作用項）、各種理論類型檢定的基礎線性模型。一般來說，一般線性模型也可以檢定多元迴歸模型，不過實務上，通常習慣分開使用，且多元迴歸的自變數必須是連續資料，而一般線性模型（GLM）的自變數可以是類別資料，又多元迴歸的依變數必須為單一個，而一般線性模型（GLM）可以有兩個以上。因而，一般線性模型包含多元迴歸模型。

3. 決定係數

決定係數（coefficient of determination）即是迴歸造成的平方和（迴歸項平方和、可解釋的變異）佔總平方和（總變異）的比例，常使用 R-squared，或者是 R^2 或 r^2 符號代表解釋變異量。R-squared 數值範圍介於 0 到 1，數值愈靠近 1，則迴歸方程式的適配度愈高。

🔔 9.4 線性迴歸分析的執行

線性迴歸分析執行包含簡單線性迴歸分析、多元線性迴歸分析，且含有類別變數的多元迴歸分析應該先將該間斷變數轉換為「**虛擬變數**」（dummy varibale），視為連續變數再進行迴歸模型建立。

由於線性迴歸模型的基本假設是針對連續變數進行線性關係的模式建立，因此，間斷變數需要轉換為虛擬變數後才能符合此一假設。而虛擬變數又稱虛設變數、名義變數或啞變數，簡單來說是量化了的質變數，通常取值為 0 與 1。例如：將名義變數中的男性設為 1、女性設為 0，使其轉化為「0，1」，設為「0」者是參照變數，從而可以虛擬為連續變數進而適用在連續資料的統計分析中。

一般而言，虛擬變數的設置數量主要是考量變數中有幾種互斥的屬性水準，如果有 m 種互斥的屬性水準，則迴歸分析模型中引入「m－1」個虛擬變數。例如：教育程度中分別在編碼時國中是 1、高中是 2、大學是 3，則轉化為虛擬變數時的數量 m 為 3，則設置 2 個虛擬變數。若以國中作為參照，則國中這一組皆設置為 0，在「高中參照於國中」時則高中新編碼為 1，其他編碼為 0；在「大學參照於國中」時則大學新編碼為 1，其他編碼為 0。

※ **提醒**：透過 statsmodels 模組作迴歸分析，也可以先定義迴歸模型（model），之後再針對該一模型作估計，檢視結果則可以使用函式 **summary()** 或函式 **summary2()**，例如：函式 **model.summary()** 用來檢視輸出結果，兩個表格的結果差異不大，大概就是格式與編排上略有差異而已。

1. 簡單線性迴歸分析

(1) 使用「statsmodels.api」模組

使用「**statsmodels.api**」模組（import statsmodels.api as sm），設定依變數「y」與自變數「x」，並輸入 x = sm.add_constant(x) 來獲取常數（constant），即是迴歸方程式的截距（intercept），且使用大寫的「OLS」函式 **sm.OLS(y, x).fit()** 來執行簡單迴歸分析，最後輸出結果 print（模式命名 , summary()）。

使用者以「FaEdu」（父親教育）為自變數，以「ExpectEdu」（期望教育）為依變數，執行簡單線性迴歸分析（如圖 9-5）。

```
import statsmodels.api as sm
y = df['ExpectEdu']
x = df['FaEdu']
x = sm.add_constant(x)
Edumodel = sm.OLS(y, x).fit()
Edumodel.summary()
```

```
import statsmodels.api as sm
y = df['ExpectEdu']
x = df['FaEdu']
x = sm.add_constant(x)
Edumodel = sm.OLS(y, x).fit()
Edumodel.summary()
```

OLS Regression Results

Dep. Variable:	ExpectEdu	R-squared:	0.043
Model:	OLS	Adj. R-squared:	0.041
Method:	Least Squares	F-statistic:	23.82
Date:	Sat, 30 Oct 2021	Prob (F-statistic):	1.40e-06
Time:	12:15:37	Log-Likelihood:	-527.43
No. Observations:	530	AIC:	1059.
Df Residuals:	528	BIC:	1067.
Df Model:	1		
Covariance Type:	nonrobust		

	coef	std err	t	P>|t|	[0.025	0.975]
const	1.8946	0.083	22.907	0.000	1.732	2.057
FaEdu	0.1254	0.026	4.881	0.000	0.075	0.176

Omnibus:	111.942	Durbin-Watson:	2.010
Prob(Omnibus):	0.000	Jarque-Bera (JB):	193.891
Skew:	1.258	Prob(JB):	7.89e-43
Kurtosis:	4.565	Cond. No.	10.2

Notes:
[1] Standard Errors assume that the covariance matrix of the errors is correctly specified.

圖 9-5 輸出 statsmodels.OLS 簡單線性迴歸分析

從輸出結果得知，簡單線性迴歸分析的解釋變異量（R-squared）爲 0.043，亦即「父親教育」能夠解釋「期望教育」4.30%；調整解釋變異量（Adj. R-squared）爲 0.041；F 統計量（F-statistic）爲 23.82，F 統計量的機率（Prob）同 p 值爲 1.40e-06 小於 0.05 達到顯著，表示模式具有統計意義。輸出內容下方有常數（const）爲 1.89、自變數「父親教育」（FaEdu）的未標準化迴歸係數（unstandardized coefficients）爲 0.13，其他指標爲標準誤（std err）、t 值（t）、p 值（p>|t|）、95% 信賴區間（[0.025 0.075]）等。可以得到簡單線性迴歸方程式爲「Y 教育期待 = 1.89 + 0.13X 父親教育程度」，也就是說，由於迴歸係數是正號，隨著父親教育程度愈高，則他們對子女的期望教育就愈高。

(2) 使用「statsmodels.formula.api」模組

使用者如果是透過載入「**statsmodels.formula.api**」模組則不用輸入常數，而是直接使用小寫的「ols」函式 **sm.ols(' 依變數 ~ 自變數 ', data= 資料變數).fit()** 來執行簡單線性迴歸分析，並輸出結果 print（模式命名 .summary()）（如圖 9-6）。

```
import statsmodels.formula.api as sm
model2= sm.ols('ExpectEdu~FaEdu', df).fit()
print(model2.summary())
```

```
import statsmodels.formula.api as sm
model2= sm.ols('ExpectEdu~FaEdu', df).fit()
print(model2.summary())
                          OLS Regression Results
==============================================================================
Dep. Variable:              ExpectEdu   R-squared:                       0.043
Model:                            OLS   Adj. R-squared:                  0.041
Method:                 Least Squares   F-statistic:                     23.82
Date:                Sat, 30 Oct 2021   Prob (F-statistic):           1.40e-06
Time:                        10:46:04   Log-Likelihood:                -527.43
No. Observations:                 530   AIC:                             1059.
Df Residuals:                     528   BIC:                             1067.
Df Model:                           1
Covariance Type:            nonrobust
==============================================================================
                 coef    std err          t      P>|t|      [0.025      0.975]
------------------------------------------------------------------------------
Intercept      1.8946      0.083     22.907      0.000       1.732       2.057
FaEdu          0.1254      0.026      4.881      0.000       0.075       0.176
==============================================================================
Omnibus:                      111.942   Durbin-Watson:                   2.010
Prob(Omnibus):                  0.000   Jarque-Bera (JB):              193.891
Skew:                           1.258   Prob(JB):                     7.89e-43
Kurtosis:                       4.565   Cond. No.                         10.2
==============================================================================

Notes:
[1] Standard Errors assume that the covariance matrix of the errors is correctly specified.
```

圖 9-6　輸出 statsmodels.ols 簡單線性迴歸分析

(3) 使用「pingouin」模組

另外，使用者透過「**pingouin**」模組中的線性迴歸分析函式 **linear_regression(X, y)** 執行，也可以獲得簡單線性迴歸分析的結果。其中，括號中的參數「X」是自變數，參數「y」是依變數，其輸出結果的方式與「**statsmodels. formula.api**」模組相似，且簡化輸出結果取到小數點以下第 3 位（如圖 9-7）。

```
import pingouin as pg
lm = pg.linear_regression(df['FaEdu'], df['ExpectEdu'])
lm.round(3)
```

```
import pingouin as pg
lm = pg.linear_regression(df['FaEdu'], df['ExpectEdu'])
lm.round(3)
```

	names	coef	se	T	pval	r2	adj_r2	CI[2.5%]	CI[97.5%]
0	Intercept	1.895	0.083	22.907	0.0	0.043	0.041	1.732	2.057
1	FaEdu	0.125	0.026	4.881	0.0	0.043	0.041	0.075	0.176

圖 9-7 輸出 pingouin 簡單線性迴歸分析

2. 多元線性迴歸分析

(1) 使用「statsmodels」模組

多元迴歸分析也可以使用「**statsmodels**」模組的 ols 建立迴歸模型，並將分析變數以「' 依變數 ~ 自變數 1+ 自變數 2+... 自變數 n'」指派命名為「多元迴歸分析變數」，執行函式 **sm.ols(多元迴歸分析變數 , data = 資料變數).fit()** 指派為「模式命名」，並輸出結果 print（模式命名 .summary()）。

使用者以「Sportyear」（運動年數）、「ExpectEdu」（期望教育）、「pl」（靜態休閒參與）、「al」（動態休閒參與）、「ss」（社會支持）、「tr」（緊張關係）等作為自變數，並以「achievement」（成就感）作為依變數，以執行多元線性迴歸分析（如圖 9-8）。

```
import statsmodels.formula.api as sm
formula = 'achievement~Sportyear+ExpectEdu+pl+al+ss+tr'
model3 = sm.ols(formula, data=df).fit()
model3.summary()
```

```
import statsmodels.formula.api as sm
formula = 'achievement~Sportyear+ExpectEdu+pl+al+ss+tr'
model3 = sm.ols(formula, data=df).fit()
model3.summary()
```

OLS Regression Results

Dep. Variable:	achievement	R-squared:	0.153
Model:	OLS	Adj. R-squared:	0.143
Method:	Least Squares	F-statistic:	15.73
Date:	Sat, 30 Oct 2021	Prob (F-statistic):	1.23e-16
Time:	12:15:39	Log-Likelihood:	-503.95
No. Observations:	530	AIC:	1022.
Df Residuals:	523	BIC:	1052.
Df Model:	6		
Covariance Type:	nonrobust		

	coef	std err	t	P>ltl	[0.025	0.975]
Intercept	0.5729	0.287	1.996	0.046	0.009	1.137
Sportyear	0.0065	0.012	0.553	0.581	-0.016	0.029
ExpectEdu	0.0678	0.041	1.642	0.101	-0.013	0.149
pl	0.1176	0.044	2.685	0.007	0.032	0.204
al	0.1384	0.052	2.684	0.008	0.037	0.240
ss	0.2883	0.044	6.571	0.000	0.202	0.374
tr	-0.0493	0.037	-1.334	0.183	-0.122	0.023

Omnibus:	8.215	Durbin-Watson:	1.779
Prob(Omnibus):	0.016	Jarque-Bera (JB):	5.367
Skew:	-0.077	Prob(JB):	0.0683
Kurtosis:	2.532	Cond. No.	98.4

Notes:
[1] Standard Errors assume that the covariance matrix of the errors is correctly specified.

圖 9-8　輸出 statsmodels.ols 多元線性迴歸分析

從輸出結果得知，多元線性迴歸分析的解釋變異量（R-squared）為 0.153，亦即能夠解釋 15.30%；調整解釋變異量（Adj. R-squared）為 0.143；F 統計量（F-statistic）為 15.73，F 統計量的機率（Prob）同 p 值為 1.23e-16 小於 0.05 達到顯著，表示模式具有統計意義。輸出內容下方有截距（Intercept）為 0.57。自變數中有「運動年數」（Sportyear）、「期望教育」（ExpectEdu）、「靜態休閒參與」（pl）、「動態休閒參與」（al）、「社會支持」（ss）、「緊張關係」（tr）等自變數的未標準化迴歸係數（unstandardized coefficients），分別為 0.01、0.07、0.12、0.14、0.29、-0.05 等，其他指標為標準誤（std err）、t 值（t）、p 值（p > |t|）、95% 信賴區間（[0.025 0.075]）等。其中自變數對依變數影響中，p 值達到顯著的有自變數「靜態休閒參與」（pl）（t = 2.69, p = 0.007）、「動態休閒參與」（al）（t = 2.68, p = 0.008）、「社會支持」（ss）（t = 6.57, p = 0.000），且未標準化迴歸係數為正號，表示對於依變數有正向影響。因而，可以得到多元線性迴歸方程式為「Y 成就感 = 0.58 + 0.12X 靜態休閒參與 + 0.14X 動態休閒參與 + 0.29X 社會支持」。也就是說，由於迴歸係數是正號，隨著學生的靜態休閒參與、動態休閒參與，以及獲得的社會支持愈佳，則他們的成就感就愈佳。

※ **提醒**：未標準化迴歸係數體現的是自變數變化對依變數的絕對作用大小，而標準化回歸係數反映的是不同自變數對依變數的相對作用大小，可以顯示出不同自變數對依變數影響的重要性。如果用標準化回歸係數構建方程式，得到的結論是有偏差的，因為此時自變數和依變數的數據都發生了轉化，成為了標準化數據，因此標準化回歸係數不建議用於構建迴歸方程式。標準化 Z 分數的計算公式為 Z = (X − M)/SD 是用來描述某樣本分數在其分布中高於或低於平均數的標準差數目，亦即，該樣本分數在分布中的所在位置（等級）。當標準化得到了 Z 分數之後，資料將符合標準常態分布（standard normal distribution）獲得平均值為 0、標準差為 1 的分布狀態。而在 Python 中，如果要取得標準化 Z 分數的方式之一，則可以載入「**scipy.stats**」模組簡寫為「stats」（import scipy.

stats as stats），並將欲使用的行標籤變數指派變數（df1 = df[['col_1', 'col_2', 'col_3', 'col_4', 'col_5']]），再透過函式：Z 分數指派變數 = 指派變數 .apply（stats. zscore）取得標準化 Z 分數（zscore_df1 = df1.apply(stats.zscore)）。之後，使用標準化的 Z 分數指派變數即可以獲得標準化迴歸係數。

(2) 使用「pingouin」模組

使用者透過「**pingouin**」模組中的線性迴歸分析函式 **linear_regression(X, y)** 執行，也可以獲得簡單線性迴歸分析與多元線性迴歸分析的結果。其輸出結果的方式與「**statsmodels.formula.api**」模組相似，且簡化輸出結果取到小數點以下第 3 位（如圖 9-9）。

```
import pingouin as pg
lm = pg.linear_regression(df[['Sportyear', 'ExpectEdu',
                              'pl', 'al', 'ss', 'tr']],
                          df['achievement'])

lm.round(3)
```

```
import pingouin as pg
lm = pg.linear_regression(df[['Sportyear', 'ExpectEdu',
                              'pl', 'al', 'ss', 'tr']],
                          df['achievement'])
lm.round(3)
```

	names	coef	se	T	pval	r2	adj_r2	CI[2.5%]	CI[97.5%]
0	Intercept	0.573	0.287	1.996	0.046	0.153	0.143	0.009	1.137
1	Sportyear	0.006	0.012	0.553	0.581	0.153	0.143	-0.016	0.029
2	ExpectEdu	0.068	0.041	1.642	0.101	0.153	0.143	-0.013	0.149
3	pl	0.118	0.044	2.685	0.007	0.153	0.143	0.032	0.204
4	al	0.138	0.052	2.684	0.008	0.153	0.143	0.037	0.240
5	ss	0.288	0.044	6.571	0.000	0.153	0.143	0.202	0.374
6	tr	-0.049	0.037	-1.334	0.183	0.153	0.143	-0.122	0.023

圖 9-9　輸出 pingouin 多元線性迴歸分析

3. 多元迴歸分析：包含虛擬變數

　　由於多元迴歸分析是針對連續變數作分析的基本原則，則針對間斷變數應該先轉為「**虛擬變數**」（dummy varibale）成為類似連續變數後，再投入分析模型中。「**pandas**」模組中有函式 **get_dummies()** 可以將指定變數處理為虛擬變數。

　　使用者的數據資料中行標籤「Race」裡面有 3 個類別，分別是 1 指本省閩南、2 指客家、3 指原住民等，透過「**pandas**」模組的函式 **get_dummies()** 可以輸出虛擬變數 Race_1、Race_2、Race_3，在 Race_1 中是將原本的 Race 中編碼 1 改為 1，其他數值為 0、Race_2 是將原本的 Race 中編碼 2 改為 1，其他數值為 0、Race_3 是將原本的 Race 中編碼 3 改為 1，其他數值為 0。將 Race 的轉化虛擬變數指派變數為 race_dm，並將 race_dm 使用函式 join() 加入到原資料中。

```
race_dm = pd.get_dummies(df['Race'], prefix='Race')
df = df.join(race_dm)
```

　　使用者刻意指定原本 Race 變數及 3 個 Race 的虛擬變數數值計次內容，可以瞭解到這 3 個虛擬變數依序設定某一數值為 1，其他數值為 0。因而，從多元迴歸分析投入變數的思維可以發現，若投入 Race_1、Race_2 則是原數值 3 的原住民作變數參照；若投入 Race_1、Race_3 則是原數值 2 的客家作變數參照；若投入 Race_2、Race_3 則是原數值 1 的本省閩南作變數參照（如圖 9-10）。

```
sRace = df['Race'].value_counts()
Rd1 = df['Race_1'].value_counts()
Rd2 = df['Race_2'].value_counts()
Rd3 = df['Race_3'].value_counts()
print(sRace, Rd1, Rd2, Rd3)
```

```
sRace = df['Race'].value_counts()
Rd1 = df['Race_1'].value_counts()
Rd2 = df['Race_2'].value_counts()
Rd3 = df['Race_3'].value_counts()
print(sRace, Rd1, Rd2, Rd3)
```

```
1     379
3      93
2      58
Name: Race, dtype: int64 1      379
0     151
Name: Race_1, dtype: int64 0      472
1      58
Name: Race_2, dtype: int64 0      437
1      93
Name: Race_3, dtype: int64
```

圖 9-10　輸出原始變數與虛擬變數的數值個數

　　因此，進行多元迴歸分析且包含虛擬變數的執行中，可以將模型中需要的變數依序作投入。在虛擬變數部分，原始變數 Race 中有三組，則選擇投入其中二組，未投入組則當成參照組。多元迴歸分析同樣使用函式 **sm.ols(迴歸模型 , data= 資料變數).fit()** 進行分析（如圖 9-11）。

```
formula1 = 'achievement~
           Gender+Race_1+Race_2+Sportyear+ExpectEdu+pl+al+ss+tr'
model4 = sm.ols(formula1, data=df).fit()
model4.summary()
```

```
formula1 = 'achievement~Gender+Race_1+Race_2+Sportyear+ExpectEdu+pl+al+ss+tr'
model4 = sm.ols(formula1, data=df).fit()
model4.summary()
```

OLS Regression Results

Dep. Variable:	achievement	R-squared:	0.176
Model:	OLS	Adj. R-squared:	0.162
Method:	Least Squares	F-statistic:	12.33
Date:	Sat, 30 Oct 2021	Prob (F-statistic):	8.82e-18
Time:	12:15:39	Log-Likelihood:	-496.65
No. Observations:	530	AIC:	1013.
Df Residuals:	520	BIC:	1056.
Df Model:	9		
Covariance Type:	nonrobust		

	coef	std err	t	P>|t|	[0.025	0.975]
Intercept	0.5183	0.291	1.784	0.075	-0.052	1.089
Gender	0.2256	0.063	3.608	0.000	0.103	0.348
Race_1	-0.0561	0.074	-0.763	0.446	-0.201	0.088
Race_2	-0.0070	0.106	-0.066	0.947	-0.215	0.201
Sportyear	0.0098	0.012	0.843	0.400	-0.013	0.033
ExpectEdu	0.0650	0.041	1.586	0.113	-0.015	0.145
pl	0.1056	0.044	2.394	0.017	0.019	0.192
al	0.1375	0.051	2.693	0.007	0.037	0.238
ss	0.2833	0.044	6.506	0.000	0.198	0.369
tr	-0.0551	0.037	-1.502	0.134	-0.127	0.017

Omnibus:	5.676	Durbin-Watson:	1.791
Prob(Omnibus):	0.059	Jarque-Bera (JB):	4.434
Skew:	-0.115	Prob(JB):	0.109
Kurtosis:	2.616	Cond. No.	101.

Notes:
[1] Standard Errors assume that the covariance matrix of the errors is correctly specified.

圖 9-11　輸出有虛擬變數的多元線性迴歸分析

4. 多元線性迴歸分析：中介模式

透過「**pingouin**」模組可以針對多元線性迴歸分析的中介模式作分析，採用中介模式函式 **mediation_analysis()** 來執行。

使用者採用自變數「al」（動態休閒參與）、中介變數「ss」（社會支持）來對依變數「achievement」（成就感）作分析。

```
import pingouin as pg
pg.mediation_analysis(data=df, x='al', m='ss', y='achievement')
```

```
import pingouin as pg
pg.mediation_analysis(data=df, x='al', m='ss', y='achievement')
```

	path	coef	se	pval	CI[2.5%]	CI[97.5%]	sig
0	ss ~ X	0.149985	0.049420	2.524517e-03	0.052902	0.247069	Yes
1	Y ~ ss	0.342233	0.042661	6.759216e-15	0.258426	0.426040	Yes
2	Total	0.228339	0.050796	8.546874e-06	0.128553	0.328125	Yes
3	Direct	0.180097	0.048710	2.406812e-04	0.084408	0.275786	Yes
4	Indirect	0.048242	0.019658	1.200000e-02	0.007345	0.086065	Yes

圖 9-12 輸出 pingouin 多元線性迴歸分析中介模式

從輸出結果得知（如圖 9-12），自變數「al」對中介變數「ss」的影響達到顯著（b = 0.15, p = 2.52e-03）、中介變數「ss」對依變數「achievement」的影響達到顯著（b = 0.34, p = 6.76e-15）。整體（Total）影響的未標準化係數 b 為 0.23，p 值為 8.55e-06 小於 0.05 達到顯著；直接（Direct）影響的未標準化係數 b 為 0.18，p 值為 2.41e-04 小於 0.05 達到顯著；間接（Indirect）影響的未標準化係數 b 為

0.05，p 值為 1.20e-02 小於 0.05 達到顯著。因為路徑直接影響達到顯著，因而，學生的靜態休閒參與會直接正向影響他們的成就感，也會間接透過社會支持來正向影響他們的成就感。

📺 Python 手把手教學 09：多元迴歸分析

　　資料來源為「**python2011nsc.csv**」檔案，使用者載入「**pandas**」模組（import pandas as pd），讀取資料並指派變數為「**df**」（df = pd.read_csv('python2011nsc.csv')），進一步先行檢視變數的行標籤（print(df.columns)），並針對議題的分析方式作選擇。

　　這是一份針對高中學生心理幸福的調查，使用者想要探討學生的性別（Gender）、族群（Race）、運動年數（Sportyear）、期望教育（ExpectEdu）、靜態休閒參與（pl）、動態休閒參與（al）、社會支持（ss）、緊張關係（tr）對於憂鬱感（blue）的影響。

　　由於背景變數中的性別、族群屬於間斷變數，需要先轉成虛擬變數，而性別已經編碼為男性是 1、女性是 0，可以視為虛擬變數且女性為參照；但是，族群有 3 個水準，1 為本省閩南、2 為客家、3 為原住民，則需要先轉換虛擬變數到資料變數中。

1. 取得虛擬變數

　　首先，使用「pandas」模組的轉換虛擬變數函式 **get_dummies()** 來轉換虛擬變數，接下來使用加入資料函式 **join()** 將轉換的虛擬變數加入到變數資料，且輸出行標籤確認。

```
import pandas as pd
race_dm = pd.get_dummies(df['Race'], prefix='Race')
```

```
df = df.join(race_dm)
print(df.columns)
```

```
import pandas as pd
race_dm = pd.get_dummies(df['Race'], prefix='Race')
df = df.join(race_dm)
print(df.columns)

Index(['NO', 'Gender', 'DateOfBirth', 'Race', 'FaEdu', 'MomEdu', 'FaexpEdu',
       'CoexpEdu', 'Income', 'Grade', 'Level', 'Sportyear', 'ExpectEdu', 'a1',
       'a2', 'a3', 'a4', 'a5', 'a6', 'a7', 'b1', 'b2', 'b3', 'b4', 'b5', 'b6',
       'c1', 'c2', 'c3', 'c4', 'c5', 'c6', 'c7', 'c8', 'c9', 'c10', 'p1', 'al',
       'ss', 'tr', 'blue', 'achievement', 'alienance', 'Race_1', 'Race_2',
       'Race_3'],
      dtype='object')
```

圖 9-13　輸出轉換虛擬變數

　　從輸出結果得知（如圖 9-13），原本行標籤變數「Race」有 3 個水準，分別轉換爲虛擬變數爲「Race_1」、「Race_2」、「Race_3」，並已經加入到資料變數中。

2. 確認虛擬變數數值

　　使用者爲了確認族群虛擬變數與原始族群變數的 3 個水準個數相同，則進一步使用「**pandas**」模式中的數值計次函式 **value_counts()** 來分別瞭解個數內容。

```
sRace = df['Race'].value_counts()
Rd1 = df['Race_1'].value_counts()
Rd2 = df['Race_2'].value_counts()
Rd3 = df['Race_3'].value_counts()
print(sRace, Rd1, Rd2, Rd3)
```

```
sRace = df['Race'].value_counts()
Rd1 = df['Race_1'].value_counts()
Rd2 = df['Race_2'].value_counts()
Rd3 = df['Race_3'].value_counts()
print(sRace, Rd1, Rd2, Rd3)
```

```
1     379
3      93
2      58
Name: Race, dtype: int64 1     379
0     151
Name: Race_1, dtype: int64 0     472
1      58
Name: Race_2, dtype: int64 0     437
1      93
Name: Race_3, dtype: int64
```

圖 9-14　輸出確認虛擬變數的數值

　　從輸出結果得知（如圖 9-14），原本行標籤變數「Race」有 3 個水準，分別是 1 為本省閩南有 379 次、2 為客家有 58 次、3 為原住民有 93 次。而 3 個水準分別轉換虛擬變數為「Race_1」、「Race_2」、「Race_3」，且各虛擬變數分別將代表數值轉換為 1，其他數值為 0 作參照，因而，從族群虛擬變數可以得知各個 1 的次數剛好符合原始變數的次數，表示虛擬變數轉換完成。

3. 執行多元線性迴歸分析

(1) 未標準化迴歸係數估計值

採用「**statsmodels.formula.api**」模式，在執行多元線性迴歸分析且包含虛擬變數的執行中，可以將模型中需要的依變數與自變數依序作投入。其中，在虛擬變數部分，原始變數 Race 中有三組，則選擇投入其中二組虛擬變數，未投入組則當成參照組。

因而，多元線性迴歸方程式以「憂鬱感（blue）」為依變數，將「性別（Gender）、本省閩南對原住民族群虛擬變數（Race_1）、客家對原住民族群虛擬變數（Race_2）、運動年數（Sportyear）、期望教育（ExpectEdu）、靜態休閒參與（pl）、動態休閒參與（al）、社會支持（ss）、緊張關係（tr）」等自變數依序投入迴歸方程式 formula 中（formula = 'blue~Gender+Race_1+Race_2+Sportyear+ExpectEdu+pl+al+ss+tr'），並進行多元線性迴歸模式分析（model_1 = sm.ols(formula, data = df).fit()），最後輸出模式結果（model_1.summary()）（如圖 9-15）。

```
import statsmodels.formula.api as sm
formula = 'blue~Gender+Race_1+Race_2+Sportyear+ExpectEdu+pl+al+ss+tr'
model_1 = sm.ols(formula, data=df).fit()
model_1.summary()
```

```
import statsmodels.formula.api as sm
formula = 'blue~Gender+Race_1+Race_2+Sportyear+ExpectEdu+pl+al+ss+tr'
model_1 = sm.ols(formula, data=df).fit()
model_1.summary()
```

OLS Regression Results

Dep. Variable:	blue	R-squared:	0.161
Model:	OLS	Adj. R-squared:	0.147
Method:	Least Squares	F-statistic:	11.12
Date:	Sat, 25 Dec 2021	Prob (F-statistic):	6.12e-16
Time:	15:52:09	Log-Likelihood:	-508.34
No. Observations:	530	AIC:	1037.
Df Residuals:	520	BIC:	1079.
Df Model:	9		
Covariance Type:	nonrobust		

	coef	std err	t	P>|t|	[0.025	0.975]
Intercept	1.7887	0.297	6.022	0.000	1.205	2.372
Gender	-0.2190	0.064	-3.427	0.001	-0.345	-0.093
Race_1	0.0857	0.075	1.140	0.255	-0.062	0.233
Race_2	0.1339	0.108	1.237	0.216	-0.079	0.347
Sportyear	0.0200	0.012	1.673	0.095	-0.003	0.043
ExpectEdu	0.0695	0.042	1.660	0.098	-0.013	0.152
pl	0.0425	0.045	0.943	0.346	-0.046	0.131
al	0.0365	0.052	0.700	0.484	-0.066	0.139
ss	-0.1547	0.045	-3.476	0.001	-0.242	-0.067
tr	0.2807	0.038	7.483	0.000	0.207	0.354

Omnibus:	2.537	Durbin-Watson:	1.865
Prob(Omnibus):	0.281	Jarque-Bera (JB):	2.557
Skew:	0.135	Prob(JB):	0.278
Kurtosis:	2.794	Cond. No.	101.

Notes:
[1] Standard Errors assume that the covariance matrix of the errors is correctly specified.

圖 9-15　輸出 statsmodels 多元線性迴歸分析

　　從輸出結果可以發現，模式的解釋變異量（R-squared）為 0.161，調整解釋變異量（Adj. R-squared）為 0.147，模式的 F 統計量為 11.12，F 統計量的機率（Prob）同 p 值為 6.12e-16 小於 0.05 達到顯著，表示模式中至少有一個自變數對依變數有統計意義。再從自變數中可以看到「coef」表示自變數對依變數的斜率，也就是未標準化迴歸係數（b）、「std err」為標準誤、「t」為 t 值、「P > |t|」為 p 值、「[0.025 0.975]」為信賴區間；而「Intercept」為截距。

　　對依變數的影響中，自變數「Race_1」、「Race_2」、「Sportyear」、「ExpectEdu」、「pl」、「al」等對依變數「blue」沒有顯著影響；但是，自變數「Gender」（b = -0.22, p < 0.05）、「ss」（b = -0.15, p < 0.05）、「tr」（b = 0.28, p < 0.05）等對依變數「blue」有顯著影響。由於性別中女性為參照，性別的 b 值為負，表示女性的憂鬱感較男性高；社會支持的 b 值為負，表示社會支持愈低則憂鬱感愈高；緊張關係的 b 值為正，表示緊張關係愈高則憂鬱感愈高。因此，該模式顯示，高中學生的社會支持愈低、緊張關係愈高，則他們的憂鬱感也愈高，其中，女性學生的憂鬱感高於男性學生，整體解釋變異量為 16.10%。

(2) 標準化迴歸係數估計

　　另外，若要取得標準化迴歸係數，可以採用「**scipy.stats**」模組中的標準化函式 **apply(stats.zscore)** 將變數轉成標準化分數之後，再執行一次多元線性迴歸分析模式。使用者先載入「scipy.stats」模組，並將標準化分數指派變數為「df1」，並再次執行一次多元線性迴歸分析模式為 model_2，之後輸出模式 model_2 結果（如圖 9-16）。

```
import scipy.stats as stats
df1 = df.apply(stats.zscore)
formula = 'blue~Gender+Race_1+Race_2+Sportyear+ExpectEdu+pl+al+ss+tr'
model_2 = sm.ols(formula, data=df1).fit()
model_2.summary()
```

```
import scipy.stats as stats
df1 = df.apply(stats.zscore)
formula = 'blue~Gender+Race_1+Race_2+Sportyear+ExpectEdu+pl+al+ss+tr'
model_2 = sm.ols(formula, data=df1).fit()
model_2.summary()
```

OLS Regression Results

Dep. Variable:	blue	R-squared:	0.161
Model:	OLS	Adj. R-squared:	0.147
Method:	Least Squares	F-statistic:	11.12
Date:	Sat, 25 Dec 2021	Prob (F-statistic):	6.12e-16
Time:	15:52:09	Log-Likelihood:	-705.40
No. Observations:	530	AIC:	1431.
Df Residuals:	520	BIC:	1474.
Df Model:	9		
Covariance Type:	nonrobust		

	coef	std err	t	P>|t|	[0.025	0.975]
Intercept	2.845e-16	0.040	7.08e-15	1.000	-0.079	0.079
Gender	-0.1404	0.041	-3.427	0.001	-0.221	-0.060
Race_1	0.0561	0.049	1.140	0.255	-0.041	0.153
Race_2	0.0606	0.049	1.237	0.216	-0.036	0.157
Sportyear	0.0682	0.041	1.673	0.095	-0.012	0.148
ExpectEdu	0.0675	0.041	1.660	0.098	-0.012	0.147
pl	0.0416	0.044	0.943	0.346	-0.045	0.128
al	0.0303	0.043	0.700	0.484	-0.055	0.115
ss	-0.1470	0.042	-3.476	0.001	-0.230	-0.064
tr	0.3140	0.042	7.483	0.000	0.232	0.396

Omnibus:	2.537	Durbin-Watson:	1.865
Prob(Omnibus):	0.281	Jarque-Bera (JB):	2.557
Skew:	0.135	Prob(JB):	0.278
Kurtosis:	2.794	Cond. No.	2.02

Notes:
[1] Standard Errors assume that the covariance matrix of the errors is correctly specified.

圖 9-16 輸出 scipy 多元線性迴歸分析（標準化分數）

從結果中可以得知，自變數對依變數有顯著影響的標準化迴歸係數，分別是「Gender」（β = -0.14, p < 0.05）、「ss」（β = -0.15, p < 0.05）、「tr」（β = 0.31, p < 0.05）等對依變數「blue」（憂鬱感）有顯著影響。

(3) 多元線性迴歸分析報表整理

接下來，則是製作多元線性迴歸分析的報表（如表 9-1），一般來說則是需要未標準化估計值（b）、標準誤（SE）、標準化估計值（β）、t 值、p 值，以及常數（截距）（Intercept）、F 值、解釋變異量（R-squared）、調整解釋變異量（Adj. R-squared）等，當然，視成果報告情況調整。

表 9-1　多元線性迴歸分析報表

依變數	憂鬱感				
自變數	b	SE	β	t	p
性別（女性參照）					
男性	-0.22	0.06	-.14	-3.43	0.001
族群（原住民參照）					
本省閩南	0.09	0.08	.06	1.14	0.255
客家	0.13	0.11	.06	1.24	0.216
運動年數	0.20	0.01	.07	1.67	0.095
期望教育	0.07	0.04	.07	1.66	0.098
靜態休閒參與	0.04	0.05	.04	0.94	0.346
動態休閒參與	0.04	0.05	.03	0.70	0.484
社會支持	-0.15	0.05	-.15	-3.48	0.001
緊張關係	0.28	0.04	.31	7.48	0.000
常數	1.79*				
解釋變異量（R^2）	.161				
調整解釋變異量（Adj. R^2）	.147				

* $p < 0.05$

　　從多元線性迴歸分析報表可以得知，高中學生的憂鬱感會受到性別（β = -.14, p < .05）、社會支持（β = -.15, p < .05）、緊張關係（β = .31, p < .05）的影響。亦即，高中學生的社會支持愈低、緊張關係愈高，則他們的憂鬱感也會愈高，其中，女性學生的憂鬱感高於男性學生，且整體解釋變異量為 16.10%。

Chapter

10

項目分析與信度

🔔 10.1　項目分析的概念與執行

1. 項目分析的概念

　　項目分析（items analysis）即對於題目／題項品質優劣的一種評量，或者是將題目施測後的分數進行統計分析的鑑別度（critical ratio, CR）評量。項目分析是除了透過質化、經驗等對於題項或子題作品質管控的方式之外，亦是採用量化統計分析對於項目作品質檢定的眾多方式之一，其他量化統計方式也常見於遺漏值比例、平均數、標準差、峰度、偏度等的檢定。

　　對於項目分析的簡單概念理解，可以從一份考卷或測驗來說明。例如：一份數學考卷應該具有鑑別度，也就是可以測驗出學生的數學程度，一份有鑑別度的考卷，應該是有部分學生（大約整體學生 25% 的人數）有唸書者且熟悉者在參與測驗後得高分，有唸書但觀念不夠理解者成績中等（大約整體學生 50% 的人數），而沒唸書且觀念不清晰者得分較低（大約整體學生 25% 的人數）；再比較高分組的同學與低分組的同學在該數學考卷上的得分有沒有顯著差異，若有，則表示該份考卷的題目具有鑑別度可以測驗出學生的程度。

　　然而，測驗或考試實施時比較擔心狀況是，不論有沒有唸書或能不能有效理解，大多數人都獲得高分或者是低分，則這份測驗或考試就無法測量出參與者的程度，因為大多數人得高分可能是因為測驗內容太簡單，反之，大多數人得低分也可能是因為測驗內容太過於困難與艱澀，不論前者或是後者都是因為該份測驗缺乏鑑別度。因此，為了瞭解一項測驗或考試有沒有鑑別度，則會採用參與測驗者得分在前 25～30% 者與得分在後 25～30% 者分為高分組及低分組，檢驗二組在分數上有沒有顯著差異，若是更為細緻的針對每一題題項作檢驗，則是項目分析的概念，也就是檢驗每一個題項的鑑別度或題目品質。

2. 項目分析的執行

執行項目分析的思維是，先取得欲檢定同一題組中題目的總分或總分平均，並取得該總分獲總分平均前 25% 位置的分數，與 75% 位置的分數，然後，將分數低於前 25% 位置的分數設爲低分組，再將分數高於 75% 位置的分數設爲高分組。然後，將高、低分組視爲自變數，並針對要檢定的題項視爲依變數，執行獨立樣本 t 檢定，該 t 值在信度分析中也視爲鑑別度（critical ratio, CR），一般認爲該值大於 3 視爲具有鑑別度，也就是檢定題目具有良好品質（吳明隆、涂金堂，2006）。

使用者以「**python2011nsc.csv**」檔案作說明，首先載入「**pandas**」模組並縮寫爲「pd」（import pandas as pd），再讀取資料檔案指派變數爲「df」（df = pd.read_csv('python2011nsc.csv')），該資料共有 530 筆資料，以說明項目分析的步驟如下：

使用者針對題組題目內容爲「請問受訪者在最近一年來的自由時間裡，大約多久一次從事下列休閒活動？內容有 1. 看書報／雜誌、2. 看電視／影片、3. 上網從事娛樂、4. 旅遊、5. 逛街、6. 跟朋友聚會、7. 從事體能活動，例如：打球、游泳、騎單車、散步」等。而該組題目在過錄編碼簿中的變數行標籤分別爲「a1、a2、a3、a4、a5、a6、a7」等 7 題，使用者想要針對該題組進行項目分析。

(1) 取得題組總分與總分平均

首先，先對題組題目作總分加總。使用者先將 7 個題目指派變數爲「a_sum」（a_sum = ['a1', 'a2', 'a3', 'a4', 'a5', 'a6', 'a7']），並將變數「a_sum」透過加總函式 **.sum()** 且新增指派行標籤名稱爲「at」的總分變數（df['at'] = df[a_sum].sum(axis = 'columns')）。再將此一總分變數「at」除以題目數量來取得總分平均，因爲有 7 個題目，因此計算後新增指派行標籤名稱爲「mat」的總分平均變數（df['mat'] = df['at'] / 7）。最後，使用描述統計函式 **describe()** 取得第 1、3 四分位數（如圖 10-1）。

```
a_sum = ['a1', 'a2', 'a3', 'a4', 'a5', 'a6', 'a7']
df['at'] = df[a_sum].sum(axis = 'columns')
df['mat'] = df['at'] / 7
df['mat'].describe()
```

```
a_sum = ['a1', 'a2', 'a3', 'a4', 'a5', 'a6', 'a7']
df['at'] = df[a_sum].sum(axis = 'columns')
df['mat'] = df['at'] / 7
df['mat'].describe()

count    530.000000
mean       3.549865
std        0.506504
min        1.714286
25%        3.178571
50%        3.571429
75%        3.857143
max        5.000000
Name: mat, dtype: float64
```

圖 10-1　輸出題組總分平均與描述統計

　　從輸出結果發現，該 7 個題目題組的總分平均（mean）為 3.5499，標準差
（std）為 0.5065，最小值（min）為 1.7143，第 1 四分位數（25%）為 3.1786，
第 2 四分位數（50%）為 3.5714，第 3 四分位數（75%）為 3.8571，最大值（max）
為 5.0000。

※ **提醒**：使用者如果要使用資料集的前、後 27% 百分位數作為高、低分組的參考，則也可以採用「**pandas**」模組中的百分位數函式 **quantile（q）**，其中的參數值區間為「0 <= q <= 1」。例如：資料集指派變數為「df」，想要取得前、後 27% 百分位數，可以寫入 df.quantile（.27）與 df.quantile（.73）。

(2) 建立高低分組變數

使用者參考前、後 25% 百分位數的得分後，新增一個高低分組的指派變數命名為「matHL」變數，將原本變數「mat」總分平均中的值大於 3.8571 的數值改為新變數中的字串「matH」（高分組）；而將原本變數「mat」總分平均中的值小於 3.1785 的數值改為新變數中的字串「matL」（低分組）。

緊接著，使用者輸出高、低分組的個數，並輸出該變數「matHL」作基本檢視（如圖 10-2）。

```
df.loc[df.mat > 3.8571, 'matHL']='matH'
df.loc[df.mat < 3.1785, 'matHL']='matL'
print(df['matHL'].value_counts())
print('===')
print(df['matHL'])
```

```
df.loc[df.mat > 3.8571, 'matHL']='matH'
df.loc[df.mat < 3.1785, 'matHL']='matL'
print(df['matHL'].value_counts())
print('===')
print(df['matHL'])
```

```
matH      176
matL      133
Name: matHL, dtype: int64
===
0         matL
1          NaN
2          NaN
3         matL
4         matH
         ...
525       matL
526       matH
527       matH
528       matH
529       matH
Name: matHL, Length: 530, dtype: object
```

圖 10-2 輸出高低分組個數與內容

　　從輸出結果發現，變數「matHL」中值為「matH」（高分組）有 176 個、值為「matL」（低分組）有 133 個。而變數「matHL」的前、後 5 筆資料中，有顯示「matH、matL、NaN」等，也分別表示使用者命名的高、低分組，以及非高、低分組的空值。

　　※ **提醒**：使用者當然也可以將高、低分組命名爲阿拉伯數字 1 或 2，且在後續的程式碼中使用阿拉伯數字，只是用字串在撰寫程式碼時，要加上引號而已。

(3) 執行項目分析的鑑別度

　　在建立高、低分組之後，接下來要檢視高、低分組在每個題項分數的差異性比較結果，以瞭解鑑別度。使用者建議透過「**scipy.stats**」模組中的獨立樣本 t 檢定函式 ttest_ind（group1, group2）執行，該函式僅輸出統計量與 p 值（如圖 10-3）。由於項目分析是要得知鑑別度（t 值）與顯著性，而其他資訊則是參考，因而，此一方式較爲簡化。

```
import scipy.stats as stats
group1 = df['a1'][df['matHL'] == 'matH']
group2 = df['a1'][df['matHL'] == 'matL']
stats.ttest_ind(group1, group2)
```

```
import scipy.stats as stats
group1 = df['a1'][df['matHL'] == 'matH']
group2 = df['a1'][df['matHL'] == 'matL']
stats.ttest_ind(group1, group2)

Ttest_indResult(statistic=16.316339024573516, pvalue=1.570458627376885e-43)
```

圖 10-3　輸出某題的項目分析

　　從輸出結果得知，變數「a1」（動態休閒參與）該題目的統計量爲 16.32，p 值爲 1.57e-43 小於 0.05 達到顯著差異，表示該題目具有良好的鑑別度。

(4) 執行多題目項目分析鑑別度

　　由於某些題組的題目數量較多，建議可以將組別的指派變數命名多組作區隔，以方便在寫入程式碼的時候獲得每一題目的鑑別度結果（當然，透過自定義

函式一定也可以處理，然而，單純直觀的透過項目分析的概念，可協助使用者理解處理程序）。

　　因而，使用者在分組時，刻意依照題目的行標籤作分組組別命名，高、低分組的組別以題目「a1」命名為「a1_1」與「a1_2」；題目「a2」命名為「a2_1」與「a2_2」；題目「a3」命名為「a3_1」與「a3_2」；題目「a4」命名為「a4_1」與「a4_2」；題目「a5」命名為「a5_1」與「a5_2」；題目「a6」命名為「a6_1」與「a6_2」；以及題目「a7」命名為「a7_1」與「a7_2」等。

　　全部有 7 題則依序分組命名，並且在輸出函式中寫入對應題目，例如：第「a1」題寫入 print（'a1:'）以利輸出時方便辨識（如圖 10-4）。

```python
import scipy.stats as stats
a1_1 = df['a1'][df['matHL'] == 'matH']
a1_2 = df['a1'][df['matHL'] == 'matL']
print('a1:', stats.ttest_ind(a1_1, a1_2))
a2_1 = df['a2'][df['matHL'] == 'matH']
a2_2 = df['a2'][df['matHL'] == 'matL']
print('a2:', stats.ttest_ind(a2_1, a2_2))
a3_1 = df['a3'][df['matHL'] == 'matH']
a3_2 = df['a3'][df['matHL'] == 'matL']
print('a3:', stats.ttest_ind(a3_1, a3_2))
a4_1 = df['a4'][df['matHL'] == 'matH']
a4_2 = df['a4'][df['matHL'] == 'matL']
print('a4:', stats.ttest_ind(a4_1, a4_2))
a5_1 = df['a5'][df['matHL'] == 'matH']
a5_2 = df['a5'][df['matHL'] == 'matL']
print('a5:', stats.ttest_ind(a5_1, a5_2))
```

```
a6_1 = df['a6'][df['matHL'] == 'matH']
a6_2 = df['a6'][df['matHL'] == 'matL']
print('a6:', stats.ttest_ind(a6_1, a6_2))
a7_1 = df['a7'][df['matHL'] == 'matH']
a7_2 = df['a7'][df['matHL'] == 'matL']
print('a7:', stats.ttest_ind(a7_1, a7_2))
```

```
import scipy.stats as stats
a1_1 = df['a1'][df['matHL'] == 'matH']
a1_2 = df['a1'][df['matHL'] == 'matL']
print('a1:', stats.ttest_ind(a1_1, a1_2))
a2_1 = df['a2'][df['matHL'] == 'matH']
a2_2 = df['a2'][df['matHL'] == 'matL']
print('a2:', stats.ttest_ind(a2_1, a2_2))
a3_1 = df['a3'][df['matHL'] == 'matH']
a3_2 = df['a3'][df['matHL'] == 'matL']
print('a3:', stats.ttest_ind(a3_1, a3_2))
a4_1 = df['a4'][df['matHL'] == 'matH']
a4_2 = df['a4'][df['matHL'] == 'matL']
print('a4:', stats.ttest_ind(a4_1, a4_2))
a5_1 = df['a5'][df['matHL'] == 'matH']
a5_2 = df['a5'][df['matHL'] == 'matL']
print('a5:', stats.ttest_ind(a5_1, a5_2))
a6_1 = df['a6'][df['matHL'] == 'matH']
a6_2 = df['a6'][df['matHL'] == 'matL']
print('a6:', stats.ttest_ind(a6_1, a6_2))
a7_1 = df['a7'][df['matHL'] == 'matH']
a7_2 = df['a7'][df['matHL'] == 'matL']
print('a7:', stats.ttest_ind(a7_1, a7_2))

a1: Ttest_indResult(statistic=16.316339024573516, pvalue=1.570458627376885e-43)
a2: Ttest_indResult(statistic=13.622080473959553, pvalue=2.2429805342349368e-33)
a3: Ttest_indResult(statistic=15.344362770909544, pvalue=7.745047598560892e-40)
a4: Ttest_indResult(statistic=11.224635007256758, pvalue=9.971003776809036e-25)
a5: Ttest_indResult(statistic=13.11918606336424, pvalue=1.6082955041277813e-31)
a6: Ttest_indResult(statistic=16.362805056182292, pvalue=1.0447554887481636e-43)
a7: Ttest_indResult(statistic=8.197106546191176, pvalue=6.766107748194998e-15)
```

圖 10-4　輸出多題目的項目分析

從輸出結果得知，變數題目「a1」統計量為 16.32，p 值為 1.57e-43；「a2」統計量為 13.62，p 值為 2.24e-33；「a3」統計量為 15.34，p 值為 7.74e-40；「a4」統計量為 11.22，p 值為 9.97e-25；「a5」統計量為 13.12，p 值為 1.61e-31；「a6」統計量為 16.36，p 值為 1.04e-43；「a7」統計量為 8.20，p 值為 6.77e-15。全部 7 個題目的鑑別度 CR 值介於 8.20～16.36 之間，且 p 皆小於 0.05 達到顯著，表示這些題目都具有良好的鑑別度。

🔔 10.2　信度分析的概念與執行

1. 信度分析的概念

「信度」（reliability）是指測量結果的一致性、穩定性及可靠性，一般多以內部一致性來表示測驗信度的高低。信度係數愈高則表示該測驗結果愈趨近於一致、穩定與可靠。簡單來說，信度是指測量工具本身的準確性。例如：某一身高量測計連續檢測某人身高，其對同一人在短時間之內測量了數次，但是每次測量獲得的數值都不一樣，這樣會導致該身高量測計的測量數值不被信任，則此身高量測計的信度不高。

而針對評量信度的方法而言，傳統上主要有「再測信度」（testretest reliability）、「內部一致信度」（internal consistency reliability）及其他如「複本信度」（alternative form reliability）、觀察者信度（observer reliability）、評分者信度（scorer reliability/inter-rater agreement）等（吳明隆、涂金堂，2006；邱皓政，2019）。其中，再測信度通常會使用同一份問卷量表進行不同測量，並分析各測量結果之間的關係程度作信度評量；然而，由於各項時間、人力成本高，此一方式不甚理想。

因而，較為常用的信度分析，通常採用內部一致性（internal consistency）來衡量一組問卷或調查題目的信度。內部一致性信度是由「折半信度」（split-half reliability）衍生而來，折半指的是將量表的項目分成兩半各別計分後，再算

出這兩半項目計分的相關係數，即為折半係數，並將折半係數的平均數成為內部一致性信度（吳明隆、涂金堂，2006；邱皓政，2019）。連續資料通常使用 Cronbach's Alpha 值作計算，該值範圍介於 0 到 1 之間，該值愈高表示該組調查或問卷題目的可信度愈好。

2. 信度分析的執行

使用者以「**python2011nsc.csv**」檔案作說明，首先載入「**pandas**」模組並縮寫為「pd」（import pandas as pd），再讀取資料檔案指派變數為「df」（df = pd.read_csv('python2011nsc.csv')），該資料共有 530 筆資料，以說明項目分析的步驟如下：

接下來的示例，使用者建議採用「**pingouin**」模組中計算 Cronbach's Alpha 值的函式 **cronbach_alpha()** 作執行。一般對於量表會計算整體量表的 Cronbach's Alpha 信度，與分量表的 Cronbach's Alpha 信度。首先，針對題目「a1」至「a7」等 7 題作整體 Cronbach's Alpha 信度檢定（如圖 10-5）。

```
import pingouin as pg
cronbach1 = df[['a1', 'a2', 'a3', 'a4', 'a5', 'a6', 'a7']]
pg.cronbach_alpha(cronbach1)
```

```
import pingouin as pg
cronbach1 = df[['a1', 'a2', 'a3', 'a4', 'a5', 'a6', 'a7']]
pg.cronbach_alpha(cronbach1)

(0.6643822505197016, array([0.619, 0.706]))
```

圖 10-5　輸出整體量表 Cronbach's Alpha 值

從輸出結果顯示，題目「a1」到「a7」整體量表的 Cronbach's Alpha 信度為 0.664。接著，對於各分量表的Cronbach's Alpha 信度也同樣進行檢定（如圖10-6）。

```
cronbach11 = df[['a1', 'a2', 'a3']]
cronbach12 = df[['a4', 'a5', 'a6', 'a7']]
cb11 = pg.cronbach_alpha(cronbach11)
cb12 = pg.cronbach_alpha(cronbach12)
print(cb11)
print(cb12)
```

```
cronbach11 = df[['a1', 'a2', 'a3']]
cronbach12 = df[['a4', 'a5', 'a6', 'a7']]
cb11 = pg.cronbach_alpha(cronbach11)
cb12 = pg.cronbach_alpha(cronbach12)
print(cb11)
print(cb12)

(0.5889485878517906, array([0.524, 0.646]))
(0.5872617738762134, array([0.527, 0.642]))
```

圖 10-6　輸出分量表 Cronbach's Alpha 值

從輸出結果顯示，題目「a1」到「a3」分量表的 Cronbach's Alpha 信度為 0.589；而題目「a4」到「a7」分量表的 Cronbach's Alpha 信度為 0.587。

💻 Python 手把手教學 10：項目分析與信度分析

　　使用者以「python2011nsc.csv」檔案作說明，首先載入「pandas」模組並縮寫爲「pd」（import pandas as pd），再讀取資料檔案指派變數爲「df」（df = pd.read_csv('python2011nsc.csv')），該資料共有 530 筆資料，以說明項目分析的步驟如下：

　　使用者針對題組題目內容爲「請問受訪者的人際互動關係情形？內容有 1. 學校師長對我很支持、2. 父母對我很支持、3. 學校同儕對我很支持、4. 我與學校師長經常發生緊張關係、5. 我與父母經常發生緊張關係、6. 我與學校同儕經常發生緊張關係」等。而該組題目在過錄編碼簿中的變數行標籤分別爲「b1、b2、b3、b4、b5、b6」等 6 題，使用者想要針對該題組進行項目分析與 Cronbach's Alpha 信度。

1. 項目分析

(1) 取得題組總分與總分平均

　　首先，先對題組題目作總分加總。將 6 個題目指派變數爲「b_sum」，並將變數「b_sum」透過加總函式 **.sum()** 且新增指派行標籤名稱爲「bt」的總分變數。再將此一總分變數「bt」除以題目數量來取得總分平均，因爲有 6 個題目，因此計算後新增指派行標籤名稱爲「mbt」的總分平均變數。最後，使用描述統計函式 **describe()** 取得第 1、3 四分位數（如圖 10-7）。

```
b_sum = ['b1', 'b2', 'b3', 'b4', 'b5', 'b6']
df['bt'] = df[b_sum].sum(axis = 'columns')
df['mbt'] = df['bt'] / 6
df['mbt'].describe()
```

```
b_sum = ['b1', 'b2', 'b3', 'b4', 'b5', 'b6']
df['bt'] = df[b_sum].sum(axis = 'columns')
df['mbt'] = df['bt'] / 6
df['mbt'].describe()

count    530.000000
mean       3.058805
std        0.441317
min        1.833333
25%        2.833333
50%        3.000000
75%        3.333333
max        5.000000
Name: mbt, dtype: float64
```

圖 10-7　輸出題組總分平均與描述統計

　　從輸出結果發現，該 6 個題目題組的總分平均（mean）為 3.0588，標準差（std）為 0.4413，最小值（min）為 1.8333，第 1 四分位數（25%）為 2.8333，第 2 四分位數（50%）為 3.0000，第 3 四分位數（75%）為 3.3333，最大值（max）為 5.0000。

(2) 建立高、低分組變數

　　使用者參考前、後 25% 百分位數的得分後，新增一個高、低分組的指派變數命名為「mbtHL」變數，將原本變數「mbt」總分平均中的值大於 3.3333 的數值改為新變數中的字串「mbtH」（高分組）；而將原本變數「mbt」總分平均中的值小於 2.8333 的數值改為新變數中的字串「mbtL」（低分組）。

　　緊接著，使用者輸出高、低分組的個數，並輸出該變數「matHL」作基本檢視（如圖 10-8）。

```
df.loc[df.mbt > 3.3333, 'mbtHL']='mbtH'
df.loc[df.mbt < 2.8333, 'mbtHL']='mbtL'
print(df['mbtHL'].value_counts())
print('===')
print(df['mbtHL'])
```

```
df.loc[df.mbt > 3.3333, 'mbtHL']='mbtH'
df.loc[df.mbt < 2.8333, 'mbtHL']='mbtL'
print(df['mbtHL'].value_counts())
print('===')
print(df['mbtHL'])
```

```
mbtH      149
mbtL      116
Name: mbtHL, dtype: int64
===
0        mbtH
1        mbtL
2         NaN
3         NaN
4        mbtH
        ...
525       NaN
526       NaN
527      mbtL
528      mbtL
529       NaN
Name: mbtHL, Length: 530, dtype: object
```

圖 10-8 輸出高、低分組個數與內容

　　　從輸出結果發現，變數「mbtHL」中值爲「mbtH」（高分組）有 149 個、值爲「mbtL」（低分組）有 116 個。而變數「mbtHL」的前、後 5 筆資料中，有顯示「mbtH、mbtL、NaN」等，也分別表示使用者命名的高、低分組，以及非高、低分組的空值。

(3) 執行項目分析的鑑別度

　　　在建立高、低分組之後，接下來要檢視高、低分組在每個題項分數的差異性比較結果，以瞭解鑑別度。使用者建議透過「**scipy.stats**」模組中的獨立樣本 t 檢定函式 ttest_ind（group1, group2）執行，該函式僅輸出統計量與 p 值。由於項目分析是要得知鑑別度（CR 值與 t 值相同）與顯著性。

　　　由於某些題組的題目數量較多，建議可以將組別的指派變數命名多組作區隔，以方便在寫入程式碼的時候獲得每一題目的鑑別度結果。因而，使用者在分組時，刻意依照題目的行標籤作分組組別命名，高、低分組的組別以題目「b1」命名爲「b1_1」與「b1_2」；題目「b2」命名爲「b2_1」與「b2_2」；題目「b3」命名爲「b3_1」與「b3_2」；題目「b4」命名爲「b4_1」與「b4_2」；題目「b5」命名爲「b5_1」與「b5_2」；以及題目「b6」命名爲「b6_1」與「b6_2」等。全部有 6 題則依序分組命名，並且在輸出函式中寫入對應題目，例如，第「b1」題寫入 print（'b1:'）以利輸出時方便辨識（如圖 10-9）。

```
import scipy.stats as stats
b1_1 = df['b1'][df['mbtHL'] == 'mbtH']
b1_2 = df['b1'][df['mbtHL'] == 'mbtL']
print('b1:', stats.ttest_ind(b1_1, b1_2))
b2_1 = df['b2'][df['mbtHL'] == 'mbtH']
b2_2 = df['b2'][df['mbtHL'] == 'mbtL']
print('b2:', stats.ttest_ind(b2_1, b2_2))
```

```
b3_1 = df['b3'][df['mbtHL'] == 'mbtH']
b3_2 = df['b3'][df['mbtHL'] == 'mbtL']
print('b3:', stats.ttest_ind(b3_1, b3_2))
b4_1 = df['b4'][df['mbtHL'] == 'mbtH']
b4_2 = df['b4'][df['mbtHL'] == 'mbtL']
print('b4:', stats.ttest_ind(b4_1, b4_2))
b5_1 = df['b5'][df['mbtHL'] == 'mbtH']
b5_2 = df['b5'][df['mbtHL'] == 'mbtL']
print('b5:', stats.ttest_ind(b5_1, b5_2))
b6_1 = df['b6'][df['mbtHL'] == 'mbtH']
b6_2 = df['b6'][df['mbtHL'] == 'mbtL']
print('b6:', stats.ttest_ind(b6_1, b6_2))
```

```
import scipy.stats as stats
b1_1 = df['b1'][df['mbtHL'] == 'mbtH']
b1_2 = df['b1'][df['mbtHL'] == 'mbtL']
print('b1:', stats.ttest_ind(b1_1, b1_2))
b2_1 = df['b2'][df['mbtHL'] == 'mbtH']
b2_2 = df['b2'][df['mbtHL'] == 'mbtL']
print('b2:', stats.ttest_ind(b2_1, b2_2))
b3_1 = df['b3'][df['mbtHL'] == 'mbtH']
b3_2 = df['b3'][df['mbtHL'] == 'mbtL']
print('b3:', stats.ttest_ind(b3_1, b3_2))
b4_1 = df['b4'][df['mbtHL'] == 'mbtH']
b4_2 = df['b4'][df['mbtHL'] == 'mbtL']
print('b4:', stats.ttest_ind(b4_1, b4_2))
b5_1 = df['b5'][df['mbtHL'] == 'mbtH']
b5_2 = df['b5'][df['mbtHL'] == 'mbtL']
print('b5:', stats.ttest_ind(b5_1, b5_2))
b6_1 = df['b6'][df['mbtHL'] == 'mbtH']
b6_2 = df['b6'][df['mbtHL'] == 'mbtL']
print('b6:', stats.ttest_ind(b6_1, b6_2))

b1: Ttest_indResult(statistic=12.012835497931777, pvalue=8.574559350103205e-27)
b2: Ttest_indResult(statistic=9.78264278330449, pvalue=1.7826019073630692e-19)
b3: Ttest_indResult(statistic=12.582729955163709, pvalue=9.736535926791716e-29)
b4: Ttest_indResult(statistic=12.526739759171525, pvalue=1.5152179390257735e-28)
b5: Ttest_indResult(statistic=10.834252336293831, pvalue=7.390348414474667e-23)
b6: Ttest_indResult(statistic=10.47592035613912, pvalue=1.0883282106412513e-21)
```

圖 10-9　輸出多題目的項目分析

從輸出結果得知，變數題目「b1」統計量為 12.01，p 值為 8.57e-27；「b2」統計量為 9.78，p 值為 1.78e-19；「b3」統計量為 12.58，p 值為 9.74e-29；「b4」統計量為 12.53，p 值為 1.52e-28；「b5」統計量為 10.83，p 值為 7.39e-23；「b6」統計量為 10.48，p 值為 1.09e-21。全部 6 個題目的鑑別度 CR 值介於 9.78 ～ 12.58 之間，且 p 值皆小於 0.05 達到顯著，表示這些題目都具有良好鑑別度。

2. 信度分析

使用者採用「**pingouin**」模組中計算 Cronbach's Alpha 值的函式 **cronbach_alpha()** 作執行。一般對於量表會計算整體量表的 Cronbach's Alpha 信度，與分量表的 Cronbach's Alpha 信度。

接下來，分別針對題目「b1」至「b6」等 6 題作整體 Cronbach's Alpha 信度檢定，也分別針對題目「b1、b2、b3」與「b4、b5、b6」等二組題目作分量表 Cronbach's Alpha 信度檢定（如圖 10-10）。

```
import pingouin as pg
cronbach2 = df[['b1', 'b2', 'b3', 'b4', 'b5', 'b6']]
cronbach21 = df[['b1', 'b2', 'b3']]
cronbach22 = df[['b4', 'b5', 'b6']]
cb2 = pg.cronbach_alpha(cronbach2)
cb21= pg.cronbach_alpha(cronbach21)
cb22= pg.cronbach_alpha(cronbach22)
print(cb2)
print(cb21)
print(cb22)
```

```
import pingouin as pg
cronbach2 = df[['b1', 'b2', 'b3', 'b4', 'b5', 'b6']]
cronbach21 = df[['b1', 'b2', 'b3']]
cronbach22 = df[['b4', 'b5', 'b6']]
cb2 = pg.cronbach_alpha(cronbach2)
cb21= pg.cronbach_alpha(cronbach21)
cb22= pg.cronbach_alpha(cronbach22)
print(cb2)
print(cb21)
print(cb22)

(0.4468111147681253, array([0.371, 0.517]))
(0.7423544900183432, array([0.702, 0.778]))
(0.8162048082216918, array([0.787, 0.842]))
```

圖 10-10   輸出多組 Cronbach's Alpha 值

從輸出結果顯示，題目「b1」到「b6」整體量表的 Cronbach's Alpha 信度為 0.447；而題目「b1」到「b3」分量表的 Cronbach's Alpha 信度為 0.742；另題目「b4」到「b6」分量表的 Cronbach's Alpha 信度為 0.816。

※ **提醒**：整體量表 Cronbach's Alpha 信度較低，是因為題組中的分量表在題目內容上有用詞正向語句（b1～b3）與用詞反向語句（b4～b6）所致，導致整體信度較低，然而，信度相較於效度而言，仍是以效度為主要參考依據。

🔔 11.1　因素分析的概念

　　因素分析可以分爲探索性因素分析（exploratory factor analysis, EFA）與驗證性因素分析（confirmatory factor analysis, CFA）。前者大多爲發展或編製量表時，檢視那些可觀察或測量變數反映到那些因素或潛在變數中；後者則大多用在一個量表發展之後，用來檢驗某些特定觀察或測量變數是否能合乎理論預期的潛在變數或因素之下。一般來說，探索性因素分析大都簡稱爲因素分析，若是指驗證性因素分析則會特別強調出來。本章指涉的因素分析主要是以探索性因素分析作概念說明。

　　因素分析可以理解爲是從一組變數中提取共同性因子的方法，這裡的共同性因子指的是不同變數之間存在的潛在因子。因而，可以將因素分析理解爲是一種將複雜的資料透過統計方式進行簡化的方法，而簡化後的資料提取出潛在因素來代表原本題組的概念，也就是抽出變數背後共同存在的概念來理解變數之間的關聯性（栗原伸一、丸山敦史，2019）。當然，這個提取出來的潛在因素希望是最簡化、最優化、最有代表性的解釋過程。

　　而在問卷發展出這些可觀察或可測量變數時，重要的是這些問題有沒有觀察或測量到想要理解的變數，也就是問的問題有沒有問到核心或者是有效程度。在社會科學上則是稱之爲效度（validity），是指測量變數、工具或手段能夠準確取得所需測量事物的程度，也就是所測量到的結果反映所想要觀察內容的程度高低，測量結果與所要觀察的內容愈吻合則效度愈高。效度常見分爲「內容效度」（content validity）、「效標關聯效度」（criterion-related validity）和「建構效度」（construct validity）等三種（吳明隆、涂金堂，2006；邱皓政，2019）。其中，「內容效度」是指觀察變數歸屬於欲觀察或測量範圍內的概念，也有稱爲表面效度（face validity）、邏輯效度（logic validity）等；「效標關聯效度」則是指觀察變數與外在某一個標的（效標）的相關聯程度，通常關聯程度愈大則效度愈大；「建構效度」亦稱構念效度，則是指變數的量數與其他預期具有理論關

係的變數的關聯程度，這是因爲社會科學中難以找到某個效標當作直接確認測量效度的方式，於是採取近似的測試方式，即認爲觀察變數應該與其他變數之間可以在理論上具有關係，則建構效度是建立在變數之間的邏輯關係之上。

因而，研究者透過可以觀察或測量的變數，針對這些變數進行因素分析來得知原始變數之間的共同性因子，也就是原始變數之間較高關係的集合，並依循變數與理論來對某一因素概念作命名。例如：透過某些可以觀察或測量的變數，來獲得某些抽象的潛在因素，這些抽象的概念類似「勇氣、倫理、價值觀、獲得感、幸福感、憂鬱感、疏離感、凝聚力、自信心、自我效能、時間管理、成就動機……」等。

因此，在社會科學中，常常會利用可觀察的變數，透過因素分析來獲得這些潛在因素。其主要目的是將眾多變數進行縮減，以最少的因素來最大化解釋原本的變數，此即要求原始變數之間要有較強的相關性；例如：研究者從「身高、體重、血壓、身體質量指數、睡眠品質、運動參與、快樂、滿足、與人互動頻率、聊天人數、社團參與」等觀察變數來反映到「健康」的因素。其次，也是要建立一組相互獨立的因素來處理共線性（multicollinearity）的問題；例如：觀察變數中可以分別反映到有關「生理健康」、「心理健康」與「社會健康」的因素。最後，估計每一個原始變數在各因素上的負荷、共通性、唯一性等，且這些簡化的因素可以理解原始變數欲探討主題概念的解釋變異量多寡，則可以視爲建構效度的指標。

🔔 11.2　因素分析執行

1. 載入相關工具庫

若系統中尚未安裝欲使用的模組，則可以事先在 Prompt 中安裝。首先，從開始 / 所有程式 / Anaconda3（64-bit）/ Anaconda Prompt（anaconda3）啟動 Prompt 管理模組。開啟後安裝「**factor_analyzer**」模組，寫入「**pip install** factor_analyzer」。

　　接下來，在 Jupyter 中載入欲使用模組，包含「**pandas**」、「**numpy**」、「**factor_analyzer**」、「**matplotlib**」等模組，讀取資料指派變數，並輸出指派變數欄位名稱（如圖 11-1）。

```
import pandas as pd
import numpy as np
from factor_analyzer import FactorAnalyzer
import matplotlib.pyplot as plt
df = pd.read_csv('python2011nsc.csv')
df.columns
```

```
import pandas as pd
import numpy as np
from factor_analyzer import FactorAnalyzer
import matplotlib.pyplot as plt
df = pd.read_csv('python2011nsc.csv')
df.columns

Index(['NO', 'Gender', 'DateOfBirth', 'Race', 'FaEdu', 'MomEdu', 'FaexpEdu',
       'CoexpEdu', 'Income', 'Grade', 'Level', 'Sportyear', 'ExpectEdu', 'a1',
       'a2', 'a3', 'a4', 'a5', 'a6', 'a7', 'b1', 'b2', 'b3', 'b4', 'b5', 'b6',
       'c1', 'c2', 'c3', 'c4', 'c5', 'c6', 'c7', 'c8', 'c9', 'c10', 'p1', 'al',
       'ss', 'tr', 'blue', 'achievement', 'alienance'],
      dtype='object')
```

圖 11-1　輸出指派變數的行標籤名稱

2. 資料清理

　　接下來，為了方便因素分析的執行，可以先對資料變數進行整理，先刪除有遺漏值的資料，並刪除用不到的欄位，整理之後留下要進行因素分析的欄位資料。使用者在這裡分 2 個步驟處理，先刪除「需要變數」的後面行標籤，再刪除

「需要變數」前面的行標籤（如圖 11-2、11-3）。

df.drop(['c1', 'c2', 'c3', 'c4', 'c5', 'c6', 'c7', 'c8', 'c9', 'c10', 'pl', 'al',

'ss', 'tr', 'blue', 'achievement', 'alienance'],

axis=1, inplace=True)

df.dropna(inplace=True)

df.columns

```
df.drop(['c1', 'c2', 'c3', 'c4', 'c5', 'c6', 'c7', 'c8', 'c9', 'c10', 'pl', 'al',
       'ss', 'tr', 'blue', 'achievement', 'alienance'], axis=1, inplace=True)
df.dropna(inplace=True)
df.columns

Index(['NO', 'Gender', 'DateOfBirth', 'Race', 'FaEdu', 'MomEdu', 'FaexpEdu',
       'CoexpEdu', 'Income', 'Grade', 'Level', 'Sportyear', 'ExpectEdu', 'a1',
       'a2', 'a3', 'a4', 'a5', 'a6', 'a7', 'b1', 'b2', 'b3', 'b4', 'b5', 'b6'],
      dtype='object')
```

圖 11-2 輸出資料變數整理後的行標籤步驟一

df.drop(['NO', 'Gender', 'DateOfBirth', 'Race', 'FaEdu', 'MomEdu',

'FaexpEdu', 'CoexpEdu', 'Income', 'Grade', 'Level',

'Sportyear', 'ExpectEdu', 'a1', 'a2', 'a3', 'a4', 'a5', 'a6', 'a7'],

axis=1, inplace=True)

df.dropna(inplace=True)

df.columns

```
df.drop(['NO', 'Gender', 'DateOfBirth', 'Race', 'FaEdu', 'MomEdu', 'FaexpEdu',
        'CoexpEdu', 'Income', 'Grade', 'Level', 'Sportyear', 'ExpectEdu', 'a1',
        'a2', 'a3', 'a4', 'a5', 'a6', 'a7'], axis=1, inplace=True)
df.dropna(inplace=True)
df.columns

Index(['b1', 'b2', 'b3', 'b4', 'b5', 'b6'], dtype='object')
```

圖 11-3　輸出資料變數整理後的行標籤步驟二

　　經過二步驟的處理，保留變數「b1、b2、b3、b4、b5、b6」等，準備針對該變數題組作後續因素分析的處理。

3. 充分性測試

　　充分性測試（adequacy test）主要是檢驗資料集中可否找到一些潛在因素，一般透過 Bartlett's test 與 Kaiser-Meyer-Olkin test 來執行。

(1) Bartlett 檢定

　　執行 Bartlett 檢定（Bartlett's test），獲得卡方值爲 1010.40，p 值爲 3.92e-206 小於 0.05 達到顯著（如圖 11-4）。

```
from factor_analyzer.factor_analyzer import calculate_bartlett_sphericity
chi_square_value, p_value = calculate_bartlett_sphericity(df)
chi_square_value, p_value
```

```
from factor_analyzer.factor_analyzer import calculate_bartlett_sphericity
chi_square_value, p_value = calculate_bartlett_sphericity(df)
chi_square_value, p_value

(1010.3972545365142, 3.9297521095454115e-206)
```

圖 11-4　輸出 Bartlett 檢定值

(2) KMO 值檢定

執行 KMO 值檢定（Kaiser-Meyer-Olkin test），獲得 KMO 值爲 0.68，而該值若高於 0.6 以上，則表示該資料適合進行因素分析。

```
from factor_analyzer.factor_analyzer import calculate_kmo
kmo_all, kmo_model = calculate_kmo(df)
print(kmo_model)
```

```
from factor_analyzer.factor_analyzer import calculate_kmo
kmo_all, kmo_model = calculate_kmo(df)
print(kmo_model)

0.6834985567917011
```

圖 11-5　輸出 KMO 值

4. 降維分析

針對資料變數的觀察變數進行分析各題目可貢獻至因素程度的共同性（communalities），並計算特徵值（eigenvalues），且繪製陡坡圖（scree plot）來檢視資料變數的降維（dimension reduction）參考。而降維是指在某些限定條件下，針對資料降低隨機變數個數，以得到一組「不相關」主變數的過程（Roweis & Saul, 2000）。常見的降維也會使用到主成分分析（principal components analysis, PCA）的線性降維方式，該主成分分析程序透過正交轉換將原始的 n 維資料集，轉換到一個新的主成分資料集中。概念是當資料中有多個變數時，透過主成分分析來縮減爲較少的變數，以利聚焦觀察變數（涌井良幸、涌井貞美，2015/2017）。亦即，想用最少變數來表示內含許多變數資訊時使用的

方法（栗原伸一、丸山敦史，2019）。轉換後的結果中，第一個主成分具有最大的變異數值，每個後續的成分在與前述主成分正交條件限制下也具有其最大變異數，且降維時僅保存前 k 個（k < n）主成分即可保持最大的資料資訊。

首先，執行因素分析且不進行轉軸先提取共同性數值，使用函式 **get_communalities()**；接下來取得該變數題組的特徵值，使用函式 **get_eigenvalues()**；最後，繪製陡坡圖並將圖片名稱標記為「Scree Plot」、X 軸名稱標記為「Factor」、Y 軸名稱標記為「Eigenvalue」（如圖 11-6）。

```python
fa = FactorAnalyzer(6, rotation = None)
fa.fit(df)
print(fa.get_communalities())


ev, v = fa.get_eigenvalues()
print(v)


plt.scatter(range(1, df.shape[1]+1), ev)
plt.plot(range(1, df.shape[1]+1), ev)
plt.title('Scree Plot')
plt.xlabel('Factor')
plt.ylabel('Eigenvalue')
plt.grid()
plt.show()
```

```
fa = FactorAnalyzer(6, rotation = None)
fa.fit(df)
print(fa.get_communalities())

ev, v = fa.get_eigenvalues()
print(v)

plt.scatter(range(1, df.shape[1]+1), ev)
plt.plot(range(1, df.shape[1]+1), ev)
plt.title('Scree Plot')
plt.xlabel('Factor')
plt.ylabel('Eigenvalue')
plt.grid()
plt.show()
```

```
[0.65845574 0.53290298 0.62024214 0.6648077  0.72341272 0.72673187]
[ 2.28355095e+00  1.21925777e+00  2.40721711e-01  1.81167262e-01
  1.85602163e-03 -5.76910139e-07]
```

圖 11-6　輸出特徵值與陡坡圖

　　從輸出結果，可以取得共同性數值為 0.66、0.53、0.62、0.66、0.72、0.73 等。而特徵值大於 1 的有 2 個，數值分別為 2.28、1.21，其他皆小於 1。另外，繪製陡坡圖發現，特徵值大於 1 的有 2 個，之後的因素變化則趨於緩和。因而，

該變數題組似乎可以取得 2 個因素作建構。

5. 提取因素解釋變異量

提取因素對應的特徵值與各因素的變異貢獻程度（變異比例），共輸出 3 列資料（如圖 11-7）。

---

fa.get_factor_variance()

```
fa.get_factor_variance()

(array([2.28355083e+00, 1.21925763e+00, 2.40721536e-01, 1.81167183e-01,
        1.85595905e-03, 0.00000000e+00]),
 array([3.80591804e-01, 2.03209605e-01, 4.01202561e-02, 3.01945306e-02,
        3.09326508e-04, 0.00000000e+00]),
 array([0.3805918 , 0.58380141, 0.62392167, 0.6541162 , 0.65442552,
        0.65442552]))
```

圖 11-7　輸出因素解釋變異量

輸出第 1 列爲特徵值，從左至右有 6 個因素，數值大於 1 的有 2 個，分別爲 2.28、1.21。

輸出第 2 列是解釋變異量（proportion of variance）的前 2 個數值，分別爲 3.806e-01 亦即 0.3806，與 2.032e-01 亦即 0.2032，加總爲 0.5838 轉爲解釋變異量爲 58.38%。社會科學中解釋變異量達到 50% 以上表示良好。

輸出第 3 列的前 2 個數值分別爲 0.3805 與 0.5838，第 2 個數值即爲累計貢獻百分比 58.38%（0.5838×100%）。

6. 進行因素分析

　　針對因素進行固定因子數目及轉軸設定，在此例中使用直交轉軸的最大變異（Varimax）方式進行（如圖 11-8）。

```
fa = FactorAnalyzer(2, rotation = 'varimax')
fa.fit(df)
```

```
fa = FactorAnalyzer(2, rotation = 'varimax')
fa.fit(df)

FactorAnalyzer(n_factors=2, rotation='varimax', rotation_kwargs={})
```

圖 11-8　輸出因素分析轉軸方式

　　接下來，使用「變數.loadings_」來提取因素轉軸之後因素負荷量（factor loading）。因為之前設定「2」個因素，則出現各個題目變數在此 2 個因素的負荷量權重（如圖 11-9）。

```
fa.loadings_
```

```
fa.loadings_

array([[-0.11630448,  0.76720366],
       [-0.17550779,  0.61541388],
       [-0.0629534 ,  0.69542905],
       [ 0.73315226, -0.07741592],
       [ 0.79776027, -0.13318164],
       [ 0.76319146, -0.13703462]])
```

圖 11-9　輸出因素負荷量

　　而爲了方便觀察變數之間的相關性，可以進一步針對因素負荷量的觀察，採用視覺化方式來協助理解變數之間的關係，這裡使用熱力圖的方式來呈現（如圖11-10）。

```
import seaborn as sns
df_cm = pd.DataFrame(np.abs(fa.loadings_), index = df.columns)
plt.figure(figsize =(5, 5))
ax = sns.heatmap(df_cm, annot = True, cmap = 'BuPu')
ax.yaxis.set_tick_params(labelsize=10)
plt.title('Factor Analysis')
plt.ylabel('Sepal Width')
plt.savefig('factorAnalysis.png', dpi=400)
```

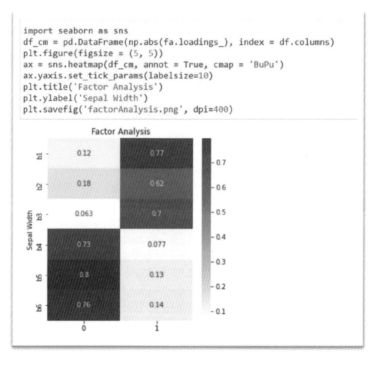

圖 11-10　輸出因素負荷的熱力圖

透過熱力圖可以清楚顯示變數之間的相關性，其中，b1、b2、b3 的因素負荷量分別為 0.77、0.62、0.70，熱力圖顯示顏色較為接近表示變數之間的關聯較高，且反映在同一個因素的負荷量較高。另外，b4、b5、b6 的因素負荷量分別為 0.73、0.80、0.76，熱力圖顯示顏色較為接近表示變數之間的關聯較高，反映在另一個因素的負荷量較高。此時，從題目變數的內容與理論依據，將「b1（學校師長對我很支持）、b2（父母對我很支持）、b3（學校同儕對我很支持）」命名為「社會支持」，而將「b4（我與學校師長經常發生緊張關係）、b5（我與父母經常發生緊張關係）、b6（我與學校同儕經常發生緊張關係）」命名為「緊張關係」。

7. 繪製因素分析表格

因素分析摘要表的內容，除了需要說明充分性測試的 Bartlett 檢定與 KMO 值檢定之外，對於各個題目變數的因素負荷量非常重要，且需要表達累積解釋變異量來說明該題目變數量表的建構效度。

具體而言，社會關係量表的 KMO 值檢定為 .68，Bartlett 檢定近似卡方分配為 1010.40 達顯著（$p < .05$），顯示資料適合進行探索性因素分析。且經探索性因素分析採用主成分分析法，取特徵值大於 1，旋轉以含 Kaiser 的 Varimax 法進行轉軸。題目「學校師長對我很支持、父母對我很支持、學校同儕對我很支持」反應在同一因素，參考題意與文獻將其命名為「社會支持」；題目「我與學校師長經常發生緊張關係、我與父母經常發生緊張關係、我與學校同儕經常發生緊張關係」反應在同一因素，參考題意與文獻將其命名為「緊張關係」，整體解釋變異量達到 58.38%，顯示社會關係量表具有良好的效度（如表 11-1）。

表 11-1　社會關係的因素分析摘要表

題目	因素負荷量	解釋變異量（%）	累積解釋變異量（%）
社會支持		20.33	20.33
學校師長對我很支持	.77		
父母對我很支持	.62		
學校同儕對我很支持	.70		
緊張關係		38.05	58.38
我與學校師長經常發生緊張關係	.73		
我與父母經常發生緊張關係	.80		
我與學校同儕經常發生緊張關係	.76		
社會關係			58.38

💻 Python 手把手教學 11：因素分析

　　使用者針對題組題目內容為「最近一年來，在你的自由時間裡，你大約多久一次從事下列休閒活動？內容有 1. 看書報／雜誌、2. 看電視／影片、3. 上網從事娛樂、4. 旅遊、5. 逛街、6. 跟朋友聚會、7. 從事體能活動，例如：打球、游泳、騎單車、散步」等，回答「從來沒有、一年好幾次、每月好幾次、每週好幾次、每天」分別給予 1 到 5 分，分數愈高表示休閒參與頻率愈高。而該組題目在過錄編碼簿中的變數行標籤分別為「a1、a2、a3、a4、a5、a6、a7」等 7 題，使用者想要針對該題組進行因素分析。

　　使用者以「**python2011nsc.csv**」檔案作說明，該資料共有 530 筆資料，而執行因素分析主要有幾個步驟，分別為讀取指派資料、清理資料、充分性測試、降維分析、提取因素解釋變異量、進行因素分析及繪製因素分析摘要表等，茲分別操作說明如下。

1. 讀取指派資料

　　載入執行因素分析相關模組「**pandas、numpy、factor_analyzer、matplotlib.pyplplot**」等並簡寫，進而讀取資料指派變數為「df」，且輸出變數行標籤（如圖 11-11）。

```
import pandas as pd
import numpy as np
from factor_analyzer import FactorAnalyzer
import matplotlib.pyplot as plt
df = pd.read_csv('python2011nsc.csv')
df.columns
```

```
import pandas as pd
import numpy as np
from factor_analyzer import FactorAnalyzer
import matplotlib.pyplot as plt
df = pd.read_csv('python2011nsc.csv')
df.columns

Index(['NO', 'Gender', 'DateOfBirth', 'Race', 'FaEdu', 'MomEdu', 'FaexpEdu',
       'CoexpEdu', 'Income', 'Grade', 'Level', 'Sportyear', 'ExpectEdu', 'a1',
       'a2', 'a3', 'a4', 'a5', 'a6', 'a7', 'b1', 'b2', 'b3', 'b4', 'b5', 'b6',
       'c1', 'c2', 'c3', 'c4', 'c5', 'c6', 'c7', 'c8', 'c9', 'c10', 'pl', 'al',
       'ss', 'tr', 'blue', 'achievement', 'alienance'],
      dtype='object')
```

圖 11-11　輸出變數行標籤

2. 資料清理

　　清理資料並保留要使用的變數行標籤為「a1、a2、a3、a4、a5、a6、a7」等，以利執行後續分析。使用刪除函式 drop()（如圖 11-12）。

```
df.drop(['NO', 'Gender', 'DateOfBirth', 'Race', 'FaEdu', 'MomEdu',
        'FaexpEdu', 'CoexpEdu', 'Income', 'Grade', 'Level',
        'Sportyear', 'ExpectEdu', 'b1', 'b2', 'b3', 'b4', 'b5', 'b6', 'c1',
        'c2', 'c3', 'c4', 'c5', 'c6', 'c7', 'c8', 'c9', 'c10', 'pl', 'al', 'ss', 'tr',
        'blue', 'achievement', 'alienance'], axis=1, inplace=True)
df.dropna(inplace=True)
df.columns
```

```
df.drop(['NO', 'Gender', 'DateOfBirth', 'Race', 'FaEdu', 'MomEdu', 'FaexpEdu',
        'CoexpEdu', 'Income', 'Grade', 'Level', 'Sportyear', 'ExpectEdu',
        'b1', 'b2', 'b3', 'b4', 'b5', 'b6', 'c1', 'c2', 'c3', 'c4', 'c5',
        'c6', 'c7', 'c8', 'c9', 'c10', 'pl', 'al', 'ss', 'tr', 'blue',
        'achievement', 'alienance'], axis=1, inplace=True)
df.dropna(inplace=True)
df.columns

Index(['a1', 'a2', 'a3', 'a4', 'a5', 'a6', 'a7'], dtype='object')
```

圖 11-12　輸出保留變數行標籤

3. 充分性測試

充分性測試（adequacy test）主要是檢驗資料集中可否找到一些潛在因素，一般透過 Bartlett's test 與 Kaiser-Meyer-Olkin test 來執行。

(1) Bartlett 檢定

執行 Bartlett 檢定（Bartlett's test），獲得卡方值為 572.73，p 值為 8.61e-108 小於 0.05 達到顯著（如圖 11-13）。

```
from factor_analyzer.factor_analyzer import calculate_bartlett_sphericity
chi_square_value, p_value = calculate_bartlett_sphericity(df)
chi_square_value, p_value
```

```
from factor_analyzer.factor_analyzer import calculate_bartlett_sphericity
chi_square_value, p_value = calculate_bartlett_sphericity(df)
chi_square_value, p_value

(572.7255038863649, 8.614022137787368e-108)
```

圖 11-13　輸出 Bartlett 檢定

(2) KMO 值檢定

　　執行 KMO 值檢定（Kaiser-Meyer-Olkin test），獲得 KMO 值為 0.70，而該值若高於 0.6 以上，則表示該資料適合進行因素分析（如圖 11-14）。

```
from factor_analyzer.factor_analyzer import calculate_kmo
kmo_all, kmo_model = calculate_kmo(df)
print(kmo_model)
```

```
from factor_analyzer.factor_analyzer import calculate_kmo
kmo_all, kmo_model = calculate_kmo(df)
print(kmo_model)

0.6997703440766766
```

圖 11-14　輸出 KMO 值

4. 降維分析

　　先透過執行因素分析且不進行轉軸先提取共同性數值，使用函式 **get_ communalities()**；接下來，取得該變數題組的特徵值，使用函式 **get_ eigenvalues()**；最後，繪製陡坡圖並將圖片名稱標記爲「Scree Plot」、X 軸名稱標記爲「Factor」、Y 軸名稱標記爲「Eigenvalue」（如圖 11-15）。

```
fa = FactorAnalyzer(7, rotation = None)
fa.fit(df)
print(fa.get_communalities())

ev, v = fa.get_eigenvalues()
print(v)

plt.scatter(range(1, df.shape[1]+1), ev)
plt.plot(range(1, df.shape[1]+1), ev)
plt.title('Scree Plot')
plt.xlabel('Factor')
plt.ylabel('Eigenvalue')
plt.grid()
plt.show()
```

```
fa = FactorAnalyzer(7, rotation = None)
fa.fit(df)
print(fa.get_communalities())

ev, v = fa.get_eigenvalues()
print(v)

plt.scatter(range(1, df.shape[1]+1), ev)
plt.plot(range(1, df.shape[1]+1), ev)
plt.title('Scree Plot')
plt.xlabel('Factor')
plt.ylabel('Eigenvalue')
plt.grid()
plt.show()
```

```
[0.36197101 0.58536448 0.54712425 0.51517366 0.63464105 0.53213686
 0.16811491]
[ 1.95377090e+00  7.31311236e-01  3.11683144e-01  2.09191092e-01
  1.02218388e-01  3.63574155e-02 -5.94690272e-06]
```

圖 11-15　輸出特徵值與陡坡圖

　　從輸出結果，可以取得共同性數值爲 0.36、0.59、0.55、0.52、0.63、0.53、0.17 等。而特徵值大於 1 的只有 1 個，數值爲 1.95，其他皆小於 1。然而，繪製陡坡圖發現，特徵值大於 1 的有 2 個，之後的因素變化則趨於緩和。因而，該變

數題組似乎可以取得 2 個因素作建構。雖然，特徵值與圖形有點衝突，然而，可以檢視使用者的目的作選擇。後續，仍然使用 2 個因素作建構說明。

5. 提取因素解釋變異量

提取因素對應的特徵值與各因素的變異貢獻程度（變異比例），共輸出 3 列資料（如圖 11-16）。

fa.get_factor_variance()

```
fa.get_factor_variance()

(array([1.95376975, 0.73131005, 0.31168231, 0.20918984, 0.10221723,
        0.03635705, 0.          ]),
 array([0.27910996, 0.10447286, 0.04452604, 0.02988426, 0.01460246,
        0.00519386, 0.          ]),
 array([0.27910996, 0.38358283, 0.42810887, 0.45799314, 0.4725956 ,
        0.47778946, 0.47778946]))
```

圖 11-16　輸出因素解釋變異量

輸出第 1 列為特徵值，從左至右有 6 個因素，數值大於 1 的僅有 1 個為 1.95，但是因為使用者考量研究目的與文獻基礎，刻意要將量表採用兩個因素作轉軸，則仍然採納特徵值沒有大於 1 的第二個數值 0.73 作考量。

輸出第 2 列是解釋變異量（proportion of variance）的前二個為 0.2791 與 0.1045，兩個加總為 0.3836，亦即轉為解釋變異量為 38.36%。社會科學中量表解釋變異量達 50% 以上則良好。

輸出第 3 列的前 2 個數值分別為 0.2791 與 0.3836，其中第 2 個數值即為累計貢獻百分比 38.36%。顯示，此一量表的解釋變異量有提升的空間，但是，使用者仍先以分為 2 個因素作執行。

6. 進行因素分析

　　針對因素進行固定因子數目及轉軸設定，在此例中使用直交轉軸的最大變異（Varimax）方式進行。因爲使用者的目標爲將量表分爲 2 個構面，則選擇以 2 個因素構面作轉軸（如圖 11-17）。

```
fa = FactorAnalyzer(2, rotation = 'varimax')
fa.fit(df)
```

```
fa = FactorAnalyzer(2, rotation = 'varimax')
fa.fit(df)

FactorAnalyzer(n_factors=2, rotation='varimax', rotation_kwargs={})
```

圖 11-17　輸出因素分析轉軸方式

　　接著，使用「變數.loadings_」來提取因素轉軸之後因素負荷量（factor loading），因爲之前設定「2」個因素，則出現各個題目變數在此 2 個因素的負荷量權重（如圖 11-18）。

```
fa.loadings_
```

```
fa.loadings_

array([[0.29171481, 0.32131193],
       [0.02479658, 0.85977272],
       [0.24505689, 0.5460513 ],
       [0.53073289, 0.20050074],
       [0.71342802, 0.15669661],
       [0.60547879, 0.13378841],
       [0.22299698, 0.03411513]])
```

圖 11-18　輸出因素負荷量

　　而為了方便觀察變數之間的相關性，可以進一步針對因素負荷量的觀察，採用視覺化方式來協助理解變數之間的關係，這裡使用熱力圖的方式來呈現（如圖 11-19）。

```
import seaborn as sns
df_cm = pd.DataFrame(np.abs(fa.loadings_), index = df.columns)
plt.figure(figsize =(5, 5))
ax = sns.heatmap(df_cm, annot = True, cmap = 'BuPu')


ax.yaxis.set_tick_params(labelsize=10)
plt.title('Factor Analysis')


plt.ylabel('Sepal Width')
plt.savefig('factorAnalysis.png', dpi=400)
```

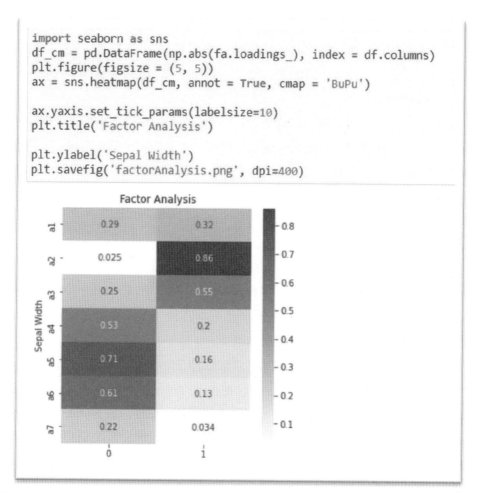

圖 11-19　輸出因素負荷的熱力圖

　　透過熱力圖可以清楚顯示變數之間的相關性，因爲設定 2 個因素構面，其中，a1、a2、a3 的因素負荷量分別爲 0.32、0.86、0.55，熱力圖顯示顏色較爲接近表示變數之間的關聯較高，且反映在同一個因素的負荷量較高。另外，a4、a5、a6、a7 的因素負荷量分別爲 0.53、0.71、0.61、0.22，熱力圖顯示顏色較爲接近表示變數之間的關聯較高，反映在另一個因素的負荷量較高。此時，從題

目變數的內容與理論依據，將「a1（看書報／雜誌）、a2（看電視／影片）、a3（上網從事娛樂）」命名爲「靜態休閒參與」，而將「a4（旅遊）、a5（逛街）、a6（跟朋友聚會）、a7（從事體能活動，例如：打球、游泳、騎單車、散步）」命名爲「動態休閒參與」。

值得注意的是，由於題目的因素負荷量小於 0.3 則顯得不夠良好，則建議進行刪除，因爲是使用者刻意使用 2 個因素構面，因而先以示範說明爲主，若實際執行則建議將因素負荷量較低的題目變數刪除之後，再重新執行因素分析。刪除題目變數時，建議依序以刪除一個題目變數執行，若因素負荷量仍有表現不佳的題目變數，則再依序刪除第二個題目變數，並依此類推。

7. 繪製因素分析摘要表

因素分析摘要表的內容，除了需要說明充分性測試的 Bartlett's test 與 Kaiser-Meyer-Olkin test 之外，對於各個題目變數的因素負荷量非常重要，且需要表達累積解釋變異量來說明該量表的建構效度。

具體而言，休閒參與量表的 KMO 值檢定爲 .70，Bartlett 檢定近似卡方分配爲 572.73 達顯著（p < .05），顯示資料適合進行探索性因素分析。經探索性因素分析採用主成分分析法，使用者設定爲 2 個因子，旋轉以含 Kaiser 的 Varimax 法進行轉軸。題目「看書報／雜誌、看電視／影片、上網從事娛樂」反應在同一因素，參考題意與文獻將其命名爲「靜態休閒參與」；題目「旅遊、逛街、跟朋友聚會、從事體能活動，例如：打球、游泳、騎單車、散步」反應在同一因素，參考題意與文獻將其命名爲「動態休閒參與」，整體解釋變異量達到 38.36%（如表 11-2），顯示休閒參與量表的效度有待提升，可以進行刪題來提升效度。刪題時，以因素負荷量低於 .3 的爲優先。

表 11-2　休閒參與的因素分析摘要表

題目	因素負荷量	解釋變異量 (%)	累積解釋變異量 (%)
靜態休閒參與		10.45	10.45
看書報／雜誌	.32		
看電視／影片	.86		
上網從事娛樂	.55		
動態休閒參與		27.91	38.36
旅遊	.53		
逛街	.71		
跟朋友聚會	.61		
從事體能活動，例如：打球、游泳、騎單車、散步	.22		
休閒參與			38.36

類別資料分析

🔔 12.1　類別資料分析的概念

　　類別資料分析（categorical analysis）顧名思義主要就是針對類別變數進行探討的檢定方式，而這些類別變數資料，常見的有性別、喜好、好壞、有無、職業別、教育程度、參與意願等。而在處理類別資料時，通常會針對樣本的類別進行次數的計算，並得到各類別資料的次數分配與比例，再進一步對資料的特性作分析。

　　基本上，類別資料分析往往也被歸類在非參數檢定的無母數統計中，因為其假設檢定是在檢定類別變數的類別比例，而檢定的方法之一是利用卡方分配（chi-square distribution）為基礎來執行卡方檢定（chi-square test）。使用卡方檢定的虛無假設是觀察變數的比例與期望比例沒有差異，通常會採用列聯表（contingency table）的方式來呈現類別尺度資料的計算次數與比例。由於使用卡方檢定，即使沒有原始資料，但是只要有列聯表即可檢定，因此也被稱為「列聯表檢定」（栗原伸一、丸山敦史，2019）。列聯表的內容是以觀察次數（observed frequency, O）及期望次數（expected frequency, E）的比較來進行檢定，檢定時的卡方值則是對所有類別之「$(O - E)^2/E$」加總，即算得檢定用的統計量 χ^2 值；再依照自由度與顯著水準的要求參照「卡方分布表」，以判定 χ^2 值是否落於拒絕區域。

　　一般來說，卡方分配可做 3 種檢定包含適合度檢定、獨立性檢定與同質性檢定。

1. 適合度檢定（test of goodness of fit）

　　適合度檢定主要是利用樣本資料檢定母體分配是否為某一特定分配或理論分配的統計方法。例如：投擲一個骰子 180 次，各個點數出現次數，是否與各個點數出現的期望次數值為 180/6 = 30 適配且相符合的檢定，其中，虛無假設為骰子各點數出現次數符合比例。又例如：某工廠出廠的產品抽驗中，成分組成是否符合某一比例的檢定，其中，虛無假設為產品成分比例與既定比例相符合。

2. 獨立性檢定 （test of independence）

在觀察的樣本中，檢定兩個變數互為獨立或具有相關的檢定，如果變數不是互為獨立的事件，則必須進行關聯性檢定（test of association）來瞭解兩者之間的關聯程度。例如：學校餐廳經營者想要瞭解學生對於餐點 A、餐點 B 與加點飲料與否之間的關係，其中，虛無假設為學生點餐與加點飲料相互獨立。又或者是，某公司新進員工第一季的銷售業績高、中、低與學歷高低的關係，其中，虛無假設為銷售成績高低與學歷高低相互獨立。

3. 同質性檢定 （test of homogeneity of proportions）

主要是檢定列聯表中所屬於不同的 I 個群體分配到 J 個類別，各類別母體百分比例是否趨於一致，則稱之為同質。例如：不同公司成員對於某一商業政策的支持與否的意見，其中，虛無假設為不同公司成員對於支持與否意見相同。又或者是餐廳顧客對於餐點的烹煮方式 A、B，表達出喜歡、普通、不喜歡的意見，其中，虛無假設為顧客對於烹煮方式的喜歡意見相同。

具體來說，使用卡方檢定時有一些前提假設，分別為「分析變數為類別變數（categorical variable）；樣本須為獨立變數，也就是樣本之間不互相影響；列聯表中的每一檢定細格（cell）內的數據應該設為頻率或計數數目，而不是百分比或是經過轉換之數據；列聯表細格中至少有 80% 以上的數值大於 5，亦即樣本數目至少要為細格數目的 5 倍。」因而，在使用卡方檢定時則需要符合這些前提。

🔔 12.2　執行卡方檢定

由於卡方檢定的樣本不一定需要符合正態分布，且卡方檢定可以用於分析兩類別變數間的關係，因而也受到學術界廣泛應用。茲分別說明適合度檢定、獨立性檢定與同質性檢定如下。

1. 適合度檢定

廠商生產一款袋裝巧克力產品，其內容物的包裝分別有「紅、黃、藍、綠、橙、白」等6種顏色，抽取一袋240顆樣本，想要瞭解各顏色是否都是均勻分布。

包裝顏色：紅、黃、藍、綠、橙、白。

虛無假設：巧克力包裝的6種顏色都均勻分布。

表 12-1　巧克力包裝分布

包裝	紅	黃	藍	綠	橙	白	總數
觀察值	48	31	36	52	46	27	240
期望值	40	40	40	40	40	40	

(1) 觀察值與期望值

包裝顏色的觀察值分別為紅色有 48 顆、黃色有 31 顆、藍色有 36 顆、綠色有 52 顆、橙色有 46 顆、白色有 27 顆。而 6 種顏色包裝如果是呈現均勻分布，期望值為 240 / 6 = 40，各顏色包裝應該均勻出現各 40 顆（如表 12-1）。

(2) 計算卡方適合度檢定

使用者透過「scipy.stats」模組，使用卡方檢定的函式 **chisquare()** 執行（如圖 12-1）。

```
import scipy.stats as stats
f_obs = [48, 31, 36, 52, 46, 27]
f_exp = [40, 40, 40, 40, 40, 40]
stats.chisquare(f_obs, f_exp)
```

```
import scipy.stats as stats
f_obs = [48, 31, 36, 52, 46, 27]
f_exp = [40, 40, 40, 40, 40, 40]
stats.chisquare(f_obs, f_exp)

Power_divergenceResult(statistic=12.75, pvalue=0.02583763504392583)
```

圖 12-1　輸出卡方適合度檢定

從輸出結果發現，卡方值統計量為 12.75，p 值為 0.0258 小於 0.05，表示拒絕虛無假設，因此，該袋裝巧克力包裝顏色並沒有均勻分布。

2. 獨立性檢定

有一學校餐廳經營者想要瞭解學生對於餐點 A、餐點 B、餐點 C 與加點飲料與否之間的關係，調查某一時段的點餐組合資料想要瞭解學生點餐與加點飲料之間的關係。

虛無假設：學生點餐與加點飲料相互獨立沒有關係。

(1) 觀察值與期望值

餐點組合中有加點飲料的餐點 A 有 20 份、餐點 B 有 16 份、餐點 C 有 14 份；而無加點飲料的餐點 A 有 10 份、餐點 B 有 30 份、餐點 C 有 10 份（如表 12-2）。

表 12-2　餐點搭配飲料分布

組合	餐點 A	餐點 B	餐點 C	總和
有飲料	20	16	14	50
無飲料	10	30	10	50
總和	30	46	24	100

而獨立就代表細格中的期望值總數會是兩個邊際的機率相乘,因而,餐點 A 且有飲料的出現機率為 (50/100)×(30/100) = 1500/10000 = 0.1500,則該細格的期望值就是 100×0.1500 = 15。因此,計算之後的期望值在餐點組合中有加點飲料的餐點 A 有 15 份、餐點 B 有 23 份、餐點 C 有 12 份;而無加點飲料的餐點 A 有 15 份、餐點 B 有 23 份、餐點 C 有 12 份(如表 12-3)。使用者想瞭解選擇餐點類型與加點飲料之間有沒有關係。

表 12-3　餐點搭配飲料期望值分布

組合	餐點 A	餐點 B	餐點 C	總和
有飲料	15	23	12	50
無飲料	15	23	12	50
總和	30	46	24	100

(2) 計算卡方適合度檢定

使用者透過「**numpy**」、「**scipy.stats**」模組,先將觀察值建立為 array 的陣列,並使用卡方獨立性檢定的函式 **chi2_contingency()** 執行(如圖 12-2)。

```
import numpy as np
import scipy.stats as stats
obs = np.array([[20, 16, 14], [10, 30, 10]])
stats.chi2_contingency(obs, correction = False)
```

```
import numpy as np
import scipy.stats as stats
obs = np.array([[20, 16, 14], [10, 30, 10]])
stats.chi2_contingency(obs, correction = False)

(8.260869565217392,
 0.016075887786479188,
 2,
 array([[15., 23., 12.],
        [15., 23., 12.]]))
```

圖 12-2　輸出卡方獨立性檢定

　　從輸出結果發現，卡方值統計量為 8.26，p 值為 0.0161 小於 0.05，表示拒絕虛無假設，因此，餐點類型與加點飲料與否具有關係。另外，輸出第 3 列的 2 為自由度，第 4 列開始的陣列中的數值為期望值。

　　※ **提醒**：如果資料屬於 2*2 列聯表（df = 1）時需要做「葉慈修正」（Yates' correction），則參數中的「correction」要設為「True」。

3. 同質性檢定

　　卡方同質性檢定的作法與卡方獨立性檢定的作法相同，只是檢定的目的不一樣，就卡方同質性檢定而言，主要是不同群體在同一個變數下的分布是否相同。例如：採用 2 種教學方式對學生進行教學，想要瞭解不同教學方式下，學生測驗成績的等第分布是否相同。又或者是，不同身分的人員，對於一件事情所持的支持與否的意見有沒有一致。

💻 Python 手把手教學 12：卡方獨立性檢定

使用者想要瞭解「不同性別學生的期望教育有沒有關聯？」其中，性別編碼中 1 為男性、0 為女性；而期望教育中編碼 1 為高中、2 為大學、3 為碩士、4 為博士」，2 個變數皆為間斷變數，使用者可以藉由卡方獨立性檢定作分析。

採用「**python2011nsc.csv**」檔案作說明，該資料共有 530 筆資料，而執行卡方檢定主要有幾個步驟，分別為讀取指派資料、清理資料、建立列聯表、執行卡方檢定等，茲分別操作說明如下。

1. 讀取指派資料

載入「**pandas**」模組並讀取資料指派變數為「**df**」，且輸出變數行標籤進行資料檢視（如圖 12-3）。

```
import pandas as pd
df = pd.read_csv('python2011nsc.csv')
print(df.columns)
```

```
import pandas as pd
df = pd.read_csv('python2011nsc.csv')
print(df.columns)

Index(['NO', 'Gender', 'DateOfBirth', 'Race', 'FaEdu', 'MomEdu', 'FaexpEdu',
       'CoexpEdu', 'Income', 'Grade', 'Level', 'Sportyear', 'ExpectEdu', 'a1',
       'a2', 'a3', 'a4', 'a5', 'a6', 'a7', 'b1', 'b2', 'b3', 'b4', 'b5', 'b6',
       'c1', 'c2', 'c3', 'c4', 'c5', 'c6', 'c7', 'c8', 'c9', 'c10', 'p1', 'al',
       'ss', 'tr', 'blue', 'achievement', 'alienance'],
      dtype='object')
```

圖 12-3　輸出指派變數行標籤

2. 清理資料

　　使用者想要瞭解不同性別學生與期望教育之間的關聯性，因而，僅保留要分析的指標變數行標籤為「Gender」（性別）與「ExpectEdu」（期望教育）。採用函式 drop() 刪除清理資料，保留指標變數並指派為變數「df_1」以利分析（如圖 12-4）。

---

df_1 = df.drop(columns = ['NO', 'DateOfBirth', 'Race', 'FaEdu',

　　·　　'MomEdu', 'FaexpEdu', 'CoexpEdu', 'Income', 'Grade', 'Level',

　　　　'Sportyear', 'a1', 'a2', 'a3', 'a4', 'a5', 'a6', 'a7', 'b1', 'b2', 'b3', 'b4',

　　　　'b5', 'b6', 'c1', 'c2', 'c3', 'c4', 'c5', 'c6', 'c7', 'c8', 'c9', 'c10', 'pl', 'al',

　　　　'ss', 'tr', 'blue', 'achievement', 'alienance'])

df_1.columns

```
df_1 = df.drop(columns = ['NO', 'DateOfBirth', 'Race', 'FaEdu', 'MomEdu', 'FaexpEdu',
        'CoexpEdu', 'Income', 'Grade', 'Level', 'Sportyear', 'a1',
        'a2', 'a3', 'a4', 'a5', 'a6', 'a7', 'b1', 'b2', 'b3', 'b4', 'b5', 'b6',
        'c1', 'c2', 'c3', 'c4', 'c5', 'c6', 'c7', 'c8', 'c9', 'c10', 'pl', 'al',
        'ss', 'tr', 'blue', 'achievement', 'alienance'])
df_1.columns

Index(['Gender', 'ExpectEdu'], dtype='object')
```

圖 12-4　輸出清理資料後的變數行標籤

3. 建立列聯表

　　接下來，針對目標變數進一步作資料整理，因為行標籤「ExpectEdu」編碼 1 高中、2 大學、3 碩士、4 博士，但是，由於博士個數較少，因而合併編碼 3 與 4 重新編碼為三組資料；並將原編碼數值以轉換函式 **map()** 轉為文字，1 高中重新編碼為「H」、2 大學重新編碼為「U」、3 碩士以上重新編碼為「M」。

(1) 指標變數轉成頻率次數

其次，將資料透過「**collections**」模組中以頻率計次函式 **counter()**，將資料轉換成卡方檢定可以分析的「頻率次數」（如圖 12-5）。

```
from collections import Counter
df_1['ExpectEdu'] = df_1['ExpectEdu'].map({1:'H', 2:'U', 3:'M', 4:'M'})
frequency_count = Counter(df_1['ExpectEdu'])
frequency_count
```

```
from collections import Counter
df_1['ExpectEdu'] = df_1['ExpectEdu'].map({1:'H', 2:'U', 3:'M', 4:'M'})
frequency_count = Counter(df_1['ExpectEdu'])
frequency_count

Counter({'U': 388, 'M': 121, 'H': 21})
```

圖 12-5　輸出分析變數之一的頻率次數

檢視輸出結果，U 大學有 388 計次、M 碩士以上有 121 計次、H 高中有 21 計次。接下來，將該清單中的行標籤 ['ExpectEdu'] 中的編碼名稱（變數中的 key 值）取出爲清單「f1」；頻率（變數中的 value 值）取出爲清單「f2」，並整合成資料集「frequency_table」，則可以讓資料更直觀地檢視閱讀（如圖 12-6）。

```
f1 = list(frequency_count.keys())
f2 = list(frequency_count.values())
frequency_table = pd.DataFrame(zip(f1,f2),
                                        columns=['expectedu_1','fre'])
frequency_table
```

```
f1 = list(frequency_count.keys())
f2 = list(frequency_count.values())
frequency_table = pd.DataFrame(zip(f1,f2),
                               columns=['expectedu_1','fre'])
frequency_table
```

	expectedu_1	fre
0	U	388
1	M	121
2	H	21

圖 12-6　輸出分析變數之一的頻率次數表

(2) 建立指標變數列聯表

a. 取得指標變數之一的列表

　　使用者取得分析指標變數的編碼名稱與頻率計次之後，要將指標變數資料作進一步整理。因而，將這些指標變數取出，並將變數中的數值轉成一維列表函式 **tolist()**，且指派爲變數「expectedu_2」用以作爲後續資料篩選的來源（如圖 12-7）。

expectedu_2 = frequency_table['expectedu_1'].tolist()

expectedu_2

```
expectedu_2 = frequency_table['expectedu_1'].tolist()
expectedu_2

['U', 'M', 'H']
```

圖 12-7　輸出分析指標並指派變數

b. 取得另一指標變數之一的對應數值頻率計次

除了指標變數之一的「ExpectEdu」（期望教育）之外，也需要取得另一指標變數「Gender」（性別）的對應次數，因而，將「ExpectEdu」中三類編碼名稱（高中、大學、碩士以上）對應到男性（在 Gender 中編碼為 1）的教育期望，分別取出為「M_1」、「M_2」、「M_3」（該程式碼中分別依序取出大學、碩士以上、高中的頻率計次），並組合成列表「list1」（如圖 12-8）。

```
M_1 = df_1[df_1['ExpectEdu']==expectedu_2[0]]
        [df_1['Gender']==1].shape[0]
M_2 = df_1[df_1['ExpectEdu']==expectedu_2[1]]
        [df_1['Gender']==1].shape[0]
M_3 = df_1[df_1['ExpectEdu']==expectedu_2[2]]
        [df_1['Gender']==1].shape[0]
list1 = [M_1, M_2, M_3]
list1
```

```
M_1 = df_1[df_1['ExpectEdu']==expectedu_2[0]][df_1['Gender']==1].shape[0]
M_2 = df_1[df_1['ExpectEdu']==expectedu_2[1]][df_1['Gender']==1].shape[0]
M_3 = df_1[df_1['ExpectEdu']==expectedu_2[2]][df_1['Gender']==1].shape[0]
list1 = [M_1, M_2, M_3]
list1

<ipython-input-6-c6db7bbe2b08>:5: UserWarning: Boolean Series key will be reindexed to match DataFrame index.
  M_1 = df_1[df_1['ExpectEdu']==expectedu_2[0]][df_1['Gender']==1].shape[0]
<ipython-input-6-c6db7bbe2b08>:6: UserWarning: Boolean Series key will be reindexed to match DataFrame index.
  M_2 = df_1[df_1['ExpectEdu']==expectedu_2[1]][df_1['Gender']==1].shape[0]
<ipython-input-6-c6db7bbe2b08>:7: UserWarning: Boolean Series key will be reindexed to match DataFrame index.
  M_3 = df_1[df_1['ExpectEdu']==expectedu_2[2]][df_1['Gender']==1].shape[0]

[277, 92, 20]
```

圖 12-8　輸出分析指標中的另一指標變數之一次數

輸出的列表中分別為 [277, 92, 20]，參考前面的列表編碼名稱，分別是對應到大學、碩士以上、高中的頻率計次。而程式碼的錯誤提示：「<ipython-input-

6-c6db7bbe2b88>:5: UserWarning: Boolean Series Key will be reindexed to match DataFrame index.」的大概意思為：「布林值類型的系列鍵值將被重新索引以匹配到資料集的索引」，其主概念就是程式碼中有兩個布林值，導致語義不夠明確，改善方式為寫成 2 列程式或加入「&」到程式碼中，這邊因為不影響結果且更為複雜則不再處理。

　　接著，將「ExpectEdu」中三類編碼名稱（高中、大學、碩士以上）對應到女性（在 Gender 中編碼為 0）的教育期望，分別取出為「F_1」、「F_2」、「F_3」（該程式碼中分別依序取出大學、碩士以上、高中的頻率計次），並組合成列表「list2」（如圖 12-9）。

```
F_1 = df_1[df_1['ExpectEdu']==expectedu_2[0]]
          [df_1['Gender']==0].shape[0]
F_2 = df_1[df_1['ExpectEdu']==expectedu_2[1]]
          [df_1['Gender']==0].shape[0]
F_3 = df_1[df_1['ExpectEdu']==expectedu_2[2]]
          [df_1['Gender']==0].shape[0]
list2 = [F_1, F_2, F_3]
list2
```

```
F_1 = df_1[df_1['ExpectEdu']==expectedu_2[0]][df_1['Gender']==0].shape[0]
F_2 = df_1[df_1['ExpectEdu']==expectedu_2[1]][df_1['Gender']==0].shape[0]
F_3 = df_1[df_1['ExpectEdu']==expectedu_2[2]][df_1['Gender']==0].shape[0]
list2 = [F_1, F_2, F_3]
list2

<ipython-input-7-81419a09d50b>:4: UserWarning: Boolean Series key will be reindexed to match DataFrame index.
  F_1 = df_1[df_1['ExpectEdu']==expectedu_2[0]][df_1['Gender']==0].shape[0]
<ipython-input-7-81419a09d50b>:5: UserWarning: Boolean Series key will be reindexed to match DataFrame index.
  F_2 = df_1[df_1['ExpectEdu']==expectedu_2[1]][df_1['Gender']==0].shape[0]
<ipython-input-7-81419a09d50b>:6: UserWarning: Boolean Series key will be reindexed to match DataFrame index.
  F_3 = df_1[df_1['ExpectEdu']==expectedu_2[2]][df_1['Gender']==0].shape[0]

[111, 29, 1]
```

圖 12-9　輸出分析指標中的另一指標變數之二次數

輸出的列表中分別爲 [111, 29, 1]，參考前面的列表編碼名稱，分別是對應到大學、碩士以上、高中的頻率計次。而程式碼的錯誤提示同前述，這邊因爲不影響結果且更爲複雜則不再處理。

c. 建立列聯表

將指派變數「list1」和「list2」整合成資料集，並指派資料集中的行標籤爲「'男性','女性'」（也可以指定爲英文的 male 與 female），指派變數爲「chi_table」，則建立爲卡方檢定的列聯表以利分析（如圖 12-10）。

```
chi_table = pd.DataFrame(zip(list1, list2), columns=['男性','女性'],
            index=[expectedu_2[0], expectedu_2[1], expectedu_2[2]])
chi_table
```

```
chi_table = pd.DataFrame(zip(list1, list2), columns=['男性', '女性'],
                         index=[expectedu_2[0], expectedu_2[1], expectedu_2[2]])
chi_table
```

	男性	女性
U	277	111
M	92	29
H	20	1

圖 12-10 輸出整合分析指標的列聯表

4. 執行卡方檢定

執行卡方檢定時，除了使用「**numpy**」模組中的建立陣列函式 **array()** 建立列聯表。這邊是採用前面建立的資料集「chi_table」來取得觀察值。透過函式 **iloc([** 列，欄 **])** 選取特定位置的資料並存成列表，取得欲分析的 3 筆包含男性、女性的期望教育觀察值，且轉換成可供卡方檢定的陣列格式（如圖 12-11）。

```
import numpy as np
obs = np.array([chi_table.iloc[0,:].tolist(),
                chi_table.iloc[1,:].tolist(),
                chi_table.iloc[2,:].tolist()])
obs
```

```
import numpy as np
obs = np.array([chi_table.iloc[0,:].tolist(),
                chi_table.iloc[1,:].tolist(),
                chi_table.iloc[2,:].tolist()])
obs

array([[277, 111],
       [ 92,  29],
       [ 20,   1]])
```

圖 12-11　輸出建立的列聯表觀察值

　　輸出觀察值 [[277, 111], [92, 29], [20, 1]] 陣列之後，則透過「**scipy.stats**」模組，使用卡方檢定函式 chi2_contingency() 作分析（如圖 12-12）。

```
import scipy.stats
scipy.stats.chi2_contingency(obs, correction = False)
```

```
import scipy.stats
scipy.stats.chi2_contingency(obs, correction = False)

(6.360010264556978,
 0.041585441692557616,
 2,
 array([[284.77735849, 103.22264151],
        [ 88.80943396,  32.19056604],
        [ 15.41320755,   5.58679245]]))
```

圖 12-12　輸出卡方獨立性檢定結果

　　從輸出結果得知，卡方值統計量為 6.36，p 值為 0.042 小於 0.05 達到顯著，自由度為 2，期望值為 [[284.78, 103.22], [88.81, 32.19], [15.41, 5.59]]。由於卡方值達到顯著，表示性別與期望教育之間具有關聯性。

Chapter

13

結構方程模式

　　多元線性迴歸分析可以執行路徑分析（path analysis），然而，每執行一次迴歸分析就會產生有一次誤差，因而，當模式的路徑分析愈複雜時則建立模式的誤差也相對較爲龐大。此時，透過結構方程模式（structural equation modeling, SEM）的分析技術，則能夠對建立模式的誤差作有效控制。因此，隨著統計分析工具的精進，當前學術領域也大量透過結構方程模式應用在變數之間的路徑分析工作。

　　Python 在結構方程模式的發展，則是在 2019 年 9 月由 Georgy Meshcheryakov 和 Anna A. Igolkina 提出「**semopy**」模組來滿足 Python 從事驗證性因素分析（CFA）和結構模式分析（SEM）有關的開發和研究管道的需求。另外，更在 2021 年進行修正更新而推出名爲「semopy 2」模組提供使用（Meshcheryakov, Igolkina, & Samsonova, 2021）。而在 Python 中使用「**semopy**」模組的基本語法，其有 3 個主要變數之間關係的運算符號（Igolkina & Meshcheryakov, 2020），分別是：

1.「～」：”tilde” 符號是指定結構部分。

2.「=～」：”equal” & “tilde” 符號是指定測量部分。

3.「～～」：2 個 ”tilde” 符號是指定變數之間的共變數。

　　例如：在結構方程模式中的結構部分的線性方程式爲：

$$y = \beta1\ x1 + \beta2\ x2 + \varepsilon$$

　　則在「**semopy**」模組中的多元迴歸模式語法爲：

$$y \sim x1 + x2$$

　　其中，參數 β1、β2 由「semopy」模組作估計。

　　同樣，如果潛在變數「eta」由觀察變數「y1、y2、y3」解釋，那麼在「semopy」模組的測量模式語法爲：

eta =~ y1 + y2 + y3

　　而完整的結構方程模式包含測量模式（measurement model）與結構模式（structural model）等 2 個次模式。其中，測量模式描述的是潛在變數如何被相對應的顯性指標所測量或概念化；而結構模式指的是潛在變數之間的關係及模式中其他變數無法解釋的變異量部分（吳明隆，2009）。且結構方程模式具有的特性（吳明隆，2009；黃芳銘，2009），包含有：

1. 具有理論先驗性。

2. 同時處理測量與分析。

3. 關注共變數的運用。

4. 適用大樣本的統計分析。

5. 包含許多不同統計技術。

6. 重視多重統計指標運用。

　　本章則針對驗證性因素分析（confirmatory factor analysis, CFA）與結構方程模式，分別介紹其概念與 Python 的執行方式。

　　※ **提醒**：在本章撰寫時由於「**anaconda**」環境中的「**semopy**」模組仍為較舊版本，因而建議透過「**semopy**」官方網站（https://semopy.com/）中下載「**semopy**」模組；本章撰寫時所採用的「**pandas**」模組版本為「1.3.5」，而「**semopy**」模組版本為「2.3.8」。另外，如果需要額外安裝「**graphviz**」模組作視覺化圖示時，建議使用「**anaconda**」環境中提供的安裝語法執行安裝。

🔔 13.1　驗證性因素分析的概念

1. 驗證性因素分析

　　設計問卷時，可以使用精簡的題目來得到問題答案，這是設計問卷題目時最

期望的過程。而問卷題目透過理論與文獻的整理，問卷題目愈多似乎可以獲得愈想得到的答案，但是，題目過多會使得問卷受訪者產生壓力或不耐煩，進而可能會導致不利問卷填答的反效果。然而，實施問卷調查如果能夠透過愈精簡的題目，即可以獲得有效的答案則可以節省許多成本也更有效率。

社會科學研究常常會透過可觀察的測量變數（measured variables），來獲得對一個較為抽象的潛在變數（latent variables）。例如：透過一碗牛肉麵的顏色、香氣、味道的觀察測量，將色、香、味各項指標進行評分之後，來評估一道食物的品質好壞，這個牛肉麵的品質則是一個潛在變數。而為了瞭解問卷量表的品質，過去在發展問卷量表題目後，會透過探索性因素分析（exploratory factor analysis, EFA）來篩檢量表題目的適配性並檢視建構效度，另外的作法，則是透過驗證性因素分析（confirmatory factor analysis, CFA）來檢視問卷量表的建構效度。

在概念上，探索性因素分析與驗證性因素分析兩種分析方法最大的不同，就在於測量理論架構於分析過程中扮演的角色與檢定時機，理論架構在探索性因素分析程序中是一種事後概念；相對之下，驗證性因素分析的進行則必須有特定的理論觀點或概念架構作基礎（吳明隆，2009）。其中，探索性因素分析是透過大量的篩檢題目來獲得精簡的量表題目，並取得良好的建構效度；而驗證性因素分析則是在發展題目時就根據理論與文獻發展良好的量表題目，以聚焦在精簡有效的題目來獲得適配的建構效度過程。

而且，兩種分析方法的觀察變數與潛在變數之間的關係，就探索性因素分析來說，是一種形成性的指標（formative indicators）；而驗證性因素分析是一種反應性指標（reflection indicators）。如果就兩種因素分析的目的來說，探索性因素分析要達成的是建立問卷量表的建構效度，而驗證性因素分析則是要考驗此建構效度的適切性與真實性（吳明隆，2009；陳正昌、程炳林、陳新豐、劉子鍵，2009）。且結構方程模式的實施，其概念上該結構模式中的變數是由測量模式而來，因此，在執行結構方程模式的同時，一般也包含測量模式的檢證，而測量模式也就是驗證性因素分析的內容之一。

2. 驗證性因素分析的指標

　　驗證性因素分析的建構效度屬於模式建構的內容，主要也是透過測量模式適配度指標（goodness-of-fit indices）來評估測量模式品質的優劣。而評估模式優劣的指標，大致上考量「模式基本適配度指標」、「整體模式適配度指標」，與「模式內在結構適配度」等對模式的內、外在品質作考量。然而，由於模式優劣的評估方式，可能受到樣本數、估計方法等的限制而在適配度指標上各有優勢，因而，學術領域建議由多元適配度指標來檢視模式的品質。

　　而模式建構指標內容，茲從「基本適配度指標」、「整體模式適配度指標」，與「模式內在結構適配度」說明如下：

(1) 模式基本適配度指標

　　Bogozzi 與 Yi 在 1988 年提出幾個思考（引自吳明隆，2009）：

a. 估計參數中不能有負的誤差變異數，且達顯著水準。

b. 所有誤差變異必須達到顯著水準。

c. 估計參數統計量彼此之間相關的絕對值不能太接近 1。

d. 潛在變數與其觀察變數指標間的因素負荷量值，最好介於 .50 至 .95 之間。

e. 不能有很大的標準誤。

(2) 整體模式適配度指標

　　整體模式適配度指標亦即模式外在品質的評估，包括「絕對適配度指標、增值適配度指標、簡約適配度指標」，各適配度指標繁多，僅簡要介紹 Python 的「**semopy**」模組呈現的適配度指標。

a. 絕對適配度指標

　　絕對適配度指標包含有「卡方值、漸進殘差均方和平方根（root mean square error of approximation, RMSEA）、適合度指標（goodness-of-fit index, GFI）、調整後適合度指標（adjusted goodness-of-fit index, AGFI）」。

b. 增值適配度指標

增值適配度指標包含有「規準適配度指標（normed fit index, NFI）、非規準適配度指標（Tacker-Lewis index, TLI = non-normed fit index, NNFI）、比較適配度指標（comparative fit index, CFI）」。

c. 簡約適配度指標

簡約適配度指標是評估模式是否簡約，包含有「Akaike 訊息指標（Akaike information criteria, AIC）、Bayes 訊息指標（Bayes information criterion, BIC）」。

其中，絕對適配度指標的卡方值的 p 值應大於 0.05、RMSEA 值應小於 .50、GFI 及 AGFI 值應大於 .90；增值適配度指標的 NFI、TLI 或 NNFI 值應大於 .90；簡約適配度指標的卡方自由度比（χ^2/df）值應小於 5、AIC 及 BIC 值愈小愈好，若趨近於 0 則表示模式的適配度愈高且愈簡約；而且，模式內在品質在估計的參數皆達到顯著水準、標準化殘差的絕對值皆小於 1.96、誤差變異均達顯著且沒有負值，則表示預設模式的內在品質良好（吳明隆，2009；陳正昌等，2009；黃芳銘，2009）。

(3) 模式內在結構適配度

模式內在結構適配度主要是探討每一個參數對理論模式的驗證情形，在測量模式中，檢視測量變數與潛在變數的關聯強弱是否具有統計意義，也就是潛在變數的信度與效度檢定；另一個是在結構模式中，進行潛在自變數與潛在依變數的解釋或預測關係是否成立。基本上，模式內在結構適配度可以針對測量模式中的因素負荷量、組合信度、平均變異抽取量進行初步檢視。

a. 因素負荷量

測量模式中的標準化迴歸係數（standardized regression coefficients）在驗證性因素分析中也稱為「因素加權值」（factor weights）或「因素負荷量」（factor loading），而標準化迴歸係數代表的是共同因素對測量變數的影響；負荷量數值可以瞭解測量變數在各潛在因素的相對重要性，因素負荷量介於 .50～.95 之間，

則表示模式的基本適配度良好，因素負荷量愈大表示指標變數能被潛在因素構念解釋的變異愈大，指標變數能有效反應其要測得的構念特質（吳明隆，2009）。

b. 組合信度

再根據標準化迴歸係數估計值可以計算潛在變數的「組合信度」（composite reliability, CR）與「平均變異抽取量」（average variance extracted, AVE），因為，每個觀察變數的誤差變異量值可以另外計算，其值＝「1 – 因素負荷量平方」＝ $1 - \lambda^2$，其中因素負荷量須從標準化迴歸係數中查看（吳明隆，2009）。

組合信度（CR）可以作為檢定潛在變數的信度指標，也稱「建構信度」（construct reliability）；計算組合信度要利用標準化因素負荷量與誤差變異量來估算，計算組合信度公式為（吳明隆，2009）：

組合信度 ＝（Σ 標準化因素負荷量）² ／[（Σ 標準化因素負荷量）² ＋（Σ 誤差變異量）]

c. 平均變異抽取量

另一個與組合信度類似的指標是平均變異抽取量（AVE），該值可以直接顯示被潛在因素構念所解釋的變異量有多少變異量比重是來自測量誤差，若是平均變異抽取量愈大，指標變數被潛在因素構念解釋的變異量百分比愈大，相對的測量誤差就愈小，一般判別的標準是平均變異抽取量要大於 .50；且平均變異抽取量是潛在變數可以解釋其指標變數變異量的比值，是一種聚斂效度的指標，其數值愈大表示測量指標愈能夠有效反應其共同因素構念的潛在特質；計算平均變異抽取量公式為（吳明隆，2009）：

平均變異抽取量 ＝（Σ 標準化因素負荷量²）／[（Σ 標準化因素負荷量²）＋（Σ 誤差變異量）]

然而，值得關心的是，模式適配度評估時也要注意幾個問題（吳明隆，2009）：

(1) 適配度指標的優劣並無法保證模式是完全可靠的。

(2) 模式適配度良好也無法證明什麼。

(3) 模式適配度的評估應該來自多元準則指標作判斷。

(4) 模式適配度實際應用時會表現出某種程度的模糊性，某些指標會指向接受模式，而其他指標則會出現模稜兩可的情形，甚至呈現拒絕的相反結果。

(5) 最重要的是，研究者應該根據理論來建構模式，之後才參酌適配度指標來判斷，而不是捨本逐末的參考指標調整模式導致違反科學本意。

　　具體來說，驗證性因素分析中的測量模式的組合信度（composite reliability, CR）應大於 .60、平均變異抽取量（average variance extracted, AVE）應大於 .50 較為理想（吳明隆，2009；陳正昌等，2009；黃芳銘，2009）。因而，根據理論的變數關係及相關適配度指標作參酌，則可以適度評估模式的內、外在品質。

表 13-1　Semopy 呈現的適配度指標與標準或臨界值

統計檢定量	適配標準或臨界值
絕對適配度指標	
Chi-squared	p ≥ .05
RMSEA	< .08（若 < .05 優良；< .08 良好）
GFI	≥ .90
AGFI	≥ .90
增值適配度指標	
NFI	≥ .90
TLI（NNFI）	≥ .90
CFI	≥ .90
簡約適配度指標	
Chi-squared/df	≤ 5
AIC	數值愈小愈好
BIC	數值愈小愈好

🔔 13.2　驗證性因素分析的執行

　　使用者的系統中如果沒有「**semopy**」模組，必須要先到管理模式中安裝（在 Anaconda 環境下，建議使用 conda install 的方式）。

　　在「**semopy**」模組中使用驗證性因素分析，包含「載入模組、讀取資料指派變數、設定模式並建立模式、檢查模式參數估計值、輸出路徑模式圖」等五個步驟。

　　使用者針對「生涯信念」量表進行驗證性因素分析，來檢視相關參數估計值、適配度等內容。步驟程序如下：

1. 載入模組

　　使用者載入「**pandas**」模組以讀取資料為 DataFrame 格式，並載入結構方程模式的「**semopy**」模組，以利執行後續分析。

2. 讀取資料指派變數

　　使用者讀取資料並指派變數為「df」，且進一步刪除有「空值」（Nan）的資料後，並輸出變數的列欄規模（shape）與行標籤（columns）作檢視。當然，使用者如果要確保資料的最大化使用效率，也可以經過一系列的資料清理與空值填補步驟之後，以取得乾淨資料來執行後續分析。從輸出結果可以得知，該資料在刪除有遺漏值的條件下，有 692 筆資料、39 個行標籤（如圖 13-1）。

```
import pandas as pd
from semopy import Model


df = pd.read_csv('sem.csv')
df = df.dropna()
```

```
print(df.shape)

print(df.columns)
```

```
import pandas as pd
from semopy import Model

df = pd.read_csv('sem.csv')
df = df.dropna()
print(df.shape)
print(df.columns)
```

```
(692, 39)
Index(['NO', 'SS01', 'SS02', 'SS03', 'SS04', 'SS05', 'SS06', 'SS07', 'SS08',
       'SS09', 'SS10', 'SS11', 'SS12', 'SS13', 'SS14', 'SS15', 'SS16', 'SS17',
       'SS18', 'SS19', 'SS20', 'CB01', 'CB02', 'CB03', 'CB04', 'CB05', 'CB06',
       'CB07', 'CB08', 'CD01', 'CD02', 'CD03', 'CD04', 'CD05', 'CD06', 'CD07',
       'CD08', 'CD09', 'CD10'],
      dtype='object')
```

圖 13-1　輸出指派變數的列欄規模與行標籤

3. 設定模式並建立模式

　　驗證性因素分析是結構方程模式中的測量模式，因而，使用者先說明變數之間的關係，透過設定變數的測量模式（measurement model）指派變數為「mod」。然後，為了建立模式，則使用函式 **Model()** 來建立模式並指派變數為「model」（如圖 13-2）。

```
mod = '''
    # measurement model
    cb1 =~ CB01 + CB02 + CB03
    cb2 =~ CB06 + CB07 + CB08
    '''
model = Model(mod)
```

```
mod = '''
    # measurement model
    cb1 =~ CB01 + CB02 + CB03
    cb2 =~ CB06 + CB07 + CB08
    '''
model = Model(mod)
```

圖 13-2 建立路徑模式

4. 檢查模式參數估計值

建立模式之後，則需要檢查模式參數估計值，包含有「擬合模式、檢視模式參數估計值、計算適配度」等 3 個步驟，說明如下：

(1) 擬合模式

指派變數要建立模式時則藉由擬合模式函式 **fit()** 並指派建立模式變數爲「res」，且輸出變數內容。擬合優化方法顯示爲「SLSQP」（sequential least squares programming），此爲系統默認的選用方法。變數優化結果內容說明擬合模式成功，且有輸出相關參數估計值（如圖 13-3）。

```
res = model.fit(df)
print(res)
```

(2) 檢視模式參數估計值

使用檢視模式參數估計值函式 **inspect()** 來檢視變數的參數估計值（Estimate）、標準誤（Std. Err）、Z 值（z-value）、p 值（p-value），而函式的參數中輸入「std_est = True」，則會再輸出標準化參數估計值（Est. Std），該

```
res = model.fit(df)
print(res)

Name of objective: MLW
Optimization method: SLSQP
Optimization successful.
Optimization terminated successfully
Objective value: 0.025
Number of iterations: 27
Params: 1.145 1.095 0.928 0.976 0.135 0.241 0.138 0.210 0.431 0.226 0.472 0.186 0.277
```

圖 13-3 輸出擬合模式結果

函式參數中默認為未標準化參數估計值（如圖 13-4）。

ins = model.inspect(std_est = True)

ins

```
ins = model.inspect(std_est = True)
ins
```

	lval	op	rval	Estimate	Est. Std	Std. Err	z-value	p-value
0	CB01	~	cb1	1.000000	0.831745	-	-	-
1	CB02	~	cb1	1.145358	0.904439	0.041773	27.41878	0.0
2	CB03	~	cb1	1.094807	0.837448	0.042736	25.617918	0.0
3	CB06	~	cb2	1.000000	0.820275	-	-	-
4	CB07	~	cb2	0.928063	0.596766	0.067905	13.667119	0.0
5	CB08	~	cb2	0.976336	0.733513	0.062896	15.522945	0.0
6	cb1	~~	cb1	0.471822	1.000000	0.036479	12.933901	0.0
7	cb1	~~	cb2	0.186142	0.515167	0.018991	9.801315	0.0
8	cb2	~~	cb2	0.276702	1.000000	0.025379	10.902865	0.0

圖 13-4 輸出檢視模式參數估計值

9	CB06	~~	CB06	0.134536	0.327148	0.016122	8.344624	0.0
10	CB03	~~	CB03	0.240849	0.298681	0.018187	13.242586	0.0
11	CB02	~~	CB02	0.137705	0.181989	0.015594	8.830635	0.0
12	CB01	~~	CB01	0.210199	0.308200	0.015549	13.518293	0.0
13	CB07	~~	CB07	0.430881	0.643870	0.02713	15.881855	0.0
14	CB08	~~	CB08	0.226464	0.461959	0.018603	12.17347	0.0

圖 13-4　輸出檢視模式參數估計值（續）

　　潛在變數「cb1」（自我價值）反映的因素負荷量在題目 CB01、CB02、CB03 上的標準化估計值為 0.83、0.90、0.84；「cb2」（工作抱負）反映的因素負荷量在題目 CB06、CB07、CB08 上的標準化估計值為 0.82、0.60、0.73。而因素負荷量值建議介於 .50 至 .95，可以發現該模式的表現大致良好。

　　為了進一步計算組合信度（CR）與平均變異抽取量（AVE），可以透過「Analysis Inn.」（https://www.analysisinn.com/）網站中提供的 Excel 檔案按照步驟執行（路徑為 post/how-to-calculate-average-variance-extracted-and-composite-reliability），透過該檔案計算得到「cb1」（自我價值）的 CR 值為 0.89，AVE 值為 0.74；「cb2」（工作抱負）的 CR 值為 0.76，AVE 值為 0.52。

　　使用者如果要自己計算，誤差變異量（符號為 Θ 或 θ）（theta）則是檢視觀察變數本身共變數關係（~~）的「Est. Std」值。因而，觀察變數 CB01、CB02、CB03 的誤差變異量分別為 0.31、0.18、0.30；觀察變數 CB06、CB07、CB08 的誤差變異量分別為 0.33、0.64、0.46。按照 CR 與 AVE 的公式計算，也可以獲得相關數值。數值會受到小數點的取捨，而在計算結果會產生些微誤差。

(3) 計算適配度

　　載入「**semopy**」模組後，使用計算適配度估計值函式 **calc_stats()** 且指派變數為「stats」並輸出適配度。若將輸出參數中使用轉置參數「變數 .T」，可以將

輸出數值轉置為直式（如圖 13-5）。

```
import semopy
stats = semopy.calc_stats(model)
print(stats)
print('\n')
print(stats.T)
```

```
import semopy
stats = semopy.calc_stats(model)
print(stats)
print('\n')
print(stats.T)

       DoF  DoF Baseline       chi2  chi2 p-value  chi2 Baseline       CFI  \
Value    8            15  17.233728      0.027765    1922.553534  0.995159

            GFI      AGFI       NFI       TLI    RMSEA        AIC        BIC  \
Value  0.991036  0.983193  0.991036  0.990924  0.04087  25.950192  84.964809

          LogLik
Value  0.024904


轉置結果為直行：                        Value
DoF               8.000000
DoF Baseline     15.000000
chi2             17.233728
chi2 p-value      0.027765
chi2 Baseline  1922.553534
CFI               0.995159
GFI               0.991036
AGFI              0.983193
NFI               0.991036
TLI               0.990924
RMSEA             0.040870
AIC              25.950192
BIC              84.964809
LogLik            0.024904
```

圖 13-5　輸出適配度估計值

　　從適配度指標輸出結果可以發現，卡方值為 17.23，p 值為 0.028 達顯著，卡方自由度比為 17.23/8 = 2.15（建議小於 5），CFI 值為 0.99、GFI 值為 0.99、AGFI 值為 0.98、NFI 值為 0.99、TLI 值為 0.99、RMSEA 值為 0.04、AIC 值為 25.95、BIC 值為 84.96。

　　可以發現，單純從模式的卡方值達顯著作檢視時，表示模式不太適配，然而，χ^2 值容易受到樣本干擾而達顯著水準，導致模式很可能被拒絕而宣稱理論模式和觀察資料不適配，因而，比較合宜的作法，在檢視整體模式是否適配時則須再參考其他適配度指標（陳正昌等，2009；黃芳銘，2009）。如果 CFI、GFI、AGFI、NFI、TLI 等參考指標大於 .90 顯示適配度良好，RMSEA 小於 .08 顯示適配度良好（小於 .05 為優良），參考其他指標後，顯示該模式適配度大致良好。

5. 輸出路徑模式圖

　　為了達到模式視覺化的需求，則可以使用繪圖函式 **semplot()** 繪製路徑模式圖形，未加入參數時預設為不輸出共變異數，使用者將圖示名稱設定為「CB_CFA01」的 jpg 格式檔案；而若參數中加入「plot_covs = True」時則能夠輸出有共變異數的圖示，使用者將圖示名稱設定為「CB_CFA02」的 jpg 格式檔案（如圖 13-6）。當語法程式執行後，圖示必須要從專案資料夾中開啟檢視（如圖 13-7、圖 13-8）。

```
import graphviz

g = semopy.semplot(model, 'CB_CFA01.jpg')
g = semopy.semplot(model, 'CB_CFA02.jpg', plot_covs=True)
print(g)
```

```
import graphviz

g = semopy.semplot(model, 'CB_CFA01.jpg')
g = semopy.semplot(model, 'CB_CFA02.jpg', plot_covs=True)
print(g)
```

```
digraph G {
        overlap=scale splines=true
        edge [fontsize=12]
        node [fillcolor="#cae6df" shape=circle style=filled]
        cb1 [label=cb1]
        cb2 [label=cb2]
        node [shape=box style=""]
        CB01 [label=CB01]
        CB02 [label=CB02]
        CB03 [label=CB03]
        CB06 [label=CB06]
        CB07 [label=CB07]
        CB08 [label=CB08]
        cb1 -> CB01 [label=1.000]
        cb1 -> CB02 [label="1.145\np-val: 0.00"]
        cb1 -> CB03 [label="1.095\np-val: 0.00"]
        cb2 -> CB06 [label=1.000]
        cb2 -> CB07 [label="0.928\np-val: 0.00"]
        cb2 -> CB08 [label="0.976\np-val: 0.00"]
        cb2 -> cb1 [label="0.186\np-val: 0.00" dir=both style=dashed]
}
```

圖 13-6　輸出路徑模式圖示內容

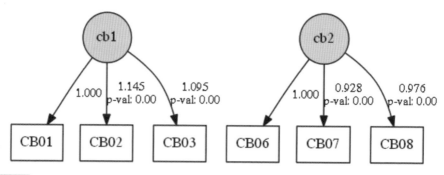

圖 13-7　省略共變異數的路徑圖示

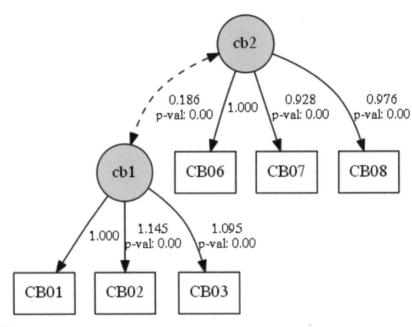

圖 13-8　有共變異數路徑模式圖示

6. 輸出網頁版的模式報告

　　雖然，透過不同函式可以閱讀到有關模式的文件報告內容，「**semopy**」模組也提供一個報告功能，該功能採用擬合模式來生成「HTML」檔案文件作為讀取文件的便利方式。使用函式 **report()**，參數中讀取擬合後的模式變數「model」，並命名為「CB_CFA」，讀取時從專案資料夾中開啟「HTML」檔案來檢視報告內容。該檔案內容中有「模式訊息（model information）、估計值（estimates）、擬合指標值（fit indices）、矩陣（matrices）」等 4 個類別內容提供檢視，數據內容以非標準化估計值為主。

```
semopy.report(model, 'CB_CFA')
```

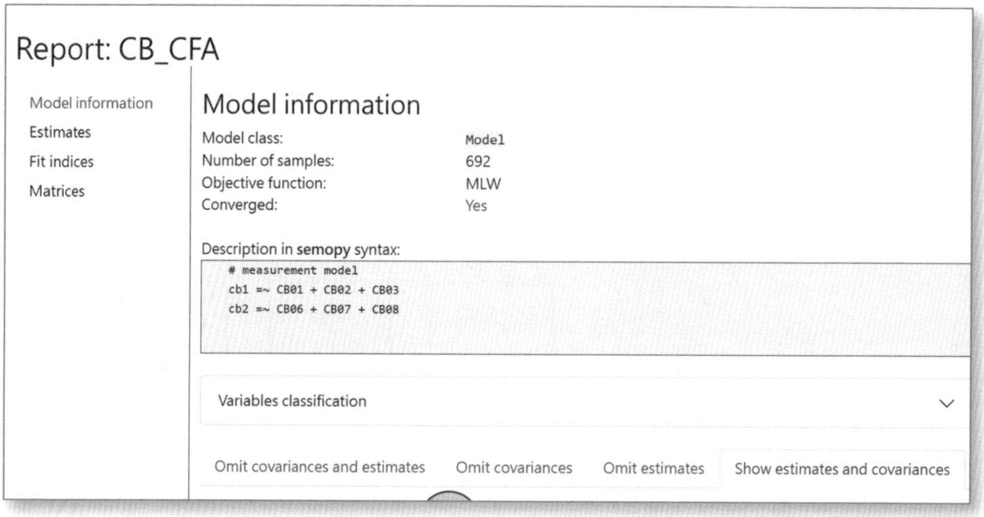

圖 13-9　輸出 HTML 文件的模式報告

　　具體來說，透過上述結果可以整理出相關表格，針對模式適配度摘要表作絕對適配度指標、增值適配度指標、簡約適配度指標整理（如表 13-2）；另外，也針對因素／題目、因素負荷量（factor loading）、組合信度（CR）、平均變異抽取量（AVE）等做說明（如表 13-3），以提供便利檢視的報表。

表 13-2　生涯信念量表模式適配度摘要表

| | | 絕對適配度指標 | | | 增值適配度指標 | | | 簡約適配度指標 | | |
	χ^2	GFI	AGFI	RMSEA	NFI	TLI	CFI	χ^2/df	AIC	BIC
指數	17.23 (p = .028)	0.99	0.98	0.04	0.99	0.99	0.99	2.15	25.95	84.96
建議	p ≥ .05	≥ .90	≥ .90	≤ .08	≥ .90	≥ .90	≥ .90	≤ 5	小	小

　　從表 13-2 可以發現，適配度指標的卡方值為 17.23 達顯著，但因為卡方值容易受到樣本影響，因而，再參酌 GFI 值為 0.99、AGFI 值為 0.98、RMSEA 值

為 0.04、NFI 值為 0.99、TLI 值為 0.99、CFI 值為 0.99、卡方自由度比為 2.15、AIC 值為 25.95、BIC 值為 84.96 等皆符合建議值，顯示模式外在品質良好。

表 13-3　生涯信念量表的信效度摘要表

因素／題目	因素負荷量	CR	AVE
自我價值		.89	.74
CB01. 我有信心能達到自己的生涯規劃	.83		
CB02. 我對未來有良好的願景	.90		
CB03. 我有信心能找到一份自己滿意的工作	.84		
工作抱負		.76	.52
CB06. 我對我選擇的工作會全力以赴	.82		
CB07. 我認為工作即是代表身分	.60		
CB08. 我會選擇自己有興趣的工作	.73		

從表 13-3 可以發現，潛在變數「cb1」（自我價值）、「cb2」（工作抱負）反映的因素負荷量介於 .60 至 90 之間（建議介於 .50 至 .95）、組合信度（CR）介於 .76 至 .89（建議大於 .60）、平均變異抽取量（AVE）介於 .52 至 .74 之間（建議大於 .50），結果顯示該生涯信念量表具有良好的模式內在品質與信效度。

🔔 13.3　結構方程模式的概念

結構方程模式（structural equation modeling, SEM）是一種多元統計分析的技術，用於分析變數之間的結構關係。該模式主要由兩個模式組成，一個是測量模式（measurement model），用於瞭解每個潛在變數的結構是否符合理論期待，通常以驗證性因素分析（CFA）來檢證；另一個是結構模式（structural model），主要是根據特定理論來建立因果路徑關係，通常也稱為路徑分析（path analysis）。簡單地說，結構方程模式就是用一系列的算式，檢測變數之間的因果關係。該技術使用因子分析和多元線性迴歸分析的組合來檢視測量變數和潛在變數之間的結構關係。

以往，要檢視變數之間的因果關係，常透過線性迴歸分析的方式來進行。然而，一個模式中的變數之間關係較爲複雜時，可以一一針對每個變數之間的關係透過線性迴歸分析方式來獲得解答，但是，每執行一次線性迴歸分析就有一次誤差。因而，透過結構方程模式來執行，則可以有效將誤差進行控制。尤其是，如果每個線性迴歸分析的誤差之間也存在部分關係時，則使用結構方程模式可以有效進行多重和相互關聯的參數估計。

結構方程模式的類型非常多元，針對變數的特性也有許多模式建立的方法選擇。不同研究目的與理論依據會有適合的因果路徑設計，例如：驗證性因素分析、單一指標因果模式、完整結構方程模式等不一而足。其中，每個潛在變數至少要有兩個以上的測量指標，若只有一個測量指標，就必須假定該指標是沒有誤差的完美測量；單一指標的因果路徑模式就是以往探討因果關係最常用的路徑分析模式（陳正昌等，2009）。因而，有進一步需求建議參閱「Semopy」官方網站（https://semopy.com/），本章僅簡單介紹測量變數、潛在變數，以及變數之間的假設關係及基本執行方式。

一般來說，結構方程模式的複雜在於有許多係數需要解讀，而使用者理解結構方程模式的基本輪廓則有助於迅速掌握其概念。在結構方程模式的架構圖示中（如圖 13-10），可以觀察到左邊有兩個潛在自變數／外因變數，右邊也有兩個潛在依變數／內因變數。而兩個潛在自變數又各反映到兩個測量指標，另兩個潛在依變數也各反映到三個測量指標。其中，模式中的每個箭頭都顯示哪些潛在變數受到哪些變數的影響，每個箭頭都是一個係數，透過結構方程模式分析就是要將變數之間的複雜關係作量化的估計，並檢視彼此之間的關聯係數大小，以利解釋變數之間的關係。另外，結構方程模式通常也遵循一些概念：

1. **潛在變數使用圓圈表示。**
2. **測量變數使用方形表示。**
3. **變數路徑關係用箭頭表示。**
4. **測量模式為測量變數與潛在變數之間的路徑關係。**
5. **結構模式為潛在變數之間的路徑關係。**
6. **變異數和殘差由該變量到自身的箭頭表示。**

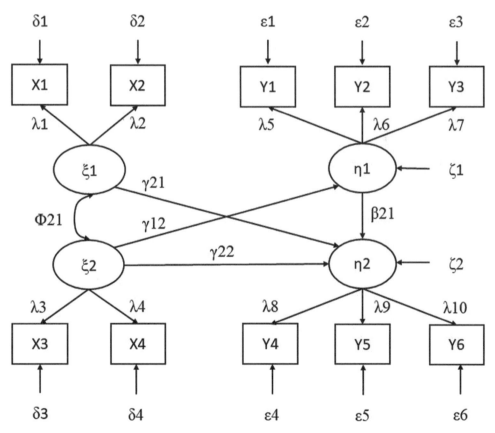

圖 13-10 結構方程模式概念圖示

　　而結構方程模式中有一些統計符號與概念，在潛在變數中假定為「因」的為「潛在自變數」（latent independent variables）或稱「外因變數」（exogenous variables，因為影響它的「因」在模式之「外」）以「ξ」表示；另一個被假定為「果」的潛在變數稱為「潛在依變數」（latent dependent variables）或「內因變數」（endogenous variables，因為影響它的「因」在模式之「內」）以「η」表示；在觀察變數中屬於潛在自變數「ξ」的觀察指標稱 X 變數，屬於潛在依變數「η」的觀察指標稱 Y 變數（陳正昌等，2009）。而這 4 種變數也會進一步構成 5 種關係（吳明隆，2009；陳正昌等，2009）：

1. 潛在自變數 ξ 與潛在自變數 ξ 的變異數共變關係，以 Φ 表示。

2. 潛在自變數 ξ 與潛在依變數 η 的關係，以 Γ/γ 表示。

3. 潛在依變數 η 與潛在依變數 η 的關係，以 B/β 表示。

4. 潛在自變數 ξ 與 X 變數的關係，以 Λ_x/λ_x 表示。

5. 潛在依變數 η 與 Y 變數的關係，以 Λ_Y/λ_Y 表示。

　　且這些關係之外，模式中還有 3 種誤差，一是 X 變數的測量誤差，以「$\Theta_\delta/\theta_\delta$」或「δ」表示；二是 Y 變數的測量誤差，以「$\Theta_\varepsilon/\theta_\varepsilon$」或「ε」表示；三是潛在依變數 η 所無法被解釋的殘差，或稱結構方程模式的殘餘誤差，以「ζ」或「Ψ」表示（吳明隆，2009；陳正昌等，2009）。茲透過表格化整理協助使用者理解（如表 13-4）：

表 13-4　結構方程模式符號、讀法與概念

符號	讀法	概念
ξ	xi 或 ksi	ξ 是潛在自變數 / 外因變數，假定為事物發生原因。
η	eta	η 是潛在依變數 / 內因變數，假定為事物發生結果。
X		X 是潛在自變數的觀察變數或者指標變數。
Y		Y 是潛在依變數的觀察變數或者指標變數。
Θ/θ	theta	Θ/θ 潛在變數之間的變異共變數矩陣。

表 13-4　結構方程模式符號、讀法與概念（續）

符號	讀法	概念
δ	delta	δ 是 X 變數的測量誤差。
ε	epsilon	ε 是 Y 變數的測量誤差。
ζ	zeta	ζ 是潛在依變數的誤差。
Γ/γ	gamma	Γ/γ 是內因變數 η 與外因變數 ξ 之間的關聯係數矩陣。
B/β	beta	B/β 是內因變數 η 之間的關聯係數矩陣。
Φ 和 Ψ	phi	Φ 是外因變數 ξ 的變異共變數矩陣。
Ψ	psi	Ψ 是內因變數 η 殘差項的變異共變數矩陣。
Λ/λ	lambda	Λ/λ 是觀察變數 X 或 Y 與潛在變數 ξ 或 η 之間的關聯係數矩陣。

　　具體來說，使用結構方程模式可以將變數之間的複雜關係作估計，以檢視彼此之間的關聯係數強弱，並方便與有效率地執行分析。

13.4　結構方程模式的執行

　　基本上，結構方程模式包含測量模式與結構模式，測量模式亦即驗證性因素分析的概念，而結構模式則是路徑分析的概念，因而，透過 Python 的「**semopy**」模組來執行驗證性因素分析與結構方程模式的方式大致相同，其中，僅在設定假設路徑模式有一些區別。

　　使用者採用「**sem.csv**」檔案，並探討學生的社會支持、生涯信念對生涯發展的影響情形（如圖 13-11）。其中，社會支持中有「家庭支持」（ss1）、「同儕支持」（ss2）、「教練支持」（ss3）等 3 個因子；生涯信念有「自我價值」（cb1）、「工作抱負」（cb2）等 2 個因子；生涯發展有「生涯探索」（cd1）、「生涯定向」（cd2）等 2 個因子。

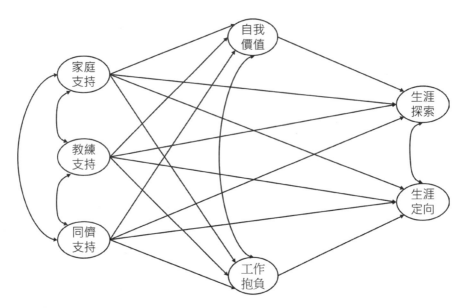

圖 13-11　生涯發展影響機制的結構模式

　　而透過結構方程模式（SEM）分析的執行步驟，大致有「載入模組、讀取資料指派變數、設定假設路徑模式並建立模式、檢查模式參數估計值、輸出路徑模式圖」等 5 個步驟分別說明如下：

1. 載入模組

　　載入「**pandas**」模組讀取資料為 DataFrame 格式，並載入結構方程模式的「**semopy**」模組執行分析。

2. 讀取資料指派變數

　　因為結構方程模式的變數較多，假設路徑較為複雜，需要解讀的參數估計值很多，可是透過 Jupyter Notebook 作輸出會因為版面配置而簡化結果，導致使用者不利於參數估計值的解讀。因而，透過「**pandas**」模組的設定函式 **set_option()** 讓執行結果能夠輸出最大量的列數（參數為 'display.max_rows'），或是

最大量的行標籤（參數為 'display.max_columns'）。

　　接著，使用者讀取資料並指派變數為「df」，刪除有「空值」（Nan）資料，並輸出檢視變數列欄規模（shape）與行標籤（columns），結果輸出獲得 692 筆資料、39 個行標籤（如圖 13-12）。

```
import pandas as pd
from semopy import Model

pd.set_option('display.max_rows', None)
df = pd.read_csv('sem.csv')
df = df.dropna()
print(df.shape)
print(df.columns)
```

```
import pandas as pd
from semopy import Model

pd.set_option('display.max_rows', None)
df = pd.read_csv('sem.csv')
df = df.dropna()
print(df.shape)
print(df.columns)

(692, 39)
Index(['NO', 'SS01', 'SS02', 'SS03', 'SS04', 'SS05', 'SS06', 'SS07', 'SS08',
       'SS09', 'SS10', 'SS11', 'SS12', 'SS13', 'SS14', 'SS15', 'SS16', 'SS17',
       'SS18', 'SS19', 'SS20', 'CB01', 'CB02', 'CB03', 'CB04', 'CB05', 'CB06',
       'CB07', 'CB08', 'CD01', 'CD02', 'CD03', 'CD04', 'CD05', 'CD06', 'CD07',
       'CD08', 'CD09', 'CD10'],
      dtype='object')
```

圖 13-12　輸出指派變數的列欄規模與行標籤

3. 設定模式並建立模式

結構方程模式中包含測量模式與結構模式，因而，使用者先說明變數之間的關係，透過設定變數的迴歸模式（regression model）、測量模式（measurement model）與殘差模式（residual model）來指派變數為「mod」。然後，使用函式 **Model()** 來建立模式並指派變數為「model」（如圖 13-13）。

```
mod = '''
    # regression model
    cd1, cd2, cb1, cb2 ~ ss1 + ss2 + ss3
    cd1, cd2 ~ cb1 + cb2
    # measurement model
    ss1 =~ SS01 + SS02 + SS03 + SS04
    ss2 =~ SS05 + SS06 + SS07 + SS08
    ss3 =~ SS09 + SS10 + SS11 + SS12
    cb1 =~ CB01 + CB02 + CB03
    cb2 =~ CB06 + CB07 + CB08
    cd1 =~ CD01 + CD02 + CD03 + CD04 + CD05
    cd2 =~ CD06 + CD07 + CD08 + CD09 + CD10
    # residual correlation
    cd1 ~~ cd2
    cb1 ~~ cb2
    ss1 ~~ ss2 + ss3
    ss2 ~~ ss3
    '''
model = Model(mod)
```

```
mod = '''
    # regression model
    cd1, cd2, cb1, cb2 ~ ss1 + ss2 + ss3
    cd1, cd2 ~ cb1 + cb2
    # measurement model
    ss1 =~ SS01 + SS02 + SS03 + SS04
    ss2 =~ SS05 + SS06 + SS07 + SS08
    ss3 =~ SS09 + SS10 + SS11 + SS12
    cb1 =~ CB01 + CB02 + CB03
    cb2 =~ CB06 + CB07 + CB08
    cd1 =~ CD01 + CD02 + CD03 + CD04 + CD05
    cd2 =~ CD06 + CD07 + CD08 + CD09 + CD10
    # residual correlation
    cd1 ~~ cd2
    cb1 ~~ cb2
    ss1 ~~ ss2 + ss3
    ss2 ~~ ss3
    '''
model = Model(mod)
```

圖 13-13　建立路徑模式

4. 檢查模式參數估計值

建立模式之後，則需要檢查模式參數估計值，包含有「擬合模式、檢視模式參數估計值、計算適配度」等 3 個步驟：

(1) 擬合模式

指派變數要建立模式時，則藉由擬合模式函式 **fit()** 並指派建立模式變數為「res」，且輸出變數內容。變數內容說明擬合模式成功，且有輸出相關參數估計值（如圖 13-14）。

```
res = model.fit(df)
print(res)
```

```
res = model.fit(df)
print(res)

Name of objective: MLW
Optimization method: SLSQP
Optimization successful.
Optimization terminated successfully
Objective value: 1.244
Number of iterations: 65
Params: 0.004 0.001 0.087 0.177 0.442 -0.048 0.036 0.029 0.612 0.222 0.250 0.14
5 0.253 0.106 0.189 0.258 1.303 1.234 1.200 1.039 1.044 0.992 1.104 1.036 0.974
1.115 1.090 0.946 0.991 0.911 1.301 1.286 1.307 1.118 1.087 1.076 1.038 0.048
0.080 0.108 0.393 0.149 0.159 0.258 0.167 0.451 0.232 0.199 0.426 0.169 0.225
0.156 0.198 0.140 0.233 0.193 0.247 0.193 0.460 0.149 0.196 0.132 0.223 0.226
0.922 0.169 0.205 0.176 0.224 0.097 0.170 0.201 0.131 0.244 0.200 0.086 0.330
```

圖 13-14　輸出擬合模式結果

(2) 檢視模式參數估計值

使用檢視模式參數估計值函式 **inspect()** 來檢視變數的參數估計值（Estimate）、標準誤（Std. Err）、Z 值（z-value）、p 值（p-value），而函式的參數中輸入「std_est = True」，則會再輸出標準化參數估計值（Est. Std），函式參數中則是默認為未標準化參數估計值（如圖 13-15）。

```
ins = model.inspect(std_est = True)
ins
```

```
ins = model.inspect(std_est = True)
ins
```

	lval	op	rval	Estimate	Est. Std	Std. Err	z-value	p-value
0	cd1	~	ss1	0.004239	0.004868	0.038019	0.1115	0.91122
1	cd1	~	ss2	0.000899	0.001363	0.025259	0.035574	0.971622
2	cd1	~	ss3	0.086699	0.112551	0.033758	2.568281	0.01022
3	cd1	~	cb1	0.176791	0.277700	0.027089	6.526371	0.0
4	cd1	~	cb2	0.442239	0.520911	0.046202	9.5718	0.0
5	cd2	~	ss1	-0.048225	-0.039590	0.047913	-1.006512	0.314169
6	cd2	~	ss2	0.035533	0.038540	0.031665	1.122152	0.261798
7	cd2	~	ss3	0.028889	0.026811	0.042052	0.68697	0.492101
8	cd2	~	cb1	0.611594	0.686786	0.039825	15.357029	0.0
9	cd2	~	cb2	0.222228	0.187133	0.050596	4.392168	0.000011
10	cb1	~	ss1	0.250290	0.182976	0.074308	3.368279	0.000756
11	cb1	~	ss2	0.145477	0.140515	0.04669	3.115819	0.001834
12	cb1	~	ss3	0.252696	0.208842	0.061732	4.093407	0.000043
13	cb2	~	ss1	0.105872	0.103214	0.056555	1.872008	0.061205
14	cb2	~	ss2	0.188802	0.243188	0.036815	5.128364	0.0
15	cb2	~	ss3	0.257512	0.283809	0.04859	5.299734	0.0
16	SS01	~	ss1	1.000000	0.467660	-	-	-

圖 13-15 輸出檢視模式參數估計值（部分結果）

輸出結果共有 84 列估計值，本文僅呈現迴歸模式部分結果以精簡版面，而有關測量模式與殘差模式則省略不述，可以參考驗證性因素分析內容。其中，迴歸模式的結果從標準化參數估計值與 p 值可以發現，編號第 2（cd1 ~ ss3）、3（cd1 ~ cb1）、4（cd1 ~ cb2）、8（cd2 ~ cb1）、9（cd2 ~ cb2）、10（cb1 ~ ss1）、11（cb1 ~ ss2）、12（cb1 ~ ss3）、14（cb2 ~ ss2）、15（cb2 ~ ss3）等列的 p 值小於 0.05 達到顯著，表示具有統計意義。

而結構方程模式的影響係數中，「Γ/γ」（gamma）表示潛在自變數對潛在

依變數的影響，「B/β」（beta）表示潛在依變數對潛在依變數的影響，其變數關係與影響係數標準化參數估計值內容分別說明如下：

編號第 2 列「cd1 ~ ss3」顯示教練支持對生涯探索（γ = .11, p < .05）有顯著影響；編號第 3 列「cd1 ~ cb1」顯示自我價值對生涯探索（β = .28, p < .05）有顯著影響；編號第 4 列「cd1 ~ cb2」顯示工作抱負對生涯探索（β = .52, p < .05）有顯著影響；編號第 8 列「cd2 ~ cb1」顯示自我價值對生涯定向（β = .69, p < .05）有顯著影響；編號第 9 列「cd2 ~ cb2」顯示工作抱負對生涯定向（β = .19, p < .05）有顯著影響；編號第 10 列「cb1 ~ ss1」顯示家庭支持對自我價值（γ = .18, p < .05）有顯著影響；編號第 11 列「cb1 ~ ss2」顯示同儕支持對自我價值（γ = .14, p < .05）有顯著影響；編號第 12 列「cb1 ~ ss3」顯示教練支持對自我價值（γ = .21, p < .05）有顯著影響；編號第 14 列「cb2 ~ ss2」顯示同儕支持對工作抱負（γ = .24, p < .05）有顯著影響；編號第 15 列「cb2 ~ ss3」顯示教練支持對工作抱負（γ = .28, p < .05）有顯著影響。

(3) 計算適配度

載入「**semopy**」模組，使用計算模式適配度估計值函式 **calc_stats()** 且指派變數為「stats」並輸出適配度。而使用者為了方便閱讀，輸出參數中使用轉置參數「變數 .T」將輸出數值轉置為直式（如圖 13-16）。

```
import semopy
stats = semopy.calc_stats(model)
print(stats)
print('\n')
print(stats.T)
```

```
import semopy
stats = semopy.calc_stats(model)
print(stats)
print('\n')
print(stats.T)

       DoF  DoF Baseline        chi2  chi2 p-value  chi2 Baseline       CFI  \
Value  329           378  860.610713           0.0   12754.656931  0.957047

            GFI      AGFI       NFI      TLI     RMSEA         AIC  \
Value  0.932526  0.922476  0.932526  0.95065  0.048357  151.512686

              BIC    LogLik
Value  501.060804  1.243657


                       Value
DoF               329.000000
DoF Baseline      378.000000
chi2              860.610713
chi2 p-value        0.000000
chi2 Baseline   12754.656931
CFI                 0.957047
GFI                 0.932526
AGFI                0.922476
NFI                 0.932526
TLI                 0.950650
RMSEA               0.048357
AIC               151.512686
BIC               501.060804
LogLik              1.243657
```

圖 13-16　輸出模式適配度估計值

　　從適配度指標輸出結果可以發現，卡方值為 860.61，p 值為 0.000 達顯著，卡方自由度比為 860.61/329 = 2.62（建議小於 5）；CFI 值為 0.96、GFI 值為 0.93、AGFI 值為 0.92、NFI 值為 0.93、TLI 值為 0.95、RMSEA 值為 0.05、AIC 值為 151.51、BIC 值為 501.06。

　　如果單純從卡方值達顯著來檢視模式會認為模式不太適配，然而，χ^2 值容易受到樣本干擾而達顯著水準，導致模式很可能被拒絕而宣稱理論模式和觀察資料不適配，因而，比較合宜的作法，通常整體模式是否適配須再參考其他的適配度指標（陳正昌等，2009；黃芳銘，2009）。如果 CFI、GFI、AGFI、NFI、TLI 等參考指標大於 .90 顯示適配度良好，RMSEA 小於 .08 顯示適配度良好（小於 .05 為優良），參考其他指標後，顯示該模式適配度大致良好。

5. 輸出路徑模式圖

　　結構方程模式透過圖示可以快速檢視變數之間的關係，使用者可以透過「**semopy**」模組中的繪圖函式 **semplot()** 繪製路徑模式圖形，未加入參數時預設為不輸出共變異數，使用者將圖示名稱設定為「sem01」的 png 格式；而若參數中加入「plot_covs = True」時則能夠輸出有共變異數的圖示，使用者將圖示名稱設定為「sem02」的 png 格式（如圖 13-17）。順利執行語法程式之後，輸出的圖示可以從該語法的專案資料夾中開啟檢視（如圖 13-18、圖 13-19）。

```
g = semopy.semplot(model, 'sem01.png')
g = semopy.semplot(model, 'sem02.png', plot_covs=True)
print(g)
```

```
g = semopy.semplot(model, 'sem01.png')
g = semopy.semplot(model, 'sem02.png', plot_covs=True)
print(g)

digraph G {
        overlap=scale splines=true
        edge [fontsize=12]
        node [fillcolor="#cae6df" shape=circle style=filled]
        cd2 [label=cd2]
        cd1 [label=cd1]
        ss2 [label=ss2]
        ss1 [label=ss1]
        cb2 [label=cb2]
        ss3 [label=ss3]
        cb1 [label=cb1]
        node [shape=box style=""]
        CB01 [label=CB01]
        CB02 [label=CB02]
        CB03 [label=CB03]
        CB06 [label=CB06]
        CB07 [label=CB07]
        CB08 [label=CB08]
```

圖 13-17　輸出路徑模式圖示內容（部分內容）

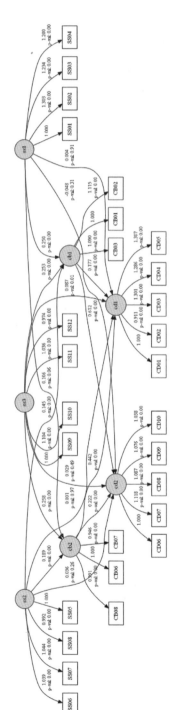

圖 13-18　省略共變異數的路徑圖示

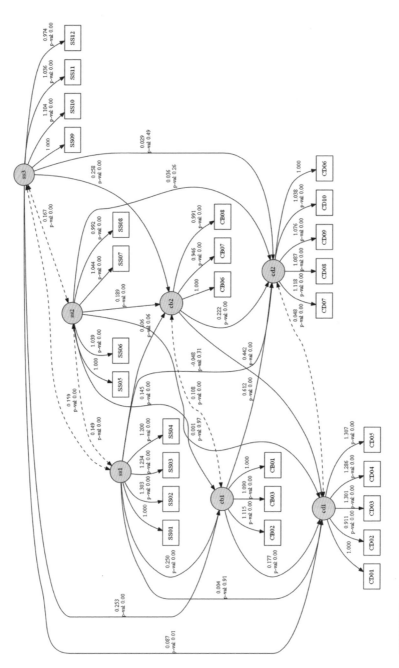

圖 13-19　有共變異數異數路徑模式圖示

6. 輸出網頁版的模式報告

　　雖然，透過不同函式可以閱讀到有關模式的文件報告內容，「**semopy**」模組也提供一個報告功能，該功能採用擬合模式來生成「HTML」檔案文件作為讀取文件的便利方式。使用函式 **report()**，參數中讀取擬合後的模式變數「model」，並命名為「SEM_Report」，讀取時從專案資料夾中開啟「HTML」檔案來檢視報告內容（如圖 13-20）。該檔案內容中有「模式訊息（model information）、估計值（estimates）、擬合指標值（fit indices）、矩陣（matrices）」等 4 個類別內容提供檢視。

```
semopy.report(model, 'SEM_Report')
```

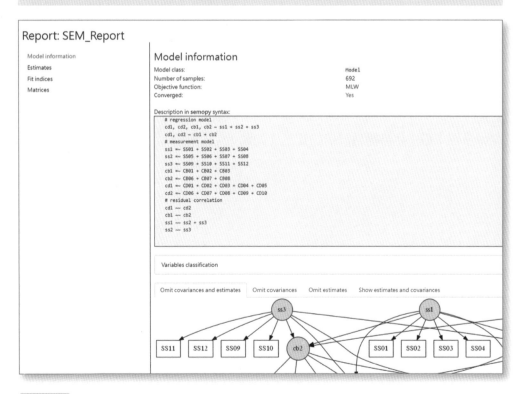

圖 13-20　輸出 HTML 文件的模式報告

具體來說，透過上述結果可以整理出相關表格與圖示，針對模式適配度摘要表作絕對適配度指標、增值適配度指標、簡約適配度指標整理（如表 13-5）。

表 13-5　生涯發展結構方程模式適配度摘要表

	絕對適配度指標				增值適配度指標			簡約適配度指標		
	χ^2	GFI	AGFI	RMSEA	NFI	TLI	CFI	χ^2/df	AIC	BIC
指數	860.61 (p = .000)	0.93	0.92	0.05	0.93	0.95	0.96	2.62	151.51	501.06
建議	p ≥ .05	≥ .90	≥ .90	≤ .08	≥ .90	≥ .90	≥ .90	≤ 5	小	小

從表 13-4 可以發現，適配度指標的卡方值為 860.61 達顯著，但因為卡方值容易受到樣本影響，因而，再參酌 GFI 值為 0.93、AGFI 值為 0.92、RMSEA 值為 0.05、NFI 值為 0.93、TLI 值為 0.95、CFI 值為 0.96、卡方自由度比為 2.62、AIC 值為 151.51、BIC 值為 501.06 等皆符合建議值，顯示模式外在品質良好。另外，使用者透過後製的方式，對於潛在變數之間的路徑關係繪製結構方程模式的路徑分析，以明確圖示變數之間具有顯著效果的路徑分析，以及改善系統執行結果呈現未標準化參數估計值的圖示（如圖 13-21 所示）。

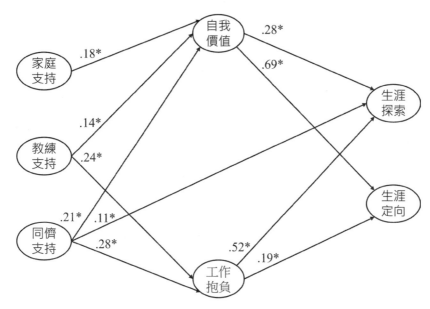

圖 13-21　社會支持與生涯信念對生涯發展影響模式
（* p ＜ .05）

💻 Python 手把手教學.13：驗證性因素分析

使用者針對「生涯發展」量表進行驗證性因素分析，來檢視相關參數估計值、適配度等內容。步驟程序如下：

1. 載入模組並讀取資料指派變數

使用者載入「**pandas、semopy**」模組，讀取資料為「**sem.csv**」檔案並指派變數為「**df**」後，輸出指派變數的規模與行標籤（如圖 13-22）（使用者應該確認數據已經是乾淨資料，或者事先完成資料清理）。

.

```
import pandas as pd
from semopy import Model


df = pd.read_csv('sem.csv')
print(df.shape)
print(df.columns)
```

```
import pandas as pd
from semopy import Model

df = pd.read_csv('sem.csv')
print(df.shape)
print(df.columns)

(692, 39)
Index(['NO', 'SS01', 'SS02', 'SS03', 'SS04', 'SS05', 'SS06', 'SS07', 'SS08',
       'SS09', 'SS10', 'SS11', 'SS12', 'SS13', 'SS14', 'SS15', 'SS16', 'SS17',
       'SS18', 'SS19', 'SS20', 'CB01', 'CB02', 'CB03', 'CB04', 'CB05', 'CB06',
       'CB07', 'CB08', 'CD01', 'CD02', 'CD03', 'CD04', 'CD05', 'CD06', 'CD07',
       'CD08', 'CD09', 'CD10'],
      dtype='object')
```

圖 13-22 輸出指派變數的列欄規模與行標籤

2. 設定模式並建立模式

　　使用者設定變數關係的測量模式（measurement model），並指派變數為「mod」。然後，透過函式 **Model()** 來建立模式並指派變數為「model」（如圖 13-23）。

```
mod = '''
    # measurement model
    cd1 =~ CD01 + CD02 + CD03 + CD04 + CD05
    cd2 =~ CD06 + CD07 + CD08 + CD09 + CD10
    '''
model = Model(mod)
```

```
mod = '''
    # measurement model
    cd1 =~ CD01 + CD02 + CD03 + CD04 + CD05
    cd2 =~ CD06 + CD07 + CD08 + CD09 + CD10
    '''
model = Model(mod)
```

圖 13-23　建立路徑模式

3. 檢查模式參數估計值

　　建立模式之後，則需要檢查模式參數估計值，包含有「擬合模式、檢視模式參數估計值、計算適配度」等 3 個步驟：

(1) 擬合模式

　　指派變數要建立模式時，則藉由擬合模式函式 **fit()** 並指派建立模式變數為「res」，且輸出變數內容。擬合優化方法顯示為「SLSQP」（sequential least squares programming），此為系統默認的選用方法。變數優化結果內容說明擬合模式成功，且有輸出相關參數估計值（如圖 13-24）。

```
res = model.fit(df)

print(res)
```

```
res = model.fit(df)
print(res)
```

```
Name of objective: MLW
Optimization method: SLSQP
Optimization successful.
Optimization terminated successfully
Objective value: 0.305
Number of iterations: 35
Params: 0.914 1.337 1.327 1.349 1.129 1.090 1.080 1.046 0.205 0.239 0.187 0.246
0.220 0.251 0.187 0.221 0.166 0.207 0.379 0.193 0.187
```

圖 13-24　輸出擬合模式結果

(2) 檢視模式參數估計值

　　使用檢視模式參數估計值函式 **inspect()** 來檢視變數的參數估計值（Estimate）、標準誤（Std. Err）、Z 值（z-value）、p 值（p-value），而函式的參數中輸入「std_est = True」，則會再輸出標準化參數估計值（Est. Std）（如圖 13-25），函式參數中則是默認為未標準化參數估計值。

```
ins = model.inspect(std_est = True)

ins
```

```
ins = model.inspect(std_est = True)
ins
```

	lval	op	rval	Estimate	Est. Std	Std. Err	z-value	p-value
0	CD01	~	cd1	1.000000	0.691047	-	-	-
1	CD02	~	cd1	0.913565	0.628713	0.060406	15.12371	0.0
2	CD03	~	cd1	1.337053	0.817231	0.069816	19.15113	0.0
3	CD04	~	cd1	1.327208	0.798460	0.070662	18.782605	0.0
4	CD05	~	cd1	1.349119	0.803604	0.071439	18.885004	0.0
5	CD06	~	cd2	1.000000	0.775833		-	-
6	CD07	~	cd2	1.129301	0.828960	0.048593	23.239936	0.0
7	CD08	~	cd2	1.089734	0.827829	0.046967	23.202084	0.0
8	CD09	~	cd2	1.079931	0.801672	0.048371	22.326162	0.0
9	CD10	~	cd2	1.045925	0.807682	0.046429	22.527164	0.0
10	cd2	~~	cd2	0.378957	1.000000	0.032131	11.794095	0.0
11	cd2	~~	cd1	0.192967	0.724915	0.016636	11.599329	0.0
12	cd1	~~	cd1	0.186984	1.000000	0.018859	9.914978	0.0
13	CD01	~~	CD01	0.204567	0.522454	0.012428	16.460622	0.0
14	CD02	~~	CD02	0.238744	0.604720	0.01398	17.077395	0.0
15	CD04	~~	CD04	0.187257	0.362462	0.012977	14.429536	0.0
16	CD09	~~	CD09	0.245725	0.357323	0.016035	15.324345	0.0
17	CD07	~~	CD07	0.220010	0.312825	0.015082	14.587696	0.0
18	CD06	~~	CD06	0.250627	0.398083	0.015808	15.85429	0.0
19	CD05	~~	CD05	0.186679	0.354221	0.013077	14.275077	0.0
20	CD10	~~	CD10	0.220928	0.347650	0.014554	15.180131	0.0
21	CD03	~~	CD03	0.166236	0.332134	0.012023	13.826516	0.0
22	CD08	~~	CD08	0.206654	0.314698	0.014132	14.622817	0.0

圖 13-25　輸出檢視模式參數估計值

　　潛在變數「cd1」（生涯探索）反映的因素負荷量在觀察變數 CD01、CD02、CD03、CD04、CD05 上的標準化估計值為 0.69、0.63、0.82、0.80、0.78；「cd2」（生涯定向）反映的因素負荷量在題目 CD06、CD07、CD08、CD09、CD10 上的標準化估計值為 0.78、0.83、0.83、0.80、0.81。而因素負荷量值建議介於 .50 至 .95，可以發現大致良好。

(3) 組合信度與平均變異抽取量

a. 使用公式計算

使用者如果要計算組合信度（CR）與平均變異抽取量（AVE），誤差變異量的 Θ 或 θ（theta 值）則是檢視觀察變數本身的共變數關係（~~）的「Est. Std」值。因而，觀察變數 CD01、CD02、CD03、CD04、CD05 的誤差變異量分別為 0.52、0.60、0.33、0.36、0.35；觀察變數 CD06、CD07、CD08、CD09、CD10 誤差變異量分別為 0.40、0.31、0.31、0.36、0.35。

再透過公式分別使用 Python 與一般計算說明：

\# 組合信度公式：$CR = (\Sigma\lambda)^2/[(\Sigma\lambda)^2 + (\Sigma\theta)]$

\# 平均變異抽取量公式：$AVE = (\Sigma\lambda^2)/[(\Sigma\lambda^2) + (\Sigma\theta)]$

(a) Python 計算

在 Python 中進行數學運算，按照公式輸入標準化平均變異抽取量、誤差變異量，並將其作指派變數的運算，獲得「生涯探索」（cd1）的組合信度（CR）值為 0.86，平均變異抽取量（AVE）為 0.56（如圖 13-26）。

```
lamda11 = 0.69 + 0.63 + 0.82 + 0.80 + 0.78
lamda12 = lamda11**2
lamda13 = 0.69**2 + 0.63**2 + 0.82**2 + 0.80**2 + 0.78**2
theta = 0.52 + 0.60 + 0.33 + 0.36 + 0.35
cr1 = lamda12/(lamda12+theta)
ave1 = lamda13/(lamda13+theta)
print('cd1', '\n',
    'lamda:', lamda11, 'lamda 總和平方 :', lamda12, '\n',
```

'lamda 平方總和 :', lamda13, ' 誤差變異總和 :', theta, '\n',
　'CR:', cr1, 'AVE：', ave1)

```
lamda11 = 0.69 + 0.63 + 0.82 + 0.80 + 0.78
lamda12 = lamda11**2
lamda13 = 0.69**2 + 0.63**2 + 0.82**2 + 0.80**2 + 0.78**2
theta = 0.52 + 0.60 + 0.33 + 0.36 + 0.35
cr1 = lamda12/(lamda12+theta)
ave1 = lamda13/(lamda13+theta)
print('cd1', '\n',
      'lamda:', lamda11, 'lamda總和平方:', lamda12, '\n',
      'lamda平方總和:', lamda13, '誤差變異總和:', theta, '\n',
      'CR:', cr1, 'AVE : ', ave1)
```

```
cd1
 lamda: 3.7199999999999998 lamda總和平方: 13.838399999999998
 lamda平方總和: 2.7938 誤差變異總和: 2.16
 CR: 0.864986498649865 AVE： 0.563971092898381
```

圖 13-26　輸出生涯探索的 CR 與 AVE

　　同樣的作法，獲得「生涯定向」（cd2）的組合信度（CR）值爲 0.90，平均
變異抽取量（AVE）爲 0.65（如圖 13-27）。

lamda21 = 0.78 + 0.83 + 0.83 + 0.80 + 0.81

lamda22 = lamda21**2

lamda23 = 0.78**2 + 0.83**2 + 0.83**2 + 0.80**2 + 0.81**2

theta = 0.40 + 0.31 + 0.31 + 0.36 + 0.35

cr2 = lamda22/(lamda22+theta)

ave2 = lamda23/(lamda23+theta)

print('cd2', '\n',

'lamda:', lamda21, 'lamda 總和平方 :', lamda22, '\n',
'lamda 平方總和 :', lamda23, ' 誤差變異總和 :', theta, '\n',
'CR:', cr2, 'AVE：', ave2)

```
lamda21 = 0.78 + 0.83 + 0.83 + 0.80 + 0.81
lamda22 = lamda21**2
lamda23 = 0.78**2 + 0.83**2 + 0.83**2 + 0.80**2 + 0.81**2
theta = 0.40 + 0.31 + 0.31 + 0.36 + 0.35
cr2 = lamda22/(lamda22+theta)
ave2 = lamda23/(lamda23+theta)
print('cd2', '\n',
      'lamda:', lamda21, 'lamda總和平方:', lamda22, '\n',
      'lamda平方總和:', lamda23, '誤差變異總和:', theta, '\n',
      'CR:', cr2, 'AVE：', ave2)
```

```
cd2
 lamda: 4.050000000000001 lamda總和平方: 16.402500000000007
 lamda平方總和: 3.2823 誤差變異總和: 1.73
 CR: 0.9045912036398732 AVE： 0.6548490712846399
```

圖 13-27 輸出生涯定向的 CR 與 AVE

(b) 一般計算

生涯探索（cd1）的組合信度：

$CR_{(cd1)} = (0.69 + 0.63 + 0.82 + 0.80 + 0.78)^2/[(0.69 + 0.63 + 0.82 + 0.80 + 0.78)^2 + (0.52 + 0.60 + 0.33 + 0.36 + 0.35)] = (3.72)^2/[(3.72)^2 + (2.16)] = 13.8384/15.9984 = 0.8649$

生涯探索（cd1）的平均變異抽取量：

$AVE_{(cd1)} = [(0.69)^2 + (0.63)^2 + (0.82)^2 + (0.80)^2 + (0.78)^2]/[(0.69)^2 + (0.63)^2 + (0.82)^2 + (0.80)^2 + (0.78)^2] + [(0.52 + 0.60 + 0.33 + 0.36 + 0.35)] = 2.7938/4.9538 = 0.5640$

生涯定向（cd2）的組合信度：

$CR_{(cd2)} = (0.78 + 0.83 + 0.83 + 0.80 + 0.81)^2/[(0.78 + 0.83 + 0.83 + 0.80 + 0.81)^2] + [(0.40 + 0.31 + 0.31 + 0.36 + 0.35)] = (4.05)^2/[(4.05)^2 + (1.73)] = 16.4025/18.1325 = 0.9046$

生涯定向（cd2）的平均變異抽取量：

$AVE_{(cd2)} = [(0.78)^2 + (0.83)^2 + (0.83)^2 + (0.80)^2 + (0.81)^2]/[(0.78)^2 + (0.83)^2 + (0.83)^2 + (0.80)^2 + (0.81)^2] + [(0.40 + 0.31 + 0.31 + 0.36 + 0.35)] = 3.2823/[(3.2823) + (1.73)] = 3.2823/5.0123 = 0.6548$

b. 透過線上工具

使用者透過「Analysis Inn.」（https://www.analysisinn.com/）網站中提供的 Excel 檔案（路徑為 post/how-to-calculate-average-variance-extracted-and-composite-reliability），可以快速計算組合信度（CR）與平均變異抽取量（AVE），透過該檔案計算得到「cd1」（生涯探索）的 CR 值為 0.86、AVE 值為 0.56；「cd2」（生涯定向）的 CR 值為 0.90、AVE 值為 0.65。

(4) 計算適配度

先載入「**semopy**」模組，使用計算適配度估計值函式 **calc_stats()** 且指派變數為「stats」並輸出適配度。其中，輸出參數中使用轉置參數「變數 .T」，可以將輸出數值轉置為直式（如圖 13-28）。

```
import semopy
stats = semopy.calc_stats(model)
print(stats)
print('\n')
print(' 轉置結果為直行 :',stats.T)
```

```
import semopy
stats = semopy.calc_stats(model)
print(stats)
print('\n')
print('轉置結果為直行：', stats.T)

        DoF  DoF Baseline        chi2  chi2 p-value  chi2 Baseline       CFI  \
Value    34            45  211.250437           0.0    4166.768031  0.956997

            GFI      AGFI       NFI       TLI     RMSEA       AIC         BIC  \
Value  0.949301  0.932899  0.949301  0.943084  0.086859  41.38945  136.720755

          LogLik
Value   0.305275


轉置結果為直行：                      Value
DoF               34.000000
DoF Baseline      45.000000
chi2             211.250437
chi2 p-value       0.000000
chi2 Baseline   4166.768031
CFI                0.956997
GFI                0.949301
AGFI               0.932899
NFI                0.949301
TLI                0.943084
RMSEA              0.086859
AIC               41.389450
BIC              136.720755
LogLik             0.305275
```

圖 13-28　輸出模式適配度估計值

　　從適配度指標輸出結果可以發現，卡方值為 211.25，p 值為 0.000 達顯著，卡方自由度比為 211.25/34 = 6.21（建議小於 5），CFI 值為 0.96、GFI 值為 0.95、AGFI 值為 0.93、NFI 值為 0.95、TLI 值為 0.94、RMSEA 值為 0.09、AIC 值為 41.39、BIC 值為 136.72。

　　可以發現，單純從卡方值達顯著表示模式不太適配，然而，χ^2 值容易受到樣本干擾而達顯著水準，導致模式很可能被拒絕而宣稱理論模式和觀察資料不適配，因而，比較合宜的作法，通常整體模式是否適配須再參考其他的適配度指標（陳正昌等，2009；黃芳銘，2009）。如果 CFI、GFI、AGFI、NFI、TLI 等參考指標大於 .90 顯示適配度良好，RMSEA 小於 .10 顯示適配度尚可（小於 .08 為良好，小於 .05 優良），參考其他指標後，顯示該模式適配度大致良好。

4. 輸出網頁版的模式報告

　　使用函式 **report()**，參數中讀取擬合後的模式變數「model」，並命名為「CD_CFA」，讀取時從專案資料夾中開啟「HTML」檔案來檢視報告內容。該檔案內容中有「模式訊息（model information）、估計值（estimates）、擬合指標值（fit indices）、矩陣（matrices）」等 4 個類別內容提供檢視，數據內容以非標準化估計值為主（如圖 13-29）。

> semopy.report(model, 'CD_CFA')

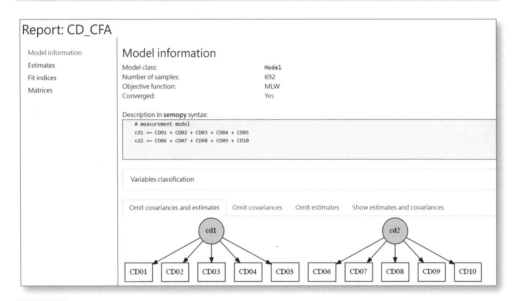

圖 13-29　輸出 HTML 文件的模式報告

　　具體來說，整理出相關表格針對模式適配度摘要表作絕對適配度指標、增值適配度指標、簡約適配度指標整理（如表 13-6）；另外，也針對因素／題目、因素負荷量（factor loading）、組合信度（CR）、平均變異抽取量（AVE）等做說明（如表 13-7），以提供便利檢視的報表。

生涯發展量表模式適配度摘要表

	絕對適配度指標				增值適配度指標			簡約適配度指標		
	χ^2	GFI	AGFI	RMSEA	NFI	TLI	CFI	χ^2/df	AIC	BIC
指數	211.25 (p = .000)	0.95	0.93	0.09	0.95	0.94	0.96	6.21	41.39	136.72
建議	p ≥ .05	≥ .90	≥ .90	≤ .08	≥ .90	≥ .90	≥ .90	≤ 5	小	小

　　從表 13-6 可以發現，適配度指標的卡方值爲 211.25 達顯著，但因爲卡方值容易受到樣本影響，因而，再參酌 GFI 值爲 0.95、AGFI 值爲 0.93、RMSEA 值爲 0.09、NFI 值爲 0.95、TLI 值爲 0.94、CFI 值爲 0.96、卡方自由度比爲 6.21、AIC 值爲 41.39、BIC 值爲 136.72 等皆符合建議值，顯示模式外在品質尚可。

生涯發展量表的信效度摘要表

因素 / 題目	因素負荷量	CR	AVE
生涯探索		.86	.56
CD01. 我有思考過自己可能從事的生涯選擇途徑	.69		
CD02. 我試圖去瞭解同儕的生涯發展	.63		
CD03. 我清楚瞭解興趣與生涯選擇之間的關係	.82		
CD04. 我清楚瞭解個性與生涯選擇之間的關係	.80		
CD05. 我清楚瞭解工作價值與生涯選擇的關係	.78		
生涯定向		.90	.65
CD06. 我有信心做出正確的職業目標選擇	.78		
CD07. 我已經確定將來要朝向哪些領域選擇職業	.83		
CD08. 我已經開始對未來目標做準備	.83		
CD09. 我對自己在職業目標上的決定很有信心	.80		
CD10. 我按自己的職業目標規劃學習的方向	.81		

　　從表 13-7 可以發現，潛在變數「cd1」（生涯探索）、「d2」（生涯定向）
反映的因素負荷量介於 .63 至 .83 之間（建議介於 .50 至 .95）、組合信度（CR）
介於 .86 至 .90（建議大於 .60）、平均變異抽取量（AVE）介於 .56 至 .65 之間（建
議大於 .50），結果顯示該生涯發展量表具有良好的模式內在品質與信效度。

References

参考文獻

• 參考文獻 •

本丸諒（2019）。文科生也看得懂的工作用統計學（李貞慧譯）。新北市：楓書坊文化。（原著出版於 2018）

吳作樂、吳秉翰（2018）。圖解統計與大數據（第二版）。臺北市：五南。

吳明隆（2009）。結構方程模式：*AMOS* 的操作與應用（第二版）。臺北市：五南。

吳明隆、涂金堂（2006）。*SPSS* 與統計應用分析（修訂版）。臺北市：五南。

洪錦魁（2020）。*Python* 最強入門邁向頂尖高手之路：王者歸來（第二版）。臺北市：深智數位。

阮敬（2017）。*Python* 數據分析基礎。臺北市：五南。

邱皓政（2019）。量化研究與統計分析：*SPSS* 與 *R* 資料分析範例解析（第六版）。臺北市：五南。

施威銘研究室（2020）。跨領域學 *Python*：資料科學基礎養成。臺北市：旗標。

施威銘研究室（2021）。*Python* 技術者們：實踐！一步一腳印由初學者到精通（第二版）。臺北市：旗標。

栗原伸一、丸山敦史（2019）。統計學圖鑑（李貞慧譯）。新北市：楓葉社文化。（原著出版於 2017）

涌井良幸、涌井貞美（2017）。誰都看得懂的統計學超圖解（趙鴻龍譯）。新北市：楓葉社文化。（原著出版於 2015）

陳正昌、程炳林、陳新豐、劉子鍵（2009）。多變量分析方法：統計軟體應用（第五版）。臺北市：五南。

陳宗和、楊清鴻、陳瑞泓、王雅惠（2021）。超圖解資料科學 × 機器學習實戰探索：使用 *Python*。臺北市：旗標。

黃芳銘（2009）。結構方程模式：理論與應用（第五版）。臺北市：五南。

Games, P. A., & Howell, J. F. (1976). Pairwise Multiple Comparison Procedures with Unequal N's and/or Variances: A Monte Carlo Study. *Journal of Educational Statistics, 1*(2), 113-125. https://doi.org/10.3102/10769986001002113

Igolkina, A. A., & Meshcheryakov, G. (2020). Semopy: A Python package for structural equation modeling. *Structural equation modeling: A Multidisciplinary Journal*, 1-12. https://doi.org/10.1080/10705511.2019.1704289

Liu, H. C. (2015). *Comparing Welch's ANOVA, a Kruskal-Wallis test and traditional ANOVA in case of Heterogeneity of Variance*. Virginia Commonwealth University. https://doi.org/10.25772/BWFP-YE95

McKinney, W., & the pandas development team (2021). *Pandas: Powerful python data analysis toolkit: Release 1.3.5*. 12/23/2021. Retrieved: https://pandas.pydata.org/docs/pandas.pdf

McKinney, W. (2017). *Python for Data Analysis: Data Wrangling with Pandas, NumPy, and IPython* (2nd Ed.). Sebastopol: O'Reilly.

Meshcheryakov, G., Igolkina, A. A., & Samsonova, M. G. (2021). Semopy 2: A structural equation modeling package with random effects in Python. https://arxiv.org/abs/2106.01140

Roweis, S. T., & Saul, L. K. (2000). Nonlinear Dimensionality Reduction by Locally Linear Embedding. *Science, 290*(5500), 2323-2326. PMID 11125150. https://www.science.org/doi/abs/10.1126/science.290.5500.2323

Tukey, J. W. (1949). Comparing individual means in the analysis of variance. *Biometrics, 5*(2), 99-114. PMID: 18151955

國家圖書館出版品預行編目資料

Python論文數據統計分析／洪煌佳著. ――初
　版. ――臺北市：五南圖書出版股份有限公
　司, 2022.04
　面；　公分
　ISBN 978-626-317-724-6（平裝）

1.CST: Python（電腦程式語言）

312.32P97　　　　　　　111003769

1H3K

Python論文數據統計分析

作　　者 ― 洪煌佳

發 行 人 ― 楊榮川

總 經 理 ― 楊士清

總 編 輯 ― 楊秀麗

主　　編 ― 侯家嵐

責任編輯 ― 吳瑀芳

文字校對 ― 陳俐君

封面設計 ― 王麗娟

出 版 者 ― 五南圖書出版股份有限公司

地　　址：106台北市大安區和平東路二段339號4樓

電　　話：(02)2705-5066　　傳　　真：(02)2706-6100

網　　址：https://www.wunan.com.tw

電子郵件：wunan@wunan.com.tw

劃撥帳號：01068953

戶　　名：五南圖書出版股份有限公司

法律顧問　林勝安律師事務所　林勝安律師

出版日期　2022年4月初版一刷

定　　價　新臺幣540元

經典永恆・名著常在

五十週年的獻禮——經典名著文庫

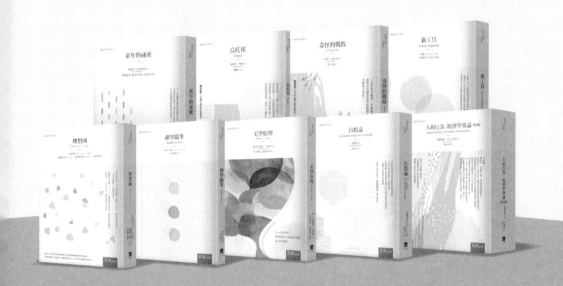

五南，五十年了，半個世紀，人生旅程的一大半，走過來了。

思索著，邁向百年的未來歷程，能為知識界、文化學術界作些什麼？

在速食文化的生態下，有什麼值得讓人雋永品味的？

歷代經典・當今名著，經過時間的洗禮，千錘百鍊，流傳至今，光芒耀人；

不僅使我們能領悟前人的智慧，同時也增深加廣我們思考的深度與視野。

我們決心投入巨資，有計畫的系統梳選，成立「經典名著文庫」，

希望收入古今中外思想性的、充滿睿智與獨見的經典、名著。

這是一項理想性的、永續性的巨大出版工程。

不在意讀者的眾寡，只考慮它的學術價值，力求完整展現先哲思想的軌跡；

為知識界開啟一片智慧之窗，營造一座百花綻放的世界文明公園，

任君遨遊、取菁吸蜜、嘉惠學子！